圖解

五南圖書出版公司 印行

生態學

顧祐瑞 / 著

閱讀文字

理解內容

觀看圖表

圖解讓
生態學
更簡單

序言

▌序言

工業革命以來，人類的社會、經濟、科學技術和人口皆迅速地發展，人類活動的空間不斷擴大，需求日益增加，爲人類創造了巨大的財富。且同時，人類對地球資源的消耗、環境的破壞也越來越大，人類對各種生態系統的影響越來越大。

人類活動對於環境或地球生態系統的影響問題，已經成爲現代生態學的焦點，對於「生態」、「生態學」，人人朗朗上口，生態問題早就發生在你我的身邊。全球變暖、海洋汙染、生物多樣性崩壞等議題，隨著極端氣候的到來，感覺上已經不是那麼遙遠了。

生態學作爲生物學中的一支科學，與其說經由生態學來思考環境對策的關鍵，不如說，生態學的研究內容是要避免人類踏上滅絕之途。

生態學是一個綜合性的科學，本書內容大致分爲理論生態學、環境生態學及產業應用生態學三大部分。理論生態學闡述生態學的原則和原理，包括生態學緒論、個體生態學、族群生態學、群落生態學及生態系統生態學。

環境生態學部分，係以我國重要的環境領域做說明，包括環境生態學、微生物生態學、陸域環境、水域環境、森林環境、海岸與濕地生態學。

產業應用生態學將理論生態學研究所得到的基本規律和關係應用到建築、復育等方面，使人類社會實踐符合自然生態規律。產業應用部分包括景觀生態學、城市生態學、人類生態學、建築生態學、農業生態學、復育生態學、生態資源管理、生態批評、生態旅遊、臺灣生態狀態、全球環境變遷、生態學研究方法。

目錄 CONTENT

PART 7 ｜ 微生物生態學

PART 8 ｜ 陸域環境

PART 9 ｜ 水域環境

CONTENT

PART 10 │ 森林生態

PART 11 │ 海岸與濕地生態學

PART 12 │ 景觀生態學

PART 13 ｜ 城市生態學

PART 14 ｜ 人類生態學

CONTENT

CONTENT

CONTENT

目録

PART 1
生態學緒論

Unit 1-1 生態學概述

生態學是研究生物與環境互動的科學，生態學（ecology），包含了eco與ology，分別代表家（home）及學問（study）的意思，為研究生物個體與其所處自然環境兩者間的一門科學。生物與自然界環境關係錯綜複雜，藉由對生態學的研究，歸納出一些原則與條理，進而知道生物體如何調適以適應環境的變化，以及預測環境改變後對生物的影響。

生態學的歷史

1. 生態學建立的前期：由西元前2世紀到16世紀的歐洲文藝復興時期。特點是認識到生物和季節、氣候以及生物和生物之間的關係，在一些著作中記載了生態學的基本知識。
2. 生態學的成長期：從16世紀到20世紀1940年代。特點是提出生態學名詞並建立了生態學。
3. 現代生態學的發展期：從描述性科學走向實驗科學研究，重點從個體水準轉移到族群和群落，進而發展至以生態系統研究為中心的生態學原理。

依傳統的分類法，可將生態學分為兩大領域：

1. 個體生態學：研究各生物體與環境之關係，包括個體與族群的生態學，如生理生態學、行為生態學、族群生態學等。
2. 群體生態學：研究生物群體與環境之關係，亦即以多個生物種的族群為探討對象，如群落生態學、生態系生態學。

生態系的概念

生態系就是在一定時間和空間內，生物與其生存環境，以及生物與生物之間相互作用，彼此經由物質循環、能量流動和訊息交換，形成的一個不可分割的自然整體。

生物包括多種生物的個體、族群和群落，其生存環境包括光、熱、水、空氣及生物等因子。生物與其生存環境各組成部分之間並不是孤立存在的，也不是靜止不動或偶然聚集在一起的，它們息息相關、相互關聯、相互制約，有規律地組合在一起，並處於不斷地變化之中。

各個生態因子不僅本身作用，且相互間發生作用，既受周圍其他因子的影響，反過來又影響其他因子。其中一個因子發生了變化，其他因子也會產生一系列的連鎖反應。因此，生物因子之間、非生物因子之間，以及生物與非生物因子之間的關係是錯綜複雜的，在自然界中構成一個相對穩定的自然綜合體。

現代生態學一般分為兩大類

1. 理論生態學（theoretical ecology）：理論生態學研究生命系統、環境系統和社會系統相互作用的基本規律，建立關係模型，並據此預測系統的未來發展變化。
2. 應用生態學（applied ecology）：將理論生態學研究所得到的基本規律和關係應用到生態保護、生態管理和生態建設的行動中，使人類社會推行符合自然生態規律的措施，達到人與自然和諧相處及永續發展。

生態學蛋糕

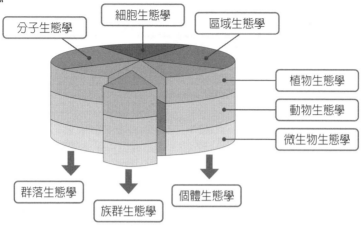

生態學與生命科學的關係

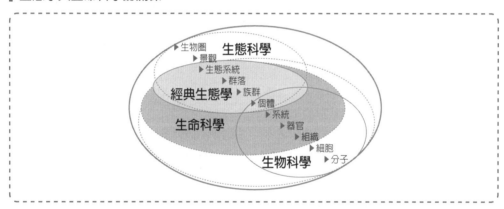

生態學的經典定義

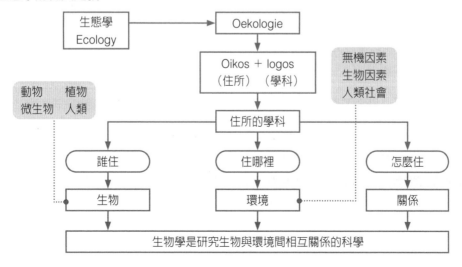

Unit 1-2 生態學的研究內容

分子生態學 (molecular ecology)

以分子生物學方法（主要是分子遺傳標記檢測）研究分子進化、族群遺傳、物種形成與進化等生態學效應與規律。這是生態學走向微觀發展的重要領域。

個體生態學 (autecology)

以生物個體為研究對象，探討生物與環境之間的關係，特別是生物對環境的適應性及其原理。藉由控制條件下的實驗研究，檢驗生物對各種環境因子的要求、耐受和適應範圍。個體生態學的核心是生理生態學，在現代生態學理論和應用中的重點。

族群生態學 (population ecology)

研究棲息於同一地區，同種生物個體的集合體所具有的特性，包括族群的年齡組成、性比例、數量變動與調節等及其與環境的關係。研究族群生態學有利於保護和利用生物資源，以及防治有害生物。

群落生態學 (community ecology)

群落生態學研究棲息於同一地域中所有族群集合體的組合特點、他們之間及其與環境之間的相互關係、群落的形成與發展等。自然環境的保護和生物多樣性維護有賴於對群落生態學的研究。

生態系統生態學 (ecosystem ecology)

生態系統是生物群落與其棲息環境相互作用所構成的自然整體。生態系統生態學主要是研究特定環境中的生物組成特徵，以及系統的能量流動、物質循環和調節機制，是現代生態學的主流與核心。

景觀生態學 (landscape ecology)

以具有相互作用的生態系統的集合所組成的景觀層次為研究對象稱為景觀生態學。景觀生態學的研究內容包括景觀結構（景觀組成單位、空間關係及形成機制）、景觀生態過程（景觀要素之間的相互聯繫方式與相互作用，包括物流、能流等）、景觀動態（景觀結構與生態過程隨時間而變化的特點與規律）及景觀資源的保護與管理。

生物圈生態學 (biosphere ecology)

生物圈（biosphere）或稱生態圈（ecosphere）是地球上全部生物及與之發生相互作用的物理環境的總和。其範圍大體上包括大氣圈的下層、岩石圈的上層，以及整個水圈和土圈。

生態學的研究方法

1. 原地觀測：指在自然界原棲地對生物與環境關係進行考察。包括野外考察、定位長期觀測和原地實驗等不同方法。
2. 受控實驗：在模擬自然生態系統的受控生態實驗系統中，研究單項或多項因子相互作用，及其對族群或群落影響的方法技術。
3. 生態學的綜合方法：指對原地觀測或受控生態系統實驗的大量資料和資料進行綜合歸納分析，研究各種變數之間的關係，反應生態規律性的方法技術。

生態學研究的各個層級

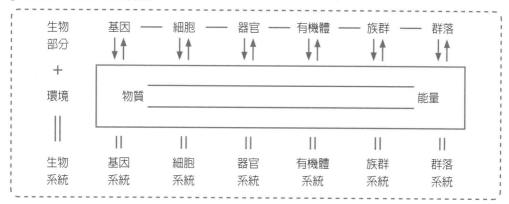

生態學研究內容

項目	說明
以野生生物類群和自然生態系統為對象	探索環境與生物之間的作用和反作用及其規律；不同環境中生物族群的形成與發展，族群數量在時間和空間上的變化規律，種內、種間關係及其調節過程，族群對特定環境的適應對策；生物群落的組成、特徵與分布，群落的結構、功能和動態；生態系統的基本成分和結構與功能，生態系統中的能量流動和物質循環
以人工生態系統和半自然生態系統為研究對象	研究在人類干擾或破壞後不同區域系統的組成、結構和功能；環境品質的生態學評估；生物多樣性的保護和永續利用等
以自然－經濟－社會複合生態系統為研究對象	探索人類在生態系統中的地位和作用，協調人類與系統其他成分之間的關係，探索人口、資源、環境三者間和諧發展的途徑，以求達到在人口不斷增長的情況下，合理管理與利用環境資源，確保人類社會持續發展

生態學的研究對象

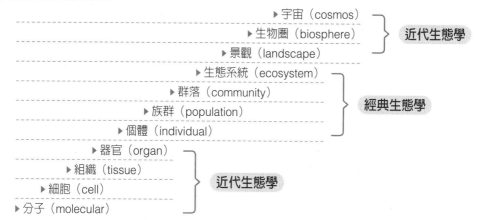

Unit 1-3 生態學發展趨勢

以往生態學研究主要是以生物為主，研究各種自然環境中的生態現象和規律，很少涉及人類活動對自然界的影響。第二次世界大戰以後，隨著人口增長和生產活動增強對環境與資源造成極大的壓力，人類迫切需要以生態學原則來調整人與自然、資源及環境的關係，必須在發展經濟和保護生存環境之間，得到協調和永續發展。因此，現代生態學發展至今，不僅是生物科學中揭示生物與環境相互關係的一門學科，而已成為指導人類對自然的行為準則的一門學科。

現代生態學具有以下幾個特點

1. 在研究層次和尺度上逐漸由個體—群落—生態系統，向區域—國家—全球規模轉變。
2. 在研究對象上由傳統以自然生態系統為主，逐漸向自然－社會－經濟複合生態系統轉變。
3. 研究目的的轉變：現代生態學從學術走向社會，可操作性和實用性加強。
4. 在研究方法方面，由傳統的蒐集、觀測、描述、統計到現代的全球生態網路和「3S」技術的廣泛應用。
5. 研究層面擴大：由獨自研究到大範圍多層面的合作、全球性和合作性研究。這是由於現代生態學日益拓展的時空尺度擴大的關係。

現代生態學研究具有明顯的時代特色，它除保持原有的研究領域外，還出現了新的研究方向和熱點問題，包括全球變化、可持續發展、生物多樣性、溼地生態學、景觀生態學、脆弱與退化生態學、恢復與重建及保護生態學、生態系統健康、生態工程與生態設計、生態經濟與人文生態學等新興的研究領域。

1972年由聯合國教科文組織正式通過的《人與生物圈計畫》（Man and the Biosphere Programme），主要研究人類各種活動對生物圈各類生態系統的影響。1986年的《國際地圈——生物圈計畫》（International Geosphere-Biosphere Programme），目的在於了解控制整個地球生態系統的物理、化學和生物學作用過程。

美國生態學會於1991年發表了《可持續的生物圈動議》（Sustainable Biosphere Initiative）報告，提出以下三個方面是優先研究的領域：

1. 全球變化（global change）：包括氣候、大氣、陸地和水域變化的生態學原因和後果。
2. 生物多樣性（biodiversity）：決定生物多樣性的生態因子和保護生物多樣性的意義，全球性和區域性變化對生物多樣性的影響。
3. 可持續的生態系統（sustainable ecosystem）：探討可持續生態系統的生態學原理和策略，以及受損生態系統的恢復與重建的原理和技術。

以上三個優先研究領域說明了生態學優先發展的領域和當前急需解決的問題。解決人類面臨的生態危機在科學上並不僅僅取決於生態學的發展，同時還需要其他自然科學、社會科學的發展，特別是政府管理部門的決策。但生態學所具備核心的作用和具有特殊的意義，是生態學本身的性質所決定的。

▎現代生態學研究的重點問題

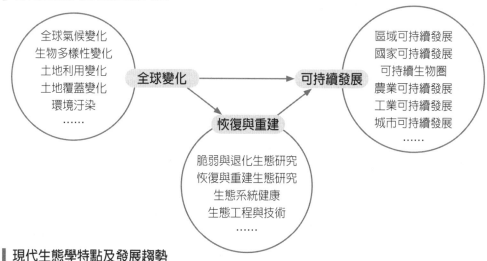

▎現代生態學特點及發展趨勢

項目	說明
現代生態學特點	• 從定性研究發展到定量研究 • 研究重點轉移 • 從自然生態研究轉向人工生態（或半自然生態）研究 • 從野外考察到實驗分析 • 從理論走向應用
現代生態學 發展趨勢	• 生態系統生態學是生態學發展的主流 • 系統生態學的發展 • 群落生態學由定性到定量再到機理探討 • 向宏觀和微觀兩極發展 • 應用生態學的迅速發展 • 景觀生態學和全球生態學的發展 • 人類生態學的興起和生態學與社會科學的交叉，是現代生態學的最新發展趨勢

▎淺層生態學與深層生態學

淺層生態學	深層生態學
人與自然是分離的	人是自然的一部分
可支配自然使它為人的利益服務	必須尊重和保護自然，是因為它的自身，不是因為它對我們有價值
能夠也應該用自然規律開發利用自然	服從自然規律，如承載能力規律
離開人類談價值是胡說	把價值等同於對人類的價值是極大偏見
如果威脅到經濟增長，汙染應當減少	減少汙染優先於經濟增長
為了增長最大化，必須對物質節約和控制汙染程度	所有生產應當最小的物質消耗和循環利用
國家和地區通過建立貿易而發展進步	國家和地區的貿易應當減小，全球應當是自給自足地區的共和體
科學技術能夠解決環境問題，我們必須不斷完善它	不能單純依賴科學技術，需尋找解決問題的其他途徑
高技術（如核動力）是進步指標	中間的適宜的技術（如太陽能、風能等）是進步指標

Unit 1-4 生態學的規律

相互依存與相互制約的互生規律

反映了生物間的協調關係，是構成生物群落的基礎。主要分為兩類：(1)普遍的依存與制約：有相同生理、生態特性的生物，占據與之相適宜的小棲地，構成生物群落或生態系統。系統中不僅同種生物相互依存、相互制約，異種生物（系統內各部分）間也存在相互依存與制約的關係；不同群落或系統之間，也同樣存在依存與制約關係，彼此影響；(2)經由「食物」而相互關聯與制約的關係，其形式就是食物鏈與食物網。即每一種生物在食物鏈或食物網中，皆占據一定的位置，並具有特定的作用。各生物種之間相互依賴、彼此制約、協同進化。生物體間的這種相生相剋作用，使生物保持數量上的相對穩定，這是生態平衡的基礎。

物質循環轉化與再生規律

生態系統中，植物、動物、微生物和非生物成分，借助能量的不停流動，一方面不斷地從自然界攝取物質並合成新的物質，另一方面又分解為簡單的物質，即所謂再生。這些簡單的物質重新被植物所吸收，由此形成物質循環。流經自然生態系統中的能量，通常只能通過系統一次，它沿食物鏈轉移時，每經過一個營養級，就有大部分能量轉化為熱散失掉，無法加以回收利用。

物質輸入輸出的動態平衡規律

當一個自然生態系統不受人類活動干擾時，生物與環境之間的輸入與輸出，是相互對立的關係，對生物體進行輸入時，環境必然進行輸出，反之亦然。生物一方面從周圍環境攝取物質，另一方面又向環境排放物質，以補償環境的損失。也就是說，對於一個穩定的生態系統，無論對生物、對環境，還是對整個生態系統，物質的輸入與輸出總是相互平衡的。

相互適應與補償的進化規律

生物與環境之間，存在著作用與反作用的過程。生物影響環境，環境也會影響生物。生物與環境反覆地相互適應的補償。生物從無到有，從低級向高級發展，而環境也在演變。如果因為某種原因損害了生物與環境相互補償與適應的關係，如某種生物過度繁殖，則環境就會因物質供應不足而造成其他生物的饑餓死亡。

環境資源的有效極限規律

任何生態系統中作為生物賴以生存的各種環境資源，在品質、數量、空間、時間等方面，都有其一定的限度，不能無限制地供給，因而其生物生產力通常都有一個大致的上限。也正因為如此，每一個生態系統對任何外來干擾都有一定的忍耐極限。

上述生態學規律，也是生態平衡的基礎。生態平衡及生態系統的結構與功能，又與人類當前面臨的人口、食物、能源、自然資源、環境保護等五大社會問題緊密相關。

▌環境問題的後果

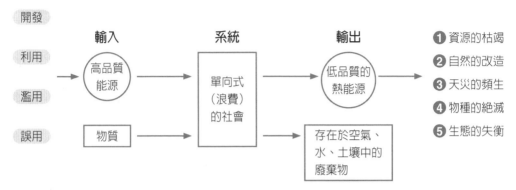

▌碳循環簡圖

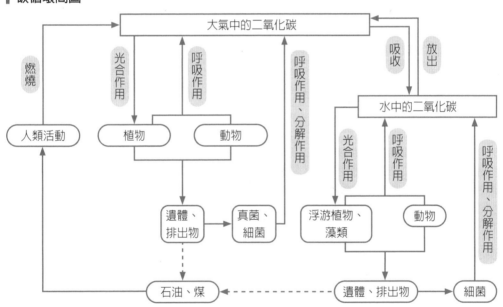

▌生態規律與經濟規律共通性比較

項目	生態規律	經濟規律
1	相互制約的協調規律	生產關係適合生產力的發展規律
2	物質循環轉化規律	經濟再生產規律
3	輸入與輸出平衡規律	收支平衡規律
4	生物生產力淨值規律	價值規律
5	發育演替規律	資本類型的增長及累積規律

Unit 1-5 　人類面臨的生態問題

全球暖化

指全球氣溫升高。近100多年來，全球平均氣溫經歷了冷—暖—冷—暖兩次波動，總體為上升趨勢。全球變暖的後果，會使全球降水量重新分配，冰川和凍土消融，海平面上升等，既危害自然生態系統的平衡，更威脅人類的食物供應和居住環境。

臭氧層破壞

臭氧含量雖然極微，卻具有強烈的吸收紫外線的功能，因此，它能擋住太陽紫外線輻射對地球生物的傷害，保護地球上的一切生命。南極的臭氧層破洞，就是臭氧層破壞的一個最顯著的結果。到2017年，南極上空的臭氧層破壞面積為1,960萬平方公里（約546個臺灣大小）。

酸雨

受酸雨危害的地區，出現了土壤和湖泊酸化，植被和生態系統遭受破壞，建築材料、金屬結構和文物被腐蝕等等一系列嚴重的環境問題。全球受酸雨危害嚴重的有歐洲、北美及東亞地區。

淡水資源危機

地球表面雖然2／3被水覆蓋，但是97%為無法飲用的海水，只有不到3%是淡水，其中又有2%封存於極地冰川之中。河流與湖泊的枯竭，地下水的耗盡和溼地的消失，不僅對人類生存帶來嚴重威脅，且許多生物也正隨著人類生產和生活造成的河流改道、溼地乾化與生態環境惡化而滅絕。

資源、能源短缺

這種現象的出現，主要是人類無計畫、無理性地大規模開採所致。其他不可再生性礦產資源的儲量也在日益減少，這些資源終究會被消耗殆盡。

森林銳減

森林是人類賴以生存的生態系統中一個重要的組成部分。由於世界人口的增長，對耕地、牧場、木材的需求量日益增加，導致對森林的過度砍伐和開墾，使森林受到前所未有的破壞。

土地荒漠化

指土地退化。荒漠化是由於氣候變化和人類不合理的經濟活動等因素，使乾旱、半乾旱和具有乾旱災害的半溼潤地區的土地發生了退化。在當今諸多的環境問題中，荒漠化是最為嚴重的災難之一。對於受荒漠化威脅的人們來說，荒漠化意味著他們將失去最基本的生存基礎——有生產能力的土地的消失。

物種加速滅絕

物種滅絕將對整個地球的食物供給帶來威脅，對人類社會發展帶來的損失和影響是難以預料和挽回的。

垃圾成災

危險垃圾，特別是有毒、有害垃圾的處理問題（包括運送、存放），因其造成的危害更為嚴重、產生的危害更為深遠，而成了當今國際面臨的一個棘手的環境問題。

有毒化學品汙染

由於化學品的廣泛使用，全球的大氣、水體、土壤乃至於生物，都受到了不同程度的汙染、毒害。自1950年代以來，涉及有毒有害化學品的汙染事件日益增多，如果不採取有效的防治措施，將對人類和動、植物造成嚴重的危害。

▌1980～2003年，全球主要溫室氣體的趨勢圖

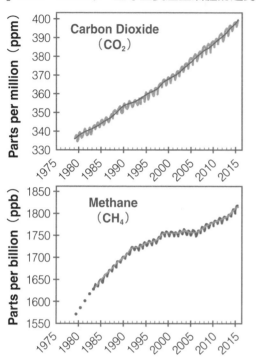

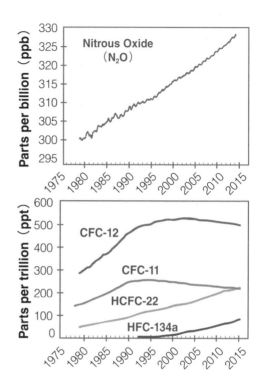

物種拯救的比例

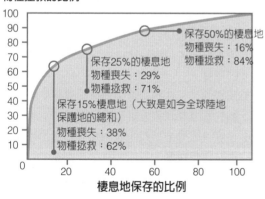

根據生物島嶼地理學理論中棲息地面積──物種數量關係，生物學家愛德華·威爾遜提出半球方案：保護地球表面一半的陸地和海洋，就能保存84%的物種

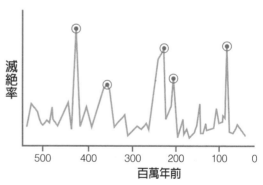

地球歷史上記錄到五次生物大滅絕。目前人類對生物多樣性的毀滅，通常被稱為第六次生物大滅絕

Unit 1-6 分子生態學概述

分子生態學是應用分子生物學的原理和方法，研究生命系統與環境系統相互作用的生態原理及其分子機制的科學，是生態學與分子生物學相互結合而形成的一門學科。分子生態學已涵蓋了生物地理與親緣關係，甚至已包含了生物的自然史領域（分類、演化、生態、行為）。

隨著生態學向微觀方向的發展，越來越需要用基因、蛋白質、酶等生物分子的活動規律，來闡釋生態規律的進化、演變過程的本質和機制。除了了解生物大分子的結構和功能外，還需要解釋清楚在一定時空環境條件下，生物活性分子在微觀環境中的動態變化規律。

分子生態學研究涉及族群在分子水準的遺傳多樣性及遺傳結構、生物器官變異的分子機制、生物體內有機大分子回應環境變化的資訊傳導途徑、生物大分子結構、功能變化與環境之間的關係、生物功能演變與環境長期變化的關係，以及其他生命層次生態現象的分子生態學原理等。

分子生態學的應用

1. 物種起源和進化研究：生態適應與進化過程中，主要作用的是中心突變抑或是自然選擇。除了進行結構基因的研究之外，研究調節基因成為另一個重點。

2. 生物多樣性的保護：應用各種分子標記（如RFLP、VNTP、RAPD、DNA測序等）可分析族群地理格局和異質族群動態、確定族群間的基因流、研究瓶頸效應對族群的影響，以及確定個體間的親緣關係等。

3. 基因改造生物釋放的生態學評估：基因改造生物中插入了哪些DNA及其來源、功能及插入位置；其次是基因轉移問題及轉基因生物的適合度，包括它在環境中的適應能力、繁殖能力、競爭能力等。

4. 在醫學上的應用：一是利用分子生態學的觀點，了解疾病發展過程及分子生態環境條件，經由改變條件，達到預防或治療疾病的目的；二是發展分子生態製劑。

分子標記在植物族群的研究應用主要包括

1. 形態學鑑定困難時，幫助作菌根、生物體和基因型的鑑別。

2. 在無性繁殖的種類中鑑別無性系。

3. 確定無性族群中遺傳變異是來自無性系內還是不同無性系的突變。

4. 重建無性系和自交生物體的基因型進化和果實分布，藉由後代排除法分析測度異交的程度。

5. 辨別和分析在雜交帶中與不同適應反應有關的基因漸滲和重組基因型特徵。

6. 追溯生態學上不同的變種或種的進化起源以及進化程度。

7. 分離負責特殊適應的基因，繪製基因圖，並研究遺傳基礎的特徵。

不同分子生物技術在系統分類問題上之應用

研究目的	等位 酶電泳	免疫 血清學	細胞 遺傳學	DNA 雜交	限制酶 分析	RAPD- PCR	序列 分析
族群遺傳結構							
雜合度	＋＋	－	－	－	＋	－	0
地理變異	＋＋	－	0	－	＋＋	＋	$
關聯程度	0	－	－	－	＋	＋	$
分類學研究							
物種界線	＋	＋	＋＋	－	＋	＋	$
雜交	＋＋	－	＋＋	－	＋	＋	0
親緣關係							
0～5 百萬年前	＋＋	0	0	0	＋	＋	＋＋
5～50 百萬年前	＋	＋＋	＋＋	＋	＋	＋	＋＋
50～500 百萬年前	0	0	0	0	0	0	＋＋
500～3500 百萬年前	－	－	－	－	－	－	＋＋

註：－不適合；0勉強；$適合但昂貴；＋適合有效；＋＋最有效

植物族群研究中分子標記的對比分析

分子標記 Marker	流程 Procedure of analysis	開發及實驗用時 Exploitation time Experimental time	適合基因組 Suitable genome	族群結構分析比較 Comparison in population structure analysis
等位酶	提取、電泳；遺傳分析	2～4週 兩天	動物、植物	對族群遺傳變化分析較好，但能檢測的多樣性有限
RFLP	提取、酶切、凝膠電泳、點雜交；多態性分析	1～4月 1～2週	動植物種、屬	良好
RAPD	提取、PCR；電泳，多樣性分析	1～2週 1週	動物、植物	對多態性研究較好，但要注意條件的控制
DNA測序	提取、DNA模板預備、PCR、電泳；進一步分析	2～6週 1週	動物、植物	系統分化研究的很好方法，但族群研究中繁瑣

PART 2
個體生態學

Unit 2-1 天擇與演化

達爾文的演化論簡單來說是一個多重架構，此架構的假說包含有限資源（resource limitation）、生存競爭（struggle for existence）、變異（variation）、適應（adaptation）、天擇（natural selection）、分歧後代（branching descent）、物種起源（origin of species）、滅絕（extinction）等。

1. 生存競爭：受到有限資源的限制，各個物種增加的自然傾向都會受到抑制。抑制的力量來自獵捕者、氣候及與不同種生物的交互作用，生物除了和不同種生物競爭空間、資源，同種生物之間的競爭更為激烈。

2. 適應：以族群為單位，適合環境的個體生存並繁殖，不適合環境的個體死亡而未能繁殖後代，其結果造成族群比例上的變動。

3. 適應度：同一物種內的某些個體擁有某些特徵（如較長的牙齒、較利的爪子、更聰明、較不需要水等），會使牠們比其他個體更適應特定環境而能存活，並能繁殖後代，這種適應環境的相對能力稱為適應度。

4. 天擇：最適應環境的個體具有最好的機會生存與繁殖後代，並把有利的變異遺傳下去。相反地，任何有害的變異，即使程度很輕微，也會嚴重地遭受滅絕，稱為「天擇」，或「最適者生存」。

5. 分歧後代：隨著時間的累積，共同親體與後代的性狀差異逐漸變大，形成不同的品種。任何一個物種的後代，如在構造、形態、習性愈分歧，愈能占據不同的生態位，族群數量也愈能增多。

6. 物種起源：依據以上的假說，可以推論物種是會變化的，不是獨立創造出來的，是從原始的物種傳下來的。原始物種所繁衍的分歧後代，如能通過天擇，數量增多，透過生物遷移而散布開來。

7. 滅絕：生物的原始親種和改變後的分歧後代互相競爭，自然選擇的力量將驅使較不適應的物種數量減少，終致滅絕。

適應性演化

植物在生活史中隨時都面臨天擇壓力，而天擇壓力主要是來自生長棲地的環境因子及生物間交互作用，因此，植物為了適應棲地，個體的表現型和基因通常會逐漸演化，且不同族群可能會有不同的演化歷程，導致各族群為了適應生長棲地，逐漸出現專一性的適應，即稱為適應性演化（adaptive evolution）。

演化論的修正

新的研究法，改變了演化論的內涵，形成現代演化綜合論（modern synthesis），也稱為新綜合、現代綜合或是新達爾文主義（neo-Darwinism）。

現代綜合理論將兩個重要發現結合，也就是演化單位：基因與演化機制：天擇，統合了許多生物學的分支，如遺傳學、細胞學、系統分類學、植物學與古生物學等。「新達爾文主義」認為：突變及基因重組造成族群內的變異，而變異經天擇及隨機的基因漂變（random genetic drift），使族群內的變異基因頻率隨代而變。

新達爾文主義

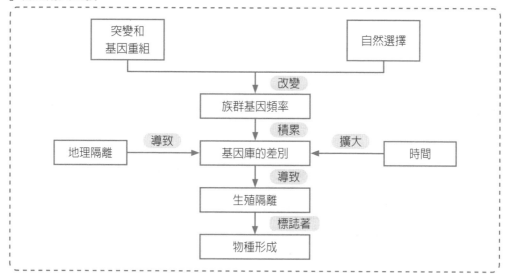

天擇四部曲

❶ 產生變異：個體間的性狀常有許多差異，這些變異可以遺傳

❷ 過度繁殖：各種生物經生殖作用產生的後代，其數目常較親代大很多

❸ 生存競爭：食物和空間的有限，引起生存競爭

❹ 適者生存：生存競爭的結果，使得性狀適合的個體生存下來

同種的定義

具有相似的解剖構造，在自然狀況下能自由交配，並且可以產生仍具生殖能力之子代的生物群

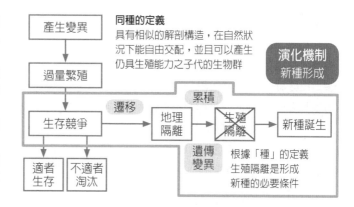

天擇如何作用（天擇的模式）

— Before　---- After

① 穩定選擇

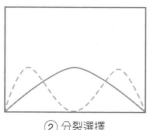

② 分裂選擇

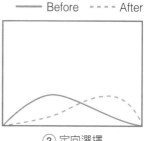

③ 定向選擇

Unit 2-2 個體的適應

生物對外界的適應是多方面的，有形態的、生理的、行為的和生態的適應。生物並非是被動地感知環境，它們能創造和鎖定它們所居住的環境。同時，按照這個理論，生物若占有了其生態位，那麼，生物已是適應了這個環境而不需改變。其實現存物種的環境是經常衰敗的或變化的。從這個角度來看，物種在長期的適應過程中，自然選擇的本質不是提高物種的生存機會，而是簡單地使物種跟上經常變化的環境。

植物與棲地的相互關係中，一方面環境在塑造植物。稱其為「生態作用」，另一方面植物也在適應和改變環境，稱之為「適應性」。所謂適應性，是指生物對環境中的變化所做的調節。

如果某種植物對環境條件變化的調節能力愈強，則它對這種變化的環境條件的適應能力也就愈強。適應能使植物經由多種途徑增加其生存的可能。適應是任何生物都具有的一種本能，且有遺傳的特徵。生物要想生存，就必須給後代傳遞足夠的資訊以使它們能適應不斷變化的環境。

適應的途徑和方式有很多種，如逃避、忍耐、抵抗、調整、競爭等。

植物對乾旱脅迫作出的反應，有形態解剖結構上的，也有生理上的。乾旱對植物的影響可以表現在生長發育的各個階段，如種子萌發、營養生長和生殖生長，生理代謝過程，如光合作用、呼吸作用、水和營養元素的吸收和運輸、一些酶的活性、膜結構功能、滲透調節、激素調節和植物體內某些有機物的消長。

植物生長在受到各種環境信號影響後，細胞壁特性會發生很大改變。改變細胞壁組成的含量和結構，從而改變細胞壁機械特性。這種細胞壁的改變可以認為是植物對環境脅迫的回應。

適應性任何生物都存在，是物種生存的前提，如果沒有這種適應性，也不會有物種的進化與生物多樣性的形成。這種適應性的形成，可分為改變遺傳的適應性與只改變生理生化特性和形態發育變化的適應性兩種。但不管是哪種適應性的形成，都必須在環境方面給予一定刺激，特別是脅迫刺激時，才會形成新的適應性躍變，也就是需達到一定的量變程度時才會發生質的變化，從而誘發新的功能或新的形態特徵。

動物行為是動物對環境刺激的反應表現，動物許多「近因」表現受到個體生理或是環境生態的刺激，如飢餓時的覓食行為或季節變換時的遷徙行為。動物行為的「遠因」牽涉到演化等長時間尺度的背景因素作用，如行為策略如何發展、不同策略如何競爭，以及群體、合作或是利他行為如何經由演化產生並保留下來。

生物種在不同環境條件下的個體發育和系統發育

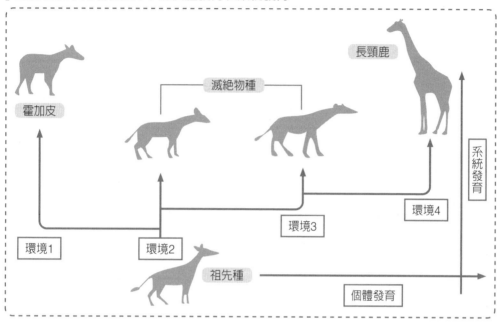

不同氣候條件下狐狸耳朵大小的變化

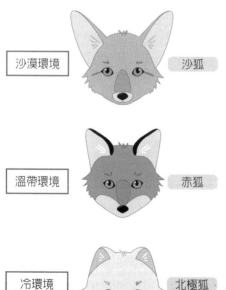

沙漠環境　沙狐

溫帶環境　赤狐

冷環境　北極狐

恆溫動物的休息代謝率與環境溫度之相關性

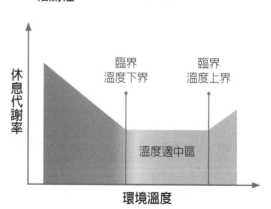

處於溫度適中區時，代謝率極少變化，當環境溫度高於或低於溫度適中區時，則代謝率顯著上升

（引自Schmidt-Niesen 1997）

Unit 2-3 物種形成

物種是由許多群體組成的生殖單元，它在自然界中占有一定的棲地位置。遺傳學家阿亞拉（F. Ayala）認為「物種」是一個生物天然群體的總稱。他引用了邁爾（E. Mayr）的話：「物種是一群可以自然交配的生物，與其他物種有生殖上的隔離」。「生殖隔離」是形成物種的必要條件。

物種的特點

生物種是由內聚因素（生殖、遺傳、生態、行為、相互識別系統等）聯合起來的個體的集合。是一個可隨時間進化改變的個體集合。是生態系統中的功能單位。

物種形成的方式

1. 異域性物種形成：與原來種由於地理隔離而進化形成新種，為異域性物種形成。
2. 鄰域性物種形成：新種形成在相鄰族群。
3. 同域性物種形成：新種從原來族群分布區內出現。

自然的生殖隔離方式

1. 受精前的隔離：生態隔離、時間隔離、行為隔離、形體隔離、配子隔離。
2. 受精後的隔離：雜交後代生長不良、雜交種個體生殖不孕、雜交後代的子嗣不能成活生長。

生殖的隔離是由變異而產生，但雜交的後代是否能夠成活、生長、再生育，要看這些新的遺傳組合是否能夠適應生活環境。不過這只是它自己本身的組合機會，與生存競爭並無關聯。

物種形成的程序

由於不同物種之間必須具有生殖的隔離，所以在一個物種之內要形成新物種，就必須發展出隔離的機制。一般而言，生殖隔離的機制，基本上只是遺傳變異的副產品。隔離的方式雖然各有不同，但形成物種的過程卻可分成兩個階段：

1. 第一期：在同一物種的族群之間發生了生殖隔離的遺傳變異。只有生殖的隔離才能阻止兩群生物間的基因交換。這一階段的特徵有二：先發生受精後的隔離現象；這種現象可以遺傳，不再受環境的影響。假如這種隔離不是永久性的遺傳現象，這兩個族群又會恢復基因交換，重新混合成一個物種。
2. 第二期：當兩個族群間的隔離作用成為永久性現象的時候，不能再行交配，也就是不能再行混合。這時候，就已形成兩個不同的物種。第二期的特徵有二：生殖隔離已經形成受精前的方式；可能發生對環境的不同適應力而分散至不同的生態位（ecological niche）。

發生隔離變異的途徑

新物種形成的過程中，重要的關鍵仍然是可以遺傳的變異。一旦生殖機制上發生了阻礙交配受精的變異，才有可能演變出新的物種。自然界中能夠促使發生變異的原因可分為：外在的環境因素和內在的遺傳因素。所以物種形成的具體途徑也有下列兩類：一是地理型物種形成（geographical speciation）；二是突發型物種形成（saltational speciation）。

異域性物種形成示意圖

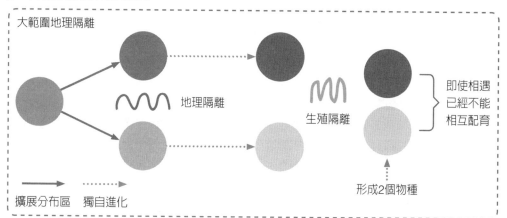

大範圍地理隔離

地理隔離

生殖隔離

即使相遇
已經不能
相互配育

擴展分布區　獨自進化

形成2個物種

同域性物種形成示意圖

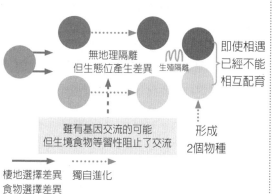

無地理隔離
但生態位產生差異

生殖隔離

即使相遇
已經不能
相互配育

雖有基因交流的可能
但生境食物等習性阻止了交流

形成
2個物種

棲地選擇差異　獨自進化
食物選擇差異
宿主選擇差異

鄰域性物種形成示意圖

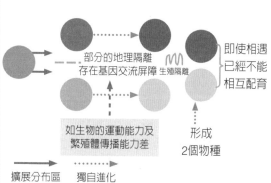

部分的地理隔離
存在基因交流屏障　生殖隔離

即使相遇
已經不能
相互配育

如生物的運動能力及
繁殖體傳播能力差

形成
2個物種

擴展分布區　獨自進化

物種形成方式比較

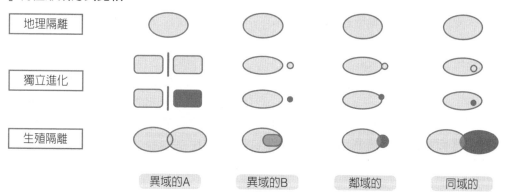

地理隔離				
獨立進化				
生殖隔離				
	異域的A	異域的B	鄰域的	同域的

Unit 2-4 避敵與防禦

植物對植食昆蟲及外界環境脅迫的防禦及抵抗方式，可分為化學防禦（chemical defence）和機械防禦（mechanical defence）。化學防禦是指植物藉由生理生化調節而產生對昆蟲取食等不利環境的抵抗作用，包括二級代謝產物、防禦蛋白的產生及一些營養成分的變化，這些物質的多寡可以忌避或抑制昆蟲取食進而殺死，或延緩害蟲生長發育等。

機械防禦也稱為物理防禦，即藉由改變形態結構抵抗不利環境的防禦方式，如改變葉脈結構、葉片厚度、葉片表面茸毛，以及植物的表皮、枝幹結構等來抵禦外界環境的脅迫。

植物的二次代謝物常被認為是化學防禦的主要方式。二次代謝物的合成是植物化學防禦的重要策略之一。植物二次代謝物質種類繁多，結構迥異，一般可分為三大類：酚類化合物、萜類化合物和含氮有機物。

植物對昆蟲及環境脅迫的抵抗及適應，按表現時期的先後，可將植物的防禦體系歸納為兩類：一類是組成型防禦，即防禦性物質不依賴於環境脅迫（如植食作用）而存在，即受昆蟲危害和其他脅迫前就存在的防禦特性。組成型防禦是植物受基因控制且在長期系統發育過程中形成的一種固有特性，但隨著環境條件的差異其防禦程度存在差異。

另一類為誘導型防禦，即當植物受到蟲害或某種環境脅迫（如高溫、冷害等氣候變化，或是營養、水分變化，以及非自然干擾等）時，才大量合成的防禦性化合物而產生的防禦反應。某種程度上，這些誘導防禦產生的理化反應會大規模地啟動化學防禦和物理防禦，從而影響植食昆蟲的正常生長發育或是環境耐受能力，這種誘導現象類似免疫反應。

偽裝、擬態

偽裝是動物用來隱藏自己，或是欺騙其他動物的一種手段，不論是掠食者或是獵物，偽裝的能力都會影響這些動物的存活率。運用和自然環境相同色調的體色來隱藏行蹤，是不少昆蟲減少天敵侵害的保命方式。這種具有保護安全作用的體色，就稱之為「保護色」。

生物的形態擬似另一種生物或非生物，使個體能夠爭取到更佳的生存機會，這種情形稱為「擬態」。指的是一個物種在進化過程中，獲得與另一種成功物種相似的外表，以欺騙捕獵者遠離擬態物種，或者是引誘獵物靠近擬態物種。

快速啟動游泳

是魚類的一種高能耗爆發游泳，是決定捕食、逃逸（避敵）活動最重要的因素之一。魚類在饑餓過程利用消耗肝臟和肌肉等組織的糖原、脂肪甚至蛋白質（依據饑餓程度而定）合成快速啟動所需的磷酸肌酸和三磷酸腺苷等高能物質，確保維持一定的快速啟動能力。

植物防禦物質及其分類

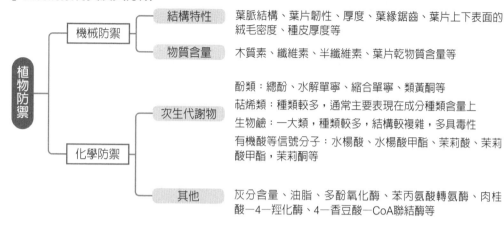

植物防禦
- 機械防禦
  - 結構特性：葉脈結構、葉片韌性、厚度、葉緣鋸齒、葉片上下表面的絨毛密度、種皮厚度等
  - 物質含量：木質素、纖維素、半纖維素、葉片乾物質含量等
- 化學防禦
  - 次生代謝物
    - 酚類：總酚、水解單寧、縮合單寧、類黃酮等
    - 萜烯類：種類較多，通常主要表現在成分種類含量上
    - 生物鹼：一大類，種類較多，結構較複雜，多具毒性
    - 有機酸等信號分子：水楊酸、水楊酸甲酯、茉莉酸、茉莉酸甲酯，茉莉酮等
  - 其他：灰分含量、油脂、多酚氧化酶、苯丙氨酸轉氨酶、肉桂酸－4－羥化酶、4－香豆酸－CoA聯結酶等

植物防禦與驅動因子的關係

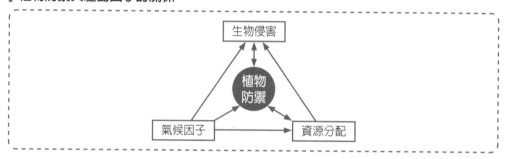

外源茉莉酸和茉莉酸鉀酯誘導植物抗蟲作用機劑的模式

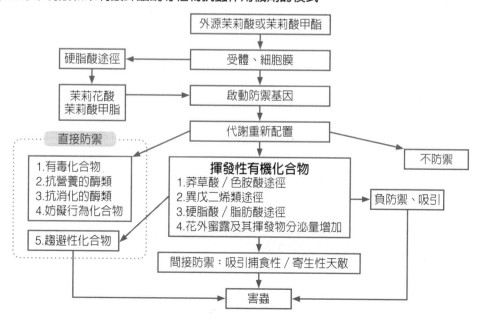

Unit 2-5 生活史

生活史（life history）是生物從其出生到死亡所經歷的全部過程。

生活史對策

生活史對策（life history strategy）是生物在生存競爭中獲得的生存對策，也稱為生態對策（bionomic strategy）。

達爾文的自然選擇理論是現代生態學的基礎。自然選擇原理就是對變境逐漸適應的理論，植物對於環境的生存適應主要表現在設法增大適應度，不斷繁衍生存下去受自然選擇力的作用，在整個生活週期物種必然在生物學和生態學特性上，作出反應，盡力適應環境，構成物種的生活史對策。

生活史對策主要論述生物一生中一次繁殖和多次繁殖的進化優劣，認為一次繁殖在進化上優於多次繁殖。

生殖對策

不同植物種的個體壽命和生境中有利於該種一個世代生存繁殖的時間長度之比，可表示棲地持續穩定性。

1. r－選擇：特點是快速發育，小型成體，數量多而個體小的後代，高的繁殖能量分配和短的世代週期。
2. K－選擇：特點是慢速發育，大型成體，數量少但體型大的後代，低繁殖能量分配和長的世代週期。

一般將植物的生活週期劃分為四個時期。結實期、散布期、萌發與幼苗期、發育期。在散布期和萌發與幼苗期植物體死亡率最高，因此，這兩個時期在生活週期中最關鍵。

動物生活史進化

主要包括：(1)生活史性狀的進化，如壽命、性成熟年齡與個體大小、胎仔數、窩卵數和幼仔大小等；(2)權衡，如生長、維持、修復之間的權衡、後代數量、大小之間的權衡、現時、未來繁殖之間的權衡等；(3)性狀進化與適應度之間的關係，強調適合度是相對的，性狀優化與個體所處的特定環境條件有關。

1. 性成熟時的年齡和個體大小：性成熟年齡定義為動物初次產仔的年齡。成熟年齡與繁殖力之間的權衡，及為成熟年齡與後代存活之間的權衡。
2. 胎仔數、窩卵數和後代大小：在進化過程中，胎仔數（窩卵數）、幼仔大小與終生繁殖次數為諸多性狀之間權衡的結果，它可使個體的適應度達到最大。包含對環境條件的適應。動物能適時地調整其繁殖對策，以使個體的適應度最大化。
3. 壽命和衰老：衰老是隨年齡增長，存活率及繁殖率逐漸下降的過程。衰老是自然選擇的副產品。特定年齡死亡率在繁殖前期應降至最低，隨年齡的增長，特定年齡死亡率增高；特定年齡繁殖率依年齡的增長而持續地增加，直至達到特定高點，不同物種達到高點的年齡不同。高點之後，繁殖率逐漸降低；自然選擇的結果使後期死亡率激增，族群存活曲線後段驟降；對衰減族群或波動族群生育力的自然選擇作用，可使其繁殖投入降低。

▌在r－選擇環境中產生r－選擇個體的一系列因果關係

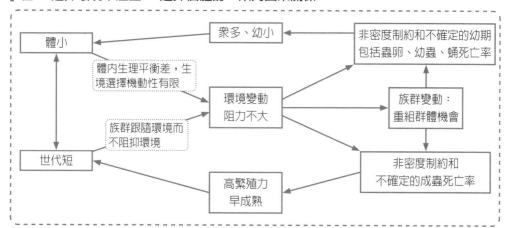

▌在K－選擇環境中產生K－選擇個體的一系列因果關係

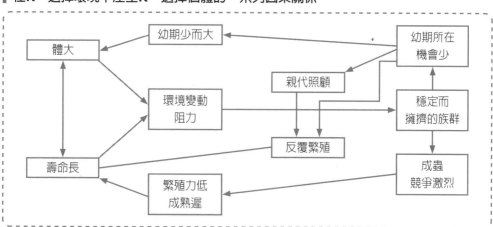

▌r－選擇和K－選擇相關特徵的比較

項目	r－選擇	K－選擇
氣候	多變、難以預測、不確定	穩定、可預測、較確定
死亡	常是災難性的、無規律、非密度制約	比較有規律、受密度制約
存活	存活曲線C型，幼體存活率低	存活曲線A、B型，幼體存活率高
族群大小	時間上變動大，不穩定，通常低於環境容納量K值	時間上穩定，密度鄰近環境容納量K值
種內、種間競爭	多變、通常不緊張	經常保持緊張
選擇傾向	發育快、增長力高、提早生育、體型小、單次生殖	發育緩慢、競爭力高、延遲生育、體型大、多次生殖
壽命	短，通常小於一年	長，通常大於一年
最終結果	高繁殖力	高存活力

PART 3
族群生態學 3

Unit 3-1 族群生態學概述

族群（population）是在一定的空間中，同種個體的組合。族群是物種在自然界存在的基本單位，也是演化過程的單位。演化過程是族群中個體基因頻率從一個世代到另一個世代的變化過程。族群生態學則是研究族群數量、分布及族群與其棲息環境中的非生物因素，以及其他生物族群相互作用的學門。

族群是一個自我調節系統，藉由系統的自動調節，使其能在生態系統內維持自身穩定性。作為系統還具有群體的資訊傳遞、行為適應與數量回饋控制的功能。族群與個體的差別，另表現在族群具有個體所沒有的屬性，這些屬性包括出生率、死亡率、年齡分布、性比、種內社群結構等。

族群主要特徵

1. 數量特徵：指每單位面積（或空間）上的個體數量（即密度）將隨時間而發生變動。受多種參數的影響，其變動具有一定的規律。族群參數變化是族群動態的重要特徵。
2. 空間特徵：族群具有一定的分布區域和分布形式，即族群占據一定的空間。具有特定的分布區域（地理分布）及生長的空間範圍和邊界，以及相應的生態耐受性和個體間親緣關係的遠近。
3. 遺傳特徵：族群具有一定的遺傳組成，是一個基因庫。組成族群的各個個體，其形態或生理特徵都存在一定的差異。每一族群中的生物具有共同的基因庫，但並非每個個體都具有族群中儲存的所有資訊。

族群的群體特徵

1. 族群初級參數：⑴出生率－最大出生率、生態出生率－實際出生率。⑵死亡率－最小死亡率、生態死亡率－實際出生率。⑶遷入和遷出率。
2. 次級族群參數：性比、年齡分布、族群增長率、分布型。

族群參數的一些基本概念

1. 原始密度（crude density）：單位空間內個體的數量。
2. 生態密度（ecological density）：生物實際占有空間內的個體數量。
3. 生理出生率（physiological natality）：族群在理想條件下所能達到的最大出生數量，又稱最大出生率。
4. 生態出生率（ecological natality）：一定時期內，族群在特定條件下實際繁殖的個體數量，它受生殖季節、一年生殖次數、一次產仔數量、妊娠期長短和孵化期長短、環境條件、營養狀況和族群密度等因素影響。
5. 生理死亡率（physiological mortality）：最適條件下，所有個體都因衰老而死，這種死亡率稱生理死亡率，又稱最小死亡率。
6. 生態死亡率（ecological mortality）：一定條件下，族群實際的死亡率，又稱實際死亡率。

基因庫

基因庫（gene pool）指族群中全部個體所有基因的總和。個體所帶的基因隨著死亡而從基因庫丟失，經由突變而使新基因進入基因庫，因此族群的基因庫組成是不斷地變化著。

▋兩族群間相互關係的基本類型

作用類型	族群1	族群2	一般特徵
中性作用	0	0	兩個族群不受影響
競爭	－	－	兩個族群競爭共同資源而帶來負影響
偏害作用	－	0	族群1受抑制，族群2無影響
寄生 捕食	＋	－	族群1是捕食者或寄生者，是受益者；族群2是被捕食者或寄主，是受害者
偏利作用	＋	0	族群1（或2）受益，族群2（或1）無影響
互利作用	＋	＋	兩個族群都受益

▋年齡錐體的三種基本類型

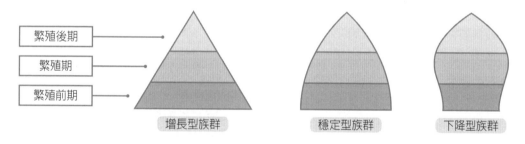

繁殖後期　　繁殖期　　繁殖前期

增長型族群　　穩定型族群　　下降型族群

（引自：Kormondy 1976）

▋三種內分布型或格局

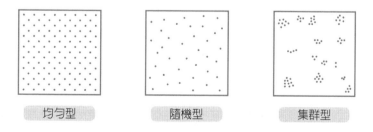

均勻型　　隨機型　　集群型

（引自：李博等，2000）

Unit 3-2 族群的數量動態

族群動態是研究族群數量在時間上和空間上變動的規律。其內容包括族群數量與密度、族群分布、族群變動擴散遷移，以及族群調節等。

族群密度

族群密度即單位面積（或空間）內種群的個體數目。絕對密度是指單位面積或空間內族群的實際個體數。相對密度是指單位面積或空間內族群的相對數量，只能作爲表示族群數量高低的相對指標。

絕對密度調查法

1. 總數量調查法：即計數在某地段中生活的某種生物的全部數量。
2. 取樣調查法：只計數族群的一小部分，據此即可估算族群總數。

族群的分布

1. 均勻分布：原因是族群內個體間的競爭。族群內的各個個體之間保持一定均勻的距離。當有機體能夠占有的空間比其所需要的爲大時，則在其分布上所受到的阻礙較小，這樣就使族群中的個體常呈均勻分布。在自然情況下，均勻分布很罕見。
2. 隨機分布：資源分布均勻，族群內個體間沒有彼此吸引或排斥。隨機分布指個體分布完全和機率相符合。每個個體的出現都有同等的機會。這種分布在自然界中不常見。
3. 聚集分布：資源分布不均勻。種子植物以母株爲擴散中心；動物的社會行爲使其結群。族群內個體分布不均勻，形成許多密集的團塊狀。在自然情況下，大多數植物族群常呈聚集分布。

自然族群的數量變動

1. 族群增長：自然族群數量變動中「J」型及「S」型增長型均可以見到。
2. 季節消長。
3. 族群數量的年間變動：⑴規則波動（週期性波動）；⑵不規則波動（非週期性波動）。

族群擴散

族群擴散（dispersal）是族群動態的一個重點，擴散可使族群的個體遷出和遷入，從而增加或降低當地族群的密度。族群的擴散可透過：風、水、動物等途徑。族群擴散的原因很多，如集群和擴散性、氣候變化分布區擴大、食物資源變化、河流和洋流的作用、人爲因素等。族群擴散的意義是減少族群壓力、擴大分布區、形成新種。

族群的增長率

透過生命表可計算族群的增長率。族群的增長率包括存活和出生兩方面。生命表中需要加入特定年齡生殖率，編製成包括出生率的綜合生命表。

存活曲線

以生物的相對年齡（絕對年齡除以平均壽命）爲橫坐標，以各年齡的存活率爲縱坐標畫出的曲線。存活曲線可歸納爲三種基本類型：⑴A型（凸型）：人類和一些大型哺乳動物。⑵B型：B1型（階梯型），如全變態昆蟲；B2型（對角線型），如水螅等；B3型，如許多爬行類、鳥類和齧齒類。⑶C型（凹型）：大多數魚類、兩棲類、海洋無脊椎動物和寄生蟲。大多數動物居A、B型之間。

族群生長曲線圖

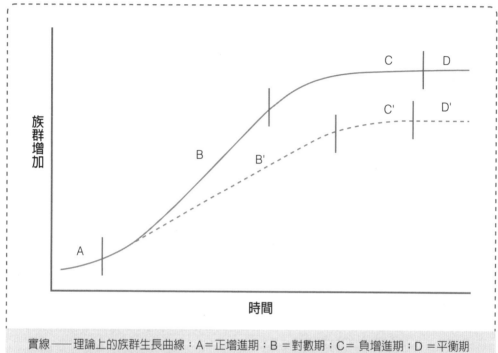

實線──理論上的族群生長曲線：A＝正增進期；B＝對數期；C＝負增進期；D＝平衡期
虛線──實際上的族群生長曲線：B'＝對數期；C'＝負增進期；D'＝平衡期

存活曲線的三種基本類型

決定族群數量的基本過程

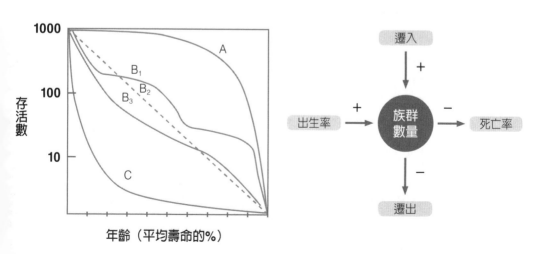

Unit 3-3　族群的增長

族群增長的數學模型

　　某個族群經過一段時間後，其增長（或下降）可用生物量的變化或個體數量的變化來表示。這些變化是由於這段時間內出生和死亡、個體的生長，以及遷出和遷入的差數所決定的。研究族群增長模型通常只考慮個體數的變化，同時假設個體的遷入與遷出是相等的。

▶ 族群的指數式增長模型：自然族群只有在食物豐盛、沒有擁擠現象、沒有天敵等等條件下才能表現出短時間的指數式增長。如浮游植物的水華期、害蟲的爆發或細菌在新培養基中的生長。

　1.世代重疊族群增長模型

　　　$N_t = N_0 e^{rt}$

　式中：N_t——族群在 t 時的數量

　　　　N_0——族群在開始時的個體數量

　　　　e——自然對數底

　　　　r——族群的瞬時增長率

　　　　t——時間

　2.世代不重疊族群增長模型

　　　$N_t = N_0 \lambda^t$

　　周限增長率（finite rate of increase）：一個族群每經過一個世代（或一個單位時間）的增長倍數，用 λ 表示。

▶ 族群的邏輯斯諦增長模型（Logistic growth model）：

$$\frac{dN}{dt} = rN \left(\frac{K - N}{K} \right)$$

　　設想有一個環境資源可能容納的最大族群值，稱為環境負載能力，通常用K表示。當族群數量（N）愈接近環境負荷量（K）時，（K-N/K）之值愈小，增長速度下降，當N＝K時，增長率即等於零，族群數量保持穩定。

時滯影響

　　當族群在一個有限的空間中增長時，隨著族群密度上升引起族群增長率下降的這種自我調節能力，往往不是立即發生的。負反饋資訊的傳遞和調節機制生效都需要一段時間，這就是族群調節的時滯（tome lag）。

　　反應時滯（reaction time lag）：在連續增長族群中，從外部環境條件改變到相應的族群增長率改變之間的時滯，也可稱為自然反應時間（natural response time），它是暫態增長率的倒數（Tr＝1/r）。

　　生態學意義：暫態增長率r愈大，Tr愈小。說明族群增長愈迅速，當族群受到干擾後返回到平衡狀態所需要的時間愈短。相反地，Tr愈大，即r愈小，則返回平衡狀態所需時間愈長。

族群增長型

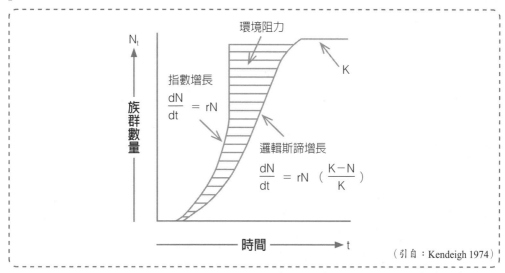

（引自：Kendeigh 1974）

瞬時族群增長率（r）與周限增長率（λ）的關係

r	λ	族群變化
r為正值	λ＞1	族群上升
r＝0	λ＝1	族群穩定
r為負值	0＜λ＜1	族群下降
r＝-∞	λ＝0	雌性無生殖，族群死亡

自然族群的數量變動方式

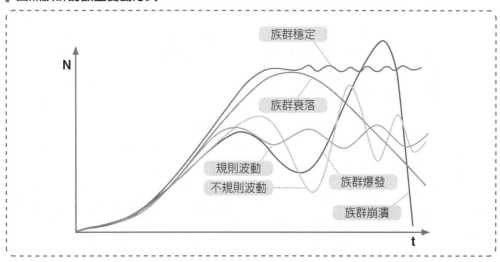

Unit 3-4 族群的調節

族群調節（regulation of population）是指族群變動過程中趨向恢復到其平均密度的機制。分為外源性因素和內源性因素兩大類：

▶ 內源性因素：指調節族群密度的原因在族群內部，即種內關係，如行為調節、內分泌調節、遺傳調節。

1.行為調節：社群行為就是一種調節族群的機制，如社群等級和領域性。

2.內分泌調節：當族群數量上升時，體內個體間的「緊張」或稱社群壓力增加，使內分泌系統產生變化，一方面使生長激素分泌減少，生長和代謝受到障礙。另一方面性激素分泌減少，生殖受到抑制，使出生率下降。

3.遺傳因數調節：族群內個體遺傳型上的區別，簡單的如遺傳兩型現象，其中一型在族群密度增加或密度高時占優勢，另一型在下降時占優勢。當族群數量達到高峰時，由於族群壓力增加，相互干擾加劇，自然選擇有利於適應高密度但繁殖力低的一組基因型，族群數量就下降。

4.自動調節學派：族群密度影響種內的成員，使出生率、死亡率和遷移發生改變；族群調節是物種的一種適應性反應，這對於族群內成員整體而言，能帶來進化上的利益，因此，受自然的選擇作用。

▶ 外源性因素：指調節族群密度的原因在於族群外部，如非生物因素和種間關係（競爭、捕食等）。

1.氣候學派：強調非生物環境因素是族群動態的決定因素，認為氣候因數是族群數量變動的主要因素。

2.生物學派：認為生物因素對族群調節起決定性作用。出發點是自然的平衡學說，調節族群密度的主要因素是競爭，即競爭食物、競爭生活場所及捕食者、寄生者的競爭等。

3.折衷學派：氣候因素和生物因素都具有決定族群密度的作用。

4.食物因素：就大多數脊椎動物而言，食物短缺是最重要的限制因素。

族群調節機制

1.非密度制約（density-independent）因素：這類因素對族群的影響程度與族群本身的密度無關，即其作用的強度是獨立於族群密度之外的，在任何密度下，族群總是有一個固定的百分比受到影響或被殺死。非密度制約因素主要是一些非生物因素，如溫度、鹽度、氣候等。

2.密度制約（density-dependent）因素：這類因素的作用強度隨族群密度而變化，當族群達到一定大小時，某些與密度相關的因素就會發生作用，且族群受到影響部分的比例也與族群大小有關。主要是生物性因素，包括種內關係和種間關係（捕食、競爭、寄生、共生等等）。

族群波動

1.規則波動（週期性波動）：包括季節性波動和年波動。

2.不規則波動（非週期性波動）：在變化大的環境下生存的生物常表現出這種波動形式。

3.族群爆發或大發生。

▌族群密度與死亡百分比的各種不同關係

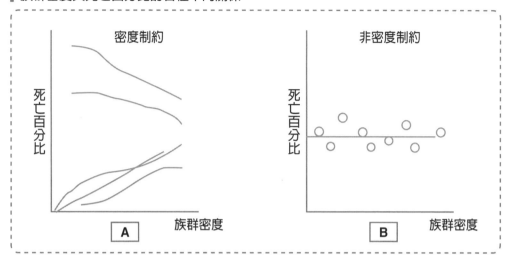

▌族群密度制約因素與非密度制約因素相互作用影響族群密度

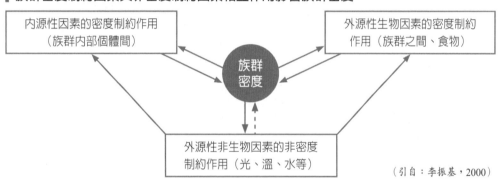

（引自：李振基，2000）

▌海洋強光代的矽藻族群的季節變化

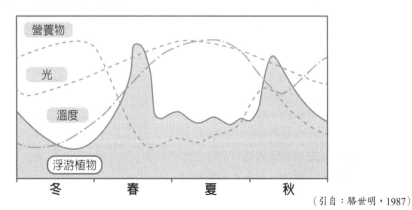

（引自：駱世明，1987）

Unit 3-5 生物競爭

競爭是指生活在同一環境下的物種，當環境資源不充分時，為了爭奪所需要的資源而發生負相關關係，一個族群的數量大小除受其遺傳特性制約外，還要受到其生活空間內另一物種存在的影響，進而相互抑制（直接競爭）；或使資源短缺，彼此間接抑制（間接競爭）。

競爭可分為資源利用性競爭和相互干涉性競爭兩類。族群內部群體間或個體間也存在競爭，且更加猛烈，因為他們使用非常相似的資源。

只有當族群的環境容納量和競爭能力都得到平衡時，兩族群才能共存。否則，低環境容納量和低競爭力族群（弱勢競爭者）將會被強勢競爭者排除掉。

正相關作用也存在於競爭族群間。如豆類植物與其他植物競爭陽光、二氧化碳、水、礦物質，但同時它們也會為鄰近的植物提供氮氣，有利於其他植物的生長。

草食動物不一定對植物是有害的。對競爭力弱的植物，草食動物經由抑制競爭力強的植物來保持植物間的共存。草食動物吃草對草而言是有害的，但經由營養循環對草而言卻是有益的。

外來物種入侵

外來物種侵占本地稀少物種的棲息地，更多的外來物種侵入後與本地物種競爭共存，成為本地的常見物種。雖然外來物種不會直接造成本地稀少物種的滅絕，但會使本地稀少物種的棲地嵌塊體急劇減少，增加本地稀少物種滅絕的可能性，而當本地物種競爭力差異較小時，外來物種對本地所有物種的影響都較小。如果外來物種經由等位競爭與本地物種實現共存，無論本地物種競爭力差異大小與否，外來物種只是影響到與其生態位相同的本地物種，影響程度取決於外來物種侵入時所占據棲地嵌塊體的比例大小。

根系間的競爭

包括植株個體自身根系的競爭，以及個體與個體根系間（同種或異種）的競爭。

植物競爭

在種內競爭方面：

1. 3/2自疏法則：即播種密度持續提高，會有一些植株在競爭中死亡，產生「自疏」（self-thinning），自疏的比值約為3/2。
2. 最終產量恒定法則：當一個族群的密度超過一定範圍之後，再繼續增加密度也不能提高產量，最後的產量總是基本相同。

在種間競爭方面：

1. 高斯假說（Gause's Hyothesis）：即競爭排斥假說，該假說認為兩個對資源有相同需求的物種，在一個穩定且資源受限的環境下無法長期共存。
2. 競爭排斥原理：認為若兩物種的生態位寬，則相互重疊多，則種間競爭激烈，這將導致某一物種被排除出競爭體系，或者促使兩物種的生態位分化而共存；若兩物種生態位窄，則物種間生態位重疊少，種間競爭弱，但種內競爭增強，而使族群內部在資源利用上趨於分化，生態位分離。

兩種草履蟲單獨和混合培養的族群動態

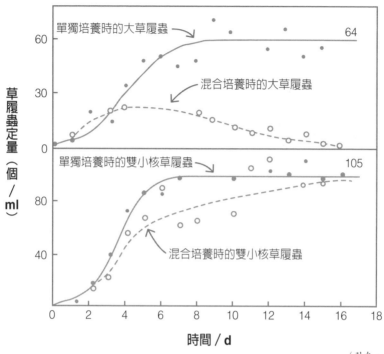

（引自：Odum 1971）

藤壺種間競爭的不對稱結果

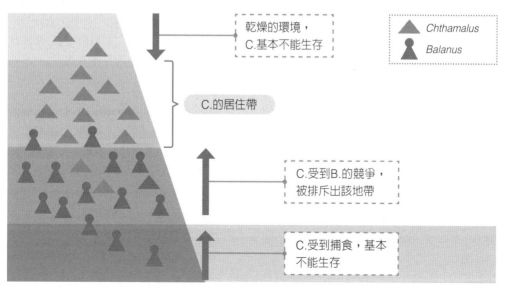

Unit 3-6 生態位

物種在生物群落或生態系統中的地位和角色，如草食動物、肉食動物在生態系統中的營養關係各占不同的地位，各有不同的作用。比較多個物種的資源利用曲線，便能分析生態位（ecological niche）重疊和分離的情形。生態位狹窄的物種，其種內競爭激烈，生態位寬的物種，種間競爭激烈。種間競爭激烈的物種會相互排斥而導致某一物種滅亡，或經過生態區位分化而得以共存。

基礎生態位與實際生態位

基礎生態位（fundamental niche）：生物群落中，某一物種所棲息的理論上最大空間，即沒有種間競爭的種的生態位。

實際生態位（realized niche）：當有競爭者時，必定使該物種只占據基礎生態位的一部分，這一部分實際占有的生態空間稱爲實際生態位。競爭種類愈多，某物種占有的實際生態位愈小。實際生態位是生物之間的相互影響和物種自己對某些環境條件所具有選擇性的共同結果。

生態位寬度

指生物所能利用的各種資源的總和。根據生態位的寬度，可將物種分爲廣生態位和狹生態位兩類。不同物種的生態位寬度不同。

生態位重疊

兩個具競爭關係的物種，其生態位重疊究竟有多大，這要由物種的種內競爭和種間競爭強度決定。種間競爭促使兩物種的生態位分開。

兩個競爭物種的資源利用曲線不可能完全分開，只有在密度很低，種間競爭幾乎不存在的情況下才會出現。

如果兩競爭物種的資源利用曲線重疊較少，物種是狹生態位的，其種內競爭較爲激烈，將促使其擴展資源的利用範圍，使生態位重疊增加。

如果兩競爭物種的資源利用曲線重疊較多，物種是廣生態位的，生態位重疊愈多，種間競爭愈激烈，按競爭排斥原理，將導致某一種物種滅亡，或經由生態位分化而得以共存。

生態位壓縮

如果構成一個群落的物種都具有很寬的生態位，一旦遭到外來競爭物種的侵入，本地物種就會被迫限制和壓縮其對空間的利用，如被迫把取食活動或其他活動限制在棲地中可提供最適資源的嵌塊體內，此種競爭所導致的是棲地壓縮，而不會引起食物類型和所利用資源的改變，這種情形就是生態位壓縮。

平行群落與生態等值

平行群落即生態上和分類上很相似的種，常在不同海區的同一類型的底質中出現。這些平行的生物群落常由同一屬的種類占據優勢地位，它們具有相似的生態位。

生態等值（ecological equivalents）是在不同的地理區域，占據相同的或相似的生態位生物，通稱爲生態等值。

物種S₁和S₂的生態位空間模式圖

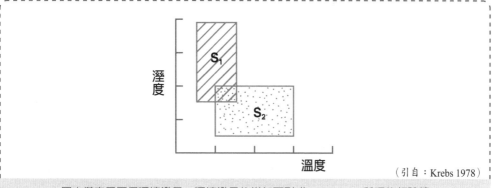

（引自：Krebs 1978）

圖中僅表示兩個環境變量，環境變量的增加可形成Hutchinson所謂的超體積

三個共存物種的資源利用曲線

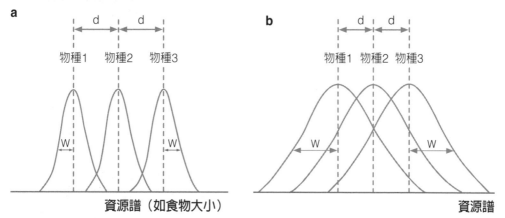

圖a表示物種是狹生態位的，相互重疊少，物種之間的競爭弱。

圖b表示物種是廣生態位的，相互重疊多，物種之間的競爭強。

具有三維結構的生態位模型

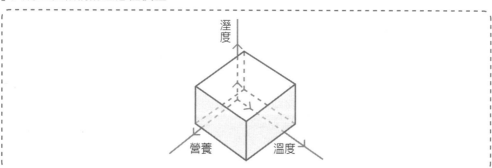

PART 4
群落生態學

Unit 4-1 群落生態學概述

特定空間或特定棲地下，生物族群有規律的組合，它們之間以及它們與環境之間彼此影響，相互作用，具有特定的形態結構與營養結構，執行一定的功能，這種多族群的集合稱為群落。群落生態學是研究生物群落與環境相互關係及其規律的學科，主要研究群落的結構、組成、演替、種類等。

群落的基本特徵

1. 具有一定的種類組成：每個群落都是由植物、動物、微生物族群組成的。一個群落中的物種數和個體數，是衡量群落多樣性的基礎。
2. 不同物種之間的相互影響：必須共同適應它們所處的無機環境；它們內部的相互關係必須取得協調和發展（族群構成群落的二個條件）。
3. 形成群落環境：定居生物對生活環境的改造結果。
4. 具有一定的結構：形態結構、生態結構、營養結構。
5. 具有一定的動態特徵：包括季節動態、年際動態、演替與演化。
6. 具有一定的分布範圍：任一群落都分布在特定的地段或特定的棲地。
7. 群落的邊界特徵：有的有明顯的邊界，可以清楚地區分；有的不具明顯的邊界，而處於連續變化之中。

群落生態學理論框架

群落的構建包含了四個基本過程：選擇、漂變（drift）、成種（speciation）和擴散（dispersal）。

1. 選擇：指隸屬於不同物種的個體具有不同的適合度。群落中的選擇分為三種基本類型：(1)方向選擇：是指群落中各物種的適合度存在確定的大小等級關係；雖然每個物種的適合度在不同的情形下可能發生變化，但物種間適合度的等級關係不會發生改變，適合度最大的物種將最終排除其他物種，在群落中被固定（形成單優群落）；(2)平衡選擇：是指族群密度相對較小的物種具有更高的適合度，也就是說當某個物種的個體數量減少時，其族群增長速率反而會增加，從而避免滅絕；(3)分裂選擇：指族群密度相對高的物種具有更高的適合度，最終族群初始密度最大的物種將排除其他物種，而在群落中被固定。
2. 漂變：由於出生、死亡和後代生產都是內在的隨機過程，所以在個體數量有限的群落內每個物種數量的改變，都包含著這種隨機成分：這就是所謂的生態漂變。
3. 成種：一個群落中有哪些物種，不僅取決於群落內部的局域過程，且取決於有哪些潛在的物種，可以到達該群落（即物種庫）。成種過程一定會對物種庫的大小和組成有影響。
4. 擴散：是指生物個體在空間的遷移。擴散的模型主要有兩類：一類是大陸 —— 島嶼模型，這類模型假設生物個體總是單向地從具有無限個體的大陸遷移至能容納有限個體的島嶼；另一類是島嶼模型，這類模型假設生物個體在能容納有限個體的島嶼間相互遷移，也就是集合群落（metacommunities）。擴散與其他過程共同作用，會對群落多樣性產生各種不同的影響。

▌群落構建的篩選過程

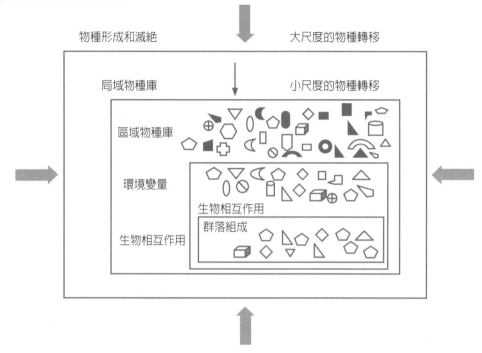

▌生態位構建和擴散構建下的物種理論分布示意

○□◇△代表4個不同的物種，6種局域群落用大方框表示

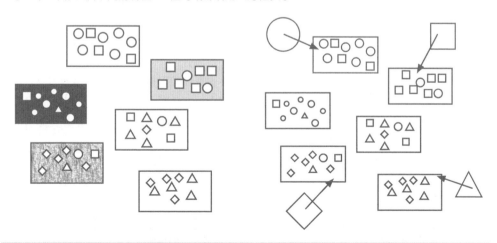

（左）物種分布由物種對環境的偏好所決定，物種對環境的適應與樣方格局對應。
（右）群落背景環境相同，物種來自不同區域反映了各群落當前的區域格局。

Unit 4-2 群落的種類

種類組成是決定群落性質最重要的因素，也是鑑別不同群落類型的基本特徵。

1. 優勢種和建群種：對群落的結構和群落環境的形成有明顯控制作用的物種稱為優勢種（dominant species），對於植物群落而言，它們通常是那些個體數量多、投影蓋度大、生物量高、體積大、生活能力強，即優勢度較大的種；植物群落中，處於優勢層的優勢種稱為建群種（constructive species）。

2. 關鍵種：有些物種的作用至關重要，它的存在會影響到整個群落的結構和功能。

3. 亞優勢種（subdominant species）：個體數量與作用都次於優勢種，但在決定群落性質和控制群落環境方面仍具有一定作用的物種。

4. 伴生種（companion species）：群落的常見物種，它與優勢種相伴存在，但沒有主要作用。

5. 偶見種或罕見種（rare species）：在群落中出現頻率很低的種類，往往是由於族群自身數量稀少的緣故。偶見種可能是偶然的機會由人帶入，或伴隨著某種條件改變而侵入，也可能是衰退中的殘遺種。

優勢種對整個群落有控制性的影響，如果把群落中的優勢種去除，會導致群落性質和環境的變化。但若把非優勢種去除，只會發生較小或不顯著的變化，因此，不僅要保護瀕危植物，也要保護優勢植物和建群植物。

關鍵種和優勢種的區別，在於它的影響大於其豐度所顯示的水準，關鍵種具有重要和不相稱的影響，如美國加州海岸底棲生物群聚的海星，即是當地生物群聚的關鍵種，在去除海星之後，底棲生物群聚結構會產生劇烈的改變，貽貝成為優勢種，而且物種多樣性也降低。

種類組成的數量特徵

1. 種的個體數量指標

- 豐度（abundance）：對物種個體數目多少的一種估測指標。
- 密度：單位面積或單位空間內的個體數。
- 相對密度：某一物種的個體數占全部物種個體數的百分比。
- 密度比：某一物種的密度占群落中密度最高的物種密度的百分比。
- 覆蓋度（coverage）：指植物地上部分的垂直投影面積占樣地面積的百分比。分種蓋度（分蓋度）、層蓋度（種組蓋度）、總蓋度（群落蓋度）。
- 相對蓋度：某一物種的分蓋度占所有分蓋度之和的百分比。
- 頻率：某個物種在調查範圍內出現的次數百分比。
- 重量和相對重量：單位面積或容積內某一物種的重量占全部物種重量的百分比。
- 體積：胸高斷面積、樹高、形數（可查獲）三者的乘積。

2. 綜合數量指標

- 優勢度：表示一個種在群落中的地位和作用。定義和計算方法不統一。
- 重要值：相對密度＋相對頻度＋相對優勢度（相對基蓋度）。
- 綜合優勢比：在密度比、蓋度比、頻度比、高度比和重量比中取任意兩項求其平均值，再乘100%。

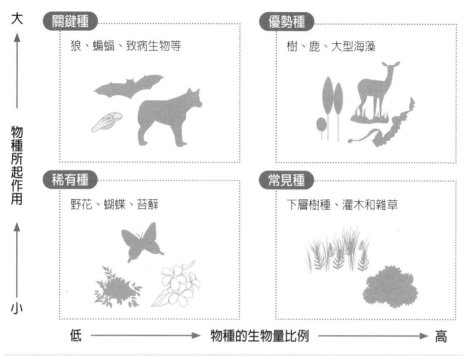

關鍵種決定著一個生物群落裡大量其他物種的生存。關鍵種雖然只占群落組成的很小比例（總生物量的很小一部分），但是一個關鍵種的喪失，可能導致群落組成發生重大改變。

優勢種豐度等級曲線

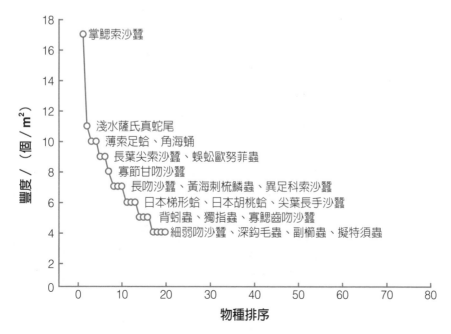

Unit 4-3 群落的結構

群落的結構要素

1. 生活型（life form）：是生物對外界環境適應的外部表現形式。對植物而言，其生活型是植物對於綜合環境條件的長期適應，而在外貌上反映出來的植物類型。親緣關係很近的植物卻可屬於不同的生活型，這是生物之間趨同適應的結果。
2. 生態型：反映植物生活的環境條件，相同的環境條件具有相似的生長型，是趨同適應的結果。
3. 層別（synusia）：指由相同生活型或相似生態要求的種組成的機能群落。分成三級：第一級層別是同種的個體組合；第二級層別是同一生活型的不同植物的組合；第三級層別是不同生活、不同種類植物的組合。

群落的垂直結構

成層現象（地上與地下成層）是群落中各種群之間，以及種群與環境之間相互競爭和相互選擇的結果。緩和了植物之間爭奪陽光、空間、水分和礦物質，且由於植物在空間上的成層排列，擴大了植物利用環境的範圍，提高了同化功能的強度和效率。

成層現象愈複雜，即群落結構愈複雜，植物對環境利用愈充分，提供的有機物質也就愈多。生物群落中動物的分層現象也很普遍。動物之所以分層現象，主要與食物有關。

群落的水平結構

植物群落水平結構的主要特徵就是它的鑲嵌性（mosaic）。原因是植物個體在水平方向上的分布不均勻造成的，從而形成了許多小群落（microcoense）。群落環境的異質性愈高，群落的水平結構就愈複雜。

群落的時間結構

不同植物種類的生命活動在時間上的差異，就導致了結構部分在時間上的相互更替，形成了時間結構。週期性就是植物群落在不同季節和不同年分內其外貌按一定順序變化的過程，它是植物群落特徵的另一種表現。時間的成層性在不同的群落類型有不同的表現。

影響群落結構的因素

1. 生物因素：作用最大的是競爭和捕食。競爭導致生態位的分化，群落中的種間競爭出現在生態位比較接近的種類之間。泛化種的作用：捕食提高多樣性，但過捕使多樣性降低；特化種的作用：捕食對象為優勢種，多樣性增加；捕食對象為劣勢種，降低多樣性。
2. 干擾：增加群落的物種豐富度。因為干擾使許多競爭力強的物種沒了優勢，其他物種乘機侵入。
3. 空間異質性：異質性愈高，小棲地愈多，共存物種數愈多
4. 島嶼化：島嶼面積愈大且距離大陸愈近的島嶼，其留居物種的數目最多，而島嶼面積愈小且距離大陸愈遠的島嶼，其留居物種的數目最少。

陸生植物按體態的主要生活型

項目	說明
樹木	都是高達3m以上的高大木本植物
藤本植物	木本攀緣植物或藤本植物
灌木	較小的木本植物，通常高不及3m
附生植物	地上部分完全依附在其他植物體上
草本植物	沒有多年生的地上木質莖，包括蕨類、禾草類和闊葉草本植物
藻菌植物	包括地衣、苔蘚等低等植物

植物生活型圖解

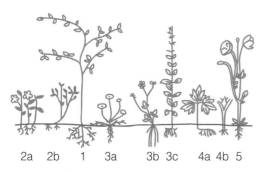

2a　2b　1　3a　3b 3c　4a 4b 5

1. 高位芽植物：植物的芽或頂端嫩枝位於離地面較高處的枝條上。
2. 地上芽植物：植物的芽或頂端嫩枝位於地表或接近地表處。
3. 地面芽植物：植物在不利季節中，植物體上部一直枯死到地表，只是被土壤或死殘落物所保護的植株下部仍然活著，並在地表處有芽。
4. 隱芽植物：又稱地下芽植物。
5. 一年生植物：植物只能在一年內環境良好的季節中生長。

森林群落的垂直成層性

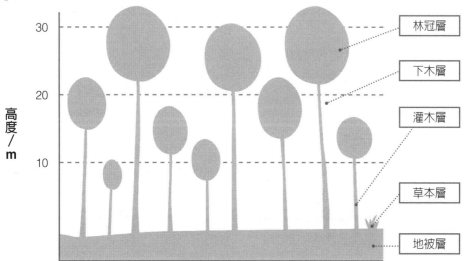

高度／m

30

20

10

林冠層

下木層

灌木層

草本層

地被層

Unit 4-4 群落的演替

演替（succession）是指一個生物群落被另一個生物群落代替的過程。群落演替（community succession）是自然群落中，一種群落被另一群落所取代的過程。多數群落的演替有一定的方向性，但也有一些群落有週期性的變化，即由一個類型轉變爲另一個類型，然後又回到原有的類型，稱週期性演替。

在大多數情況下，生物群落演替過程中的主導角色是植物，動物和微生物只是伴隨植物的改變而發生改變的。植物演變的基本原因是先定居在一個地方的植物，經過它們的殘落物的積累和分解，增加有機物質到土壤中，改變了土壤的性質，同時經由遮蔭改變了周圍的小氣候，有些還經由根的分泌給土壤增加某些有機化合物，這樣群落內環境發生改變，就爲其他物種的侵入創造了適合的環境。當改變積累到一定程度時，反而對原有植物自己的生存和繁殖不利，於是就發生演替。當然，外界因素的改變也可以誘發演替。

不同生物群落的演替各有各的特點，可是有許多發展趨勢是大多數群落共有的，如在演替過程中通常不僅有生物量積累的增加，且群落加高和分層，因而結構趨於複雜化、生產力增加，群落對環境影響加大。

演替頂極（climax）和頂極群落（climax community）：任何一類演替都經過遷移、定居、群聚、競爭、反應、穩定等六個階段，當群落達到與周圍環境取得平衡時（物種組合穩定），群落演替漸漸變得緩慢，最後的演替系列階段稱「演替頂極」；演替最後階段的群落稱「頂極群落」。

演替方向

1. 進展演替：指隨著演替的進行，生物群落的結構和種類成分由簡單到複雜；群落對環境的利用由不充分到充分利用；群落生產力由低到逐步增高；群落逐漸發展爲中生化；生物群落對外界環境的改造逐漸強烈。

2. 逆行演替：與進展演替相反，它導致生物群落結構簡單化；不能充分利用環境；生產力逐漸下降；不能充分利用地面；群落旱生化；對外界環境的改造輕微。

生物群落演替類型

1. 原生演替：在原來沒有生命的地點（如沙丘、火山熔岩冷凝後的岩面、冰川退卻露出的地面、山坡的崩塌和滑塌面等）開始的演替叫原生演替。在原生演替的情況下，群落改變的速度一般不大，連續地相繼更替的系列群落相互之間保持很大的時間間隔，而生物群落達到頂極狀態有時需要上百年或更長時間。

2. 次生演替：如果群落在以前存在過生物的地點上發展起來，那麼這種演替稱爲次生演替。這種地點通常保存著成熟的土壤和豐富的生物繁殖體，因此，經由次生演替形成頂極群落要比原生演替快得多。到處可以觀察到次生演替，它們經常發生在火災、洪水、草原開墾、森林採伐、沼澤排乾等之後。

岩石露頭上開始的群落演替

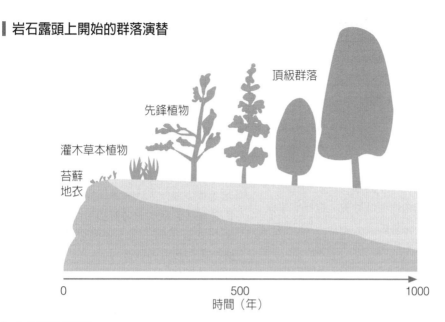

頂級群落

先鋒植物

灌木草本植物

苔蘚
地衣

| 0 | 500 | 1000 |

時間（年）

水生原生演替

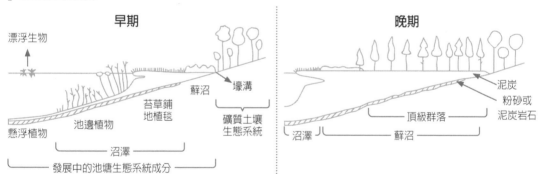

早期

晚期

漂浮生物

壕溝

蘚沼

苔草鋪
地植毯

礦質土壤
生態系統

懸浮植物

池邊植物

沼澤

發展中的池塘生態系統成分

泥炭

粉砂或
泥炭岩石

頂級群落

蘚沼

沼澤

群落演替的因素

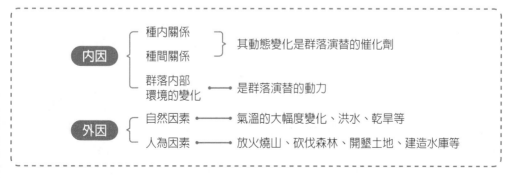

內因

種內關係

種間關係

其動態變化是群落演替的催化劑

群落內部
環境的變化

是群落演替的動力

外因

自然因素

氣溫的大幅度變化、洪水、乾旱等

人為因素

放火燒山、砍伐森林、開墾土地、建造水庫等

Unit 4-5 物種多樣性

　　多樣性是生物系統的一個重要特徵，也是用來研究與了解生物系統基本功能與結構重要的參數。長久以來物種多樣性或稱為「生物的多樣性」，廣泛用以代表生態多樣性的量測值。

　　任何自然環境中不論動物或植物的集聚都包含了不同的物種與個體數，這樣的集聚被稱為是具有多樣性的（diverse）集合體，除非這樣的集聚中的所有個體都屬於同一種類，多樣性為零以外，多樣性（diversity）就成為生物系統的一個重要的特徵，生態學家總稱之為生態的多樣性（ecological diversity）。

　　生物多樣性是指生物的多樣化和變異性，以及物種棲地的生態複雜性。包含：

1. 基因多樣性：地球上生物個體中所包含的基因資訊的總和。
2. 物種多樣性：指地球上生物有機體的多樣化。
3. 生態系統多樣性：涉及的是生物圈中生物群落、棲地與生態過程的多樣化。

　　物種多樣性包括兩種涵義：一是群落所含有的物種數目的多寡，即種的豐富度；二是種的均勻度，是指一個群落或棲地中全部物種個體數目的分配狀況。群落所含的種數愈多，群落的多樣性就愈高；群落中各個種的相對密度愈均勻，群落的異質性程度就愈大，群落的多樣性就愈高。

多樣性梯度

1. 多樣性隨緯度的變化：從熱帶到兩極隨著緯度的增高，物種多樣性有逐漸減少的趨勢。
2. 多樣性隨海拔的變化：物種多樣性隨海拔增加而逐漸降低。
3. 海洋和淡水水體深度的變化：多樣性隨深度增加而降低。

解釋物種多樣性變化的學說

1. 進化時間學說：熱帶群落比較古老，進化時間較長，且在地質年代中環境條件穩定，很少遭受災害性氣候變化，所以群落的多樣性較高。而溫帶和極地群落從地質年代比較年輕，遭受災難性氣候變化較多，所以多樣性較低。
2. 生態時間學說：考慮時間尺度更短，認為物種的分布區的擴大也需要一定時間。
3. 空間異質性學說：物理環境愈複雜，或空間異質性愈高，動植物群落的複雜性也愈高，物種多樣性也愈大。如山區物種多樣性明顯高於平原；群落中小棲地豐富多樣，物種多樣性愈高。
4. 氣候穩定學說：氣候愈穩定，變化愈小，動植物的種類愈豐富，在生物進化的地質年代中，地球只有熱帶的氣候可能是最穩定的。
5. 競爭學說：在環境嚴酷的地區，如極地和溫帶，自然選擇主要受物理因素控制，但在氣候溫和而穩定的熱帶地區，生物之間的競爭則成為進化和生態位分化的主要動力。
6. 捕食學說：因為熱帶的捕食者比其他地區多，捕食者將被捕食者的種群數量壓到較低水準，從而減輕了被食者的種間競爭。競爭的減弱允許更多的被食者種的生存。較豐富的種數又支持更多的捕食者種類。
7. 生產力學說：如果其他條件相等，群落的生產力愈高，生產的食物愈多，通過食物網的能流量愈大，物種多樣性就愈高。

生物多樣性指標

指數	公式	說明
Simpson's Index 辛普森多樣性指數	$\lambda = 1 - \sum\limits_{i=1}^{s} \left(\dfrac{n_i}{N} \right)^2$	n_i：第i物種的個體數 N：所有物種總個體數
Shannon-Wiener's Index 夏農—威納多樣性指數	$H' = -\sum\limits_{i=1}^{s} (n_i / N)\, \ln\,(n_1 / N)$	n_i：第i物種個體數 N：所有物種總個體數
Pielou's evenness Index 均勻度指數	$J' = H' / \log S$	H'：棲地族群之多樣性指數 S：棲地內的物種數
Margelef's Index 總豐度指數	$R = (S-1) / \log N$	S：棲地內的物種數 N：棲地內的物種總個體數

氣候變遷影響下生物多樣性領域

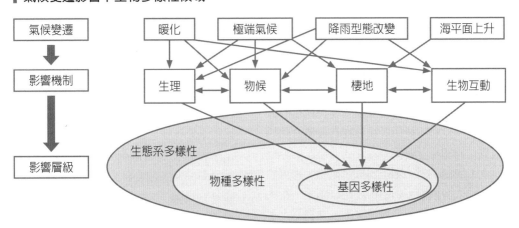

植物多樣性增加對土壤動物群落的影響途徑

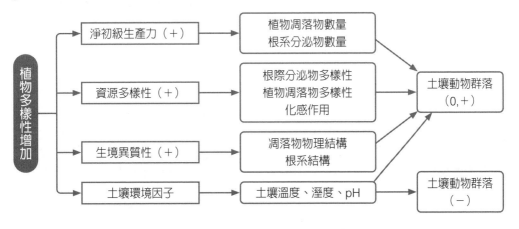

Unit 4-6 食物鏈、食物網

營養關係是群落內各生物之間最重要的關聯，是群落賴以生存的基礎，也是了解生態系統中能量流動的核心。

食物鏈

食物鏈（food chain）是生物之間，食與被食形成一環套一環的鏈狀營養關係。食物鏈類型：牧食食物鏈或稱植食食物鏈、碎屑食物鏈、寄生食物鏈。

食物網

食物鏈彼此交錯連接，形成網狀營養結構，稱為食物網（food web）。生態系統中生物種類繁多，一種生物往往有多種食物，同一種生物也可被多種攝食，因此一種生物不可能固定在一條食物鏈上。食物網更能真實地反映生態系統內各種生物有機體之間的營養位置和相互關係。

食物鏈的第一環多為綠色植物，也可能是其他的有機體，如植物的枯枝落葉、動物的屍體、排泄物。一般情況下，食物鏈上各種生物的數量保持相對地動態平衡，如果其中一環發生變動，則影響到整條食物鏈，甚至整個食物網上生物種類的重新配置和數量的變動。

生態金字塔

生態系統中各營養級所占的生物質能或擁有的生物質能生產力的圖形表示，用來表達各級之間生物能量的傳遞關係。因生物質能及其生產力一般都逐級向上遞減而狀如塔或金字塔而得名。

生態金字塔的最低一級為生產者，其上依次為初級（食草生物）、次級（捕食食草生物者）和三級消費者（捕食次級消費生物）等，有時會有捕食三級消費者的第四級消費者。

1. 數量金字塔：在自然界的生物群落中，存在許多個體小的有機體和少數個體大的有機體，其數量和大小恰好成反比，即個體愈小、數量愈多，反之，個體愈大、數量愈少。這樣大小和數量分布上的幾何關係，即所謂數量金字塔。

2. 生物量金字塔：生物量是指在單位面積內或單位體積內的生物群的總質量。如生物量、浮游生物量、魚類生物量或橈足類生物量等。位於較高食物環節的有機體數目較少，而其總重量在食物鏈中的環節中也循序減少；從而亦形成一個數量金字塔相類似的生物量金字塔。

3. 能量金字塔：根據能量由低向高營養階層流動過程中，逐級變小而構成的幾何圖形。各層間的轉化效率稱為生態效率（ecological efficiency）。陸域為1/10，海域為15～30%，愈高階效率愈高。

食物鏈的級數與能量的消耗

在食物鏈中能量的傳遞，從生產者到消費者的每一階段，都會發生能量耗損的現象，故食物鏈的級數愈少，其所消耗的能量也愈少，可以利用的能量則愈大；反之，如果食物鏈的級數愈多，則所耗損的總能量也愈多，而可利用的總能量反而很少。

生態系中食物網的結構

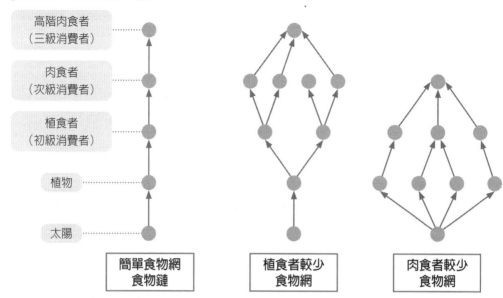

高階肉食者
（三級消費者）

肉食者
（次級消費者）

植食者
（初級消費者）

植物

太陽

| 簡單食物網 食物鏈 | 植食者較少 食物網 | 肉食者較少 食物網 |

食物網的結構與食性

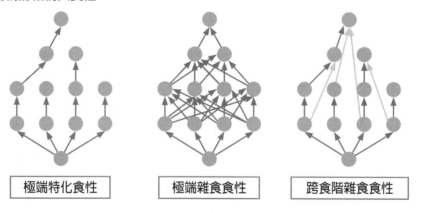

| 極端特化食性 | 極端雜食食性 | 跨食階雜食食性 |

能量金字塔

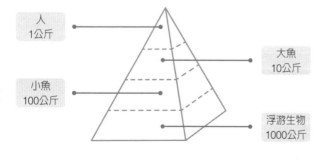

人
1公斤

大魚
10公斤

小魚
100公斤

浮游生物
1000公斤

表示各個營養級之間，能量
的配置關係

PART 5
生態系統生態學

Unit 5-1 生態系統概述

生態系統（ecosystem）是指生物群落與其棲地相互聯繫、相互作用、彼此間不斷地進行著物質循環、能量流動和資訊聯繫的統一體。生態系統就是生物群落和非生物環境（棲地）的總和。許多生態系統合在一起構成的嵌塊體，形成了流域、山脈、城鎮等景觀單位。地球上所有各種嵌塊體聯合起來就構成複雜程度更高的生物圈。

生態系統的結構

一個生態系統的結構包括六個部分：

1. 棲地 —— 非生物環境：(1)無機物質：氮、磷、氧、水等；(2)有機化合物：蛋白質、碳水化合物、脂肪、腐殖質等；(3)氣候條件：溫度、光照及其他物理因素。
2. 生物群落：(4)生產性生物（生產者）：藻類和大型植物；(5)大型消費性生物（消費者）：動物；(6)微型消費性生物（分解者）：細菌和真菌。

生態系統的特徵

1. 不斷發育及演化的動態系統：它會與外界環境不斷地進行物質交換及能量傳遞，具有發育、代謝、繁殖、生長與衰老等現象。
2. 具有一定的地區特性：生態系統包含一定的地區及範圍，存在不同的生態條件與生物群落，所以在結構及功能上會反應不同的地區特性。
3. 自我維持的系統：生態系統內部的生產者、消費者及分解者會不斷地進行能量與物質的交換與轉移，確保生態系統維持穩定的功能。
4. 具有自動調節及恢復的功能：受到外來干擾而改變穩定狀態時，會靠系統內部的自動調節及恢復功能，逐漸返回原來的穩定、協調狀態。

生態系統的類型

1. 依照空間環境性質劃分：(1)淡水生態系統：流水、靜水生態系統；(2)海洋生態系統：海岸、淺海、遠洋生態系統；(3)陸地生態系統：森林、草原、荒漠、凍原、都市、農田等生態系統。
2. 依照人類的影響劃分：(1)自然生態系統：如未受干擾的凍原或原始森林生態系統；(2)人工生態系統：如都市、農田、模擬人工生態系統。

生態系統的功能

(1)能量流線路（energy circuit）；(2)食物鏈或食物網；(3)物種在時間和空間上的多樣性格局；(4)營養鹽等物質的循環；(5)發展和進化；(6)恆穩控制（經由資訊回饋而進行的自我調節）。

生態系統穩定性

包含生態閾值、敏感性和恢復力。閾值是生態系統在改變為另一個退化（或進化）系統前所能承受的干擾限度；敏感性是生態系統受到干擾後變化的大小和與其維持原有狀態的時間；退化生態系統的恢復力就是消除干擾後生態系統能回到原有狀態的能力，包括恢復速度和與原有狀態的相似程度。

生態平衡

生態系統內各部分（生物、環境）在一定時間內結構和功能的相對穩定狀態。

生態系統的結構

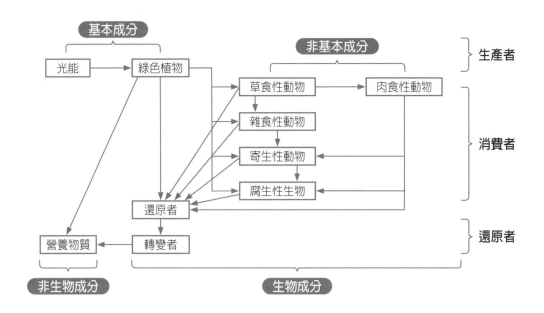

生態系統敏感性，閾值和恢復力與干擾的關係

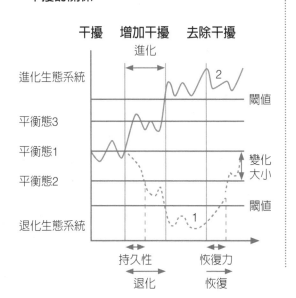

生態系統穩定性與敏感性，閾值和恢復力的關係

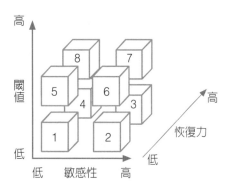

Unit 5-2 基因流動

基因流動（gene flow）定義為，將基因從一個群體的基因庫轉移到另一個群體的基因庫。這種基因轉移是自然群體中遺傳結構的主要決定因素。基因流動取決於物種的生物學特性及各種物理影響因素。不同的作物有不同的傳粉模式（如蟲媒及風媒傳粉）及不同的種子傳播模式，兩者都可作為基因改造逃逸的載體。

不同物種的繁殖模式不同，兩者所介導的基因擴散模式也截然不同，隨著基因改造作物的發展，基因改造作物帶來的安全性問題也愈來愈引起人們的注意。基因改造作物可能帶來的潛在風險主要包括：(1)改造基因對人類、動物及有益生物的毒性或過敏性影響；(2)改造基因的穩定性；(3)種間或與其他有機體之間的基因流動。

在這些風險中，基因流動及其可能引起的環境後果和對人類健康的影響。改造基因植物的花粉擴散是基因流動的主要途徑，主要受生物因素和環境因素的影響。目前防止和減少基因改造流動的技術，主要是採取時空隔離（距離隔離、花期隔離）、摘除花器或限制開花及雄性不育等。

國際上基於分子生物學技術提出的生物學控制措施包括：母性遺傳（葉綠體基因改造，、細胞質雄性不育和恢復基因、合子胚敗育（apoptosis，將apoptosis gene與RNAi技術聯合使用，使基因改造在轉入非目標作物後合子胚敗育）、孤雌生殖或無融合生殖、閉花授精、基因分離（split gene

approach）、減弱基因流動，同時轉入調節適應性的基因，如控制株高、落粒、休眠、弱勢、雜種致死的基因等。

基因物質的轉移

1. 水平移轉：反對基因改造作物的人士最擔憂的，便是基因物質從基因改造作物體內逃脫、移轉至微生物或動物體內的結果。因為這隱含著，基因改造技術可以突破生物學分類之「界」的分野。

2. 雜交、基因滲入（introgression）：基因改造作物透過雜交的過程，會將改造之基因片段，轉移至野生的近親種或其他植物體內。產生的結果，會改變野生種的形態和樣貌、與族群在自然環境的中變化。雖然雜交機會高的族群不代表會對生態帶來較高的風險，但可推斷的是，賦予基因改造作物基因物質曝露在自然環境的機會愈多，導致風險發生的機率也就愈高。

毒性

經由基因改造技術，所賦予作物如抗蟲與耐除草劑的特性，有可能會經由滲入土壤而影響土壤中的微生物，或造成土壤及地下水的汙染；也有可能在食物鏈的過程，進入二、三級消費者的體內，產生生物加乘作用，而累積在某一生物體內等生態上的負面影響。然而，其中最直接的是基因改造作物對非目標種生物的傷害。

▌基因改造作物產品生命週期中生態風險產生的途徑

階段	可能造成生態風險的途徑	
實驗室研發	➤ 得到非預期的特性 ➤ 標識基因的不安全性 ➤ 基因改造物質隨廢水成廢棄物，曝露至實驗室外的環境中	
田間試驗	➤ 花粉散布至實驗田外 ➤ 媒介者將基因改造物質攝入體內或傳播至實驗田外的環境 ➤ 耕種用水及土壤地汙染	
大規模耕種	國內生產	進口
	大規模且更直接的影響田內的其他作物，或周邊自然環境的植物與二、三級消費者	本土未見過之新特性的基因改造物質流入國內的自然環境
加工	➤ 使基因改造物質的特性再度變化 ➤ 殘留的基因改造物質，隨著加工廢棄物流布至自然環境中	
運輸	基因改造物質的生鮮產品，非蓄意的掉落散布至自然環境	
販售	基因改造物質普遍的流入國內及國外的各個角落	
廢棄物處理	廢棄GM crop植物體、基因物質的處理與回收再利用	

▌基因改造作物（GM crop）之生態衝擊曝露途徑與效應

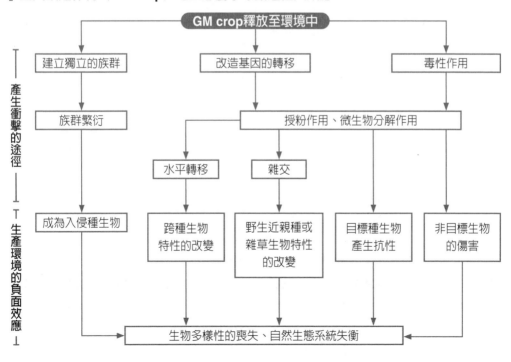

Unit 5-3 物種流動

物種流動是指物種族群在其分布範圍內，或拓展新的分布範圍，所形成的時空變化狀態。物種流動是生態系統中族群變化的一個重要過程，具有擴大和加強不同生態系統間的交流和聯繫，提高生態系統服務的功能。

物種流動有三層含意：(1)生物與環境之間相互作用所產生的時間、空間變化過程；(2)物種族群在生態系統內或系統之間格局與數量的動態，反映了物種關係的狀態，如寄生、捕食、共生等；(3)生物群落中物種組成、配置、營養結構變化，外來種和本地種的相互作用。

物種流動的特點

1. 遷移性：包括單向填補生態位空缺的流動，如生物入侵、往返的遷徙、洄游。
2. 有序性：季節的先後、年幼成熟個體的先後。
3. 連續性：個體在生態系統內運動是連續不斷的。
4. 連鎖性：物種向外擴散常是成批進行的。

種子雨

指在特定的時間和特定的空間從母株上散落的種子量。種子雨的組成和大小具有時空異質性。種子雨的空間異質性表現在種子雨的組成和大小因群落而異，族群間的種子雨因族群而異，族群內部的種子雨因個體而異；種子雨的時間異質性表現在不管是群落、族群還是族群內部的個體，其種子雨既具有季節動態，又具有年際變化。

植物傳播

植物在繁殖過程中需要藉由不同的途徑將種子傳播和擴散至適宜的棲地中，這是植物長期適應環境和自身進化的結果。種子傳播途徑可分為動物取食、動物攜帶、鳥取食傳播、風傳播、水傳播和無助力傳播等多種途徑。

依靠動物取食傳播種子的植物，大多為具有肉質果（如漿果、核果等）、堅果、毬果等大而可食用果實的植物。依靠風傳播的種子普遍較小，且具有適應和利用空氣流動的結構，如種翅等。依靠水流傳播的種子多具冠毛、含油和含氣室等特殊組織，或果實由比重較輕的組織（如木栓組織）組成。無助力傳播途徑的種子依賴自身特殊的組織或受力不均等結構，成熟時利用彈射或吸脹等方式傳播。

植物在長期自然選擇和主動適應性進化過程中，形成了各種借助外力，進行種子傳播的方式，促使後代盡量遠離母株降低種內競爭，從而擴大分布範圍和生存優勢。

鳥類遷徙

鳥類隨著季節變化進行的，方向確定的，有規律的和長距離的遷居活動，鳥類遷徙具有強烈的定向性，其定向機制包括：太陽定向、星辰定向、陸標定向（視覺）、地磁定向、嗅味定向、聲音定向（非視覺）及其他。鳥類遷徙通常是一年兩次，其遷徙日期因種而異，同時也受環境因子的影響。

魚類洄游

與覓食及繁殖行為有關。溫暖的水域並沒有足夠的食物來源，所以牠們每年必須來到浮游生物與魚蝦貝類豐富的海域覓食。

西北太平洋海域表層魚類南北洄游情形

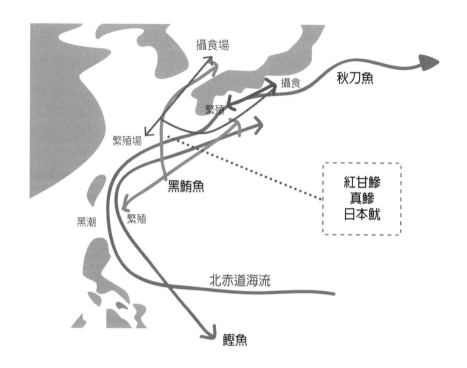

攝食場

攝食

秋刀魚

繁殖

繁殖場

黑鮪魚

紅甘鰺
真鰺
日本魷

黑潮

繁殖

北赤道海流

鰹魚

種子傳播方式

靠人傳送

靠動物傳送

靠水傳送

靠風傳送

靠自己的力量傳送

牽牛花

自己蹦開的果實

鳳仙花

Unit 5-4　能量流動

能量流動是生態系統的主要功能之一。在生態系統中，所有異養生物需要的能量都來自自養生物合成的有機物質，這些能量是以食物形式在生物之間傳遞的。當能量由一個生物傳遞給另一個生物時，大部分能量被降解為熱而散失，其餘的則用以合成新的原生質，從而貯存下來。由於能量傳遞不同於物質循環，因為它具有單向性，因此生態系統中的能量傳遞通常稱之為能量流動。

能量在生態系統中的流動和轉化，服從熱力學定律。按照熱力學的概念，能量是物體做功的本領或能力。能量的行為可以用熱力學定律來描述。

熱力學第一定律（即能量守衡定律）指出，能量既不能創造也不會被消滅，只能由一種形式轉變為另一種形式。因此，對於包含能量轉化的任何系統而言，能量的輸入與輸出之間都是平衡的。即進入系統的能量等於系統內儲存的能減去所釋放的能。

熱力學第二定律：在能量傳遞的過程中，總有一部分能量會轉化成不能利用的熱能，以致於任何能量傳遞過程都沒有100%的效率。生物體、生態系統和生物圈都具有基本的熱力學特徵，即它們能形成和維持高度的有序或「低熵」狀態（熵是系統的無序或無用能的度量）。低熵狀態係由高效能量（如光或食物）不斷地降解為低效能量（如熱）造成。

綠色植物所提供的食物能經由生物的攝食和被攝食而相繼傳遞的特定線路稱之為食物鏈。每一條食物鏈由一定數量的環節組成，最短的包括兩個環節，最長的通常也不超過4至5個環節。食物鏈愈短，或者距食物鏈的起點愈近，生物可利用的能量就愈多。

生物生產

生物生產是生態系統重要功能之一。生態系統不斷運轉，生物有機體在能量代謝過程中，將能量、物質重新組合，形成新產品的過程，稱生態系統的生物生產。生物生產常分為個體、族群和群落等不同層次。

生態系統中綠色植物透過光合作用，吸收和固定太陽能，從無機物合成、轉化成複雜的有機物。由於這種生產過程是生態系統能量貯存的基礎階段，因此，綠色植物的這種生產過程稱為初級生產（primary production）。

初級生產以外的生態系統生產，即消費者利用初級生產的產品進行新陳代謝，經過同化作用形成異養生物自身的物質，稱為次級生產（secondary production）。

光能利用率

落在生態系統自養層的總輻射能，大約只有一半被綠色植物所吸收。在最有利的情況下，至多也不過5%的總輻射能（所吸收能量的10%），被轉化為毛初級生產量，同時，植物在呼吸過程中，通常還要消耗50%（至少20%）的光合作用產物。

林德曼定律〔Lindeman's Law（百分之十定律）〕

輸入的光能只有1%被綠色植物所固定（指毛生產量減去一半後的淨生產量），且每經過一次傳遞大約有80～90%的能量損失。

影響初級生產的因素

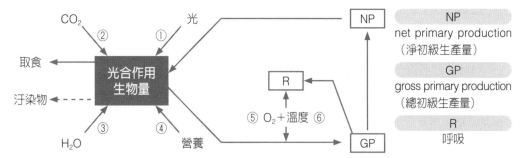

陸地生態系統中，初級生產量是由光、二氧化碳、水、營養物質（物質因素）、氧和溫度（環境調節因素）六個因素決定的。

次級生產的基本特點

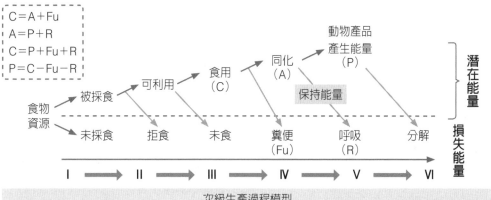

次級生產過程模型

各種生態效率

生態效率	生產者級比率	消費者級比率
A.營養級內		
同化效率	P_G / L或P_G / L_A	A_t / C_t
組織生長效率	P_N / P_G	P_t / A_t
生態生長效率	P_N / L或P_N / L_A	P_t / C_t
B.營養級間的比率		
攝食效率	P_G / L或P_G / L_A	C_t / C_{t-1}
同化效率		A_t / A_{t-1}
利用效率		C_t / P_{t-1}或A_t / P_{t-1}
生產效率		P_t / P_{t-1}

註：L－總光能；L_A－被生產者吸收的光能；P_G－總初級生產量；P_N－淨初級生產量；C－攝食量；A－同化量

Unit 5-5 物質循環

物質循環（nutrient cycle）又稱「生地化循環」（biogeochemical cycle），是指生物圈裡任何物質或元素循著一定路線從周圍環境到生物體，再從生物體回到周圍環境的循環往復的過程。

庫（pool）表示物質循環中某些生物和非生物環境中某化學元素的數量。即可把生態系統的各個部分看成不同的庫，一種特定的營養物質可能在生態系統的庫一段時間。物質在生態系統中的循環，實際上是在庫與庫之間彼此流通的。

在物質循環過程中，經過兩個過程：一個是有機物質的生產，另一個是有機物質的分解。從整個生物圈來看，有機物質的生產與分解大致上是平衡的。據估計，地球上的生物每年經由光合作用所生產的有機物質大約為10^{17}g（約1000億噸），一年中生物的呼吸活動所消耗的有機物質也大致等於這一數量。由於這兩個過程的相對平衡，地球上的生物才有比較穩定的生存條件。

物質的循環屬於三個基本類型

1. 水循環（water cycle）。
2. 氣體型循環（gaseous cycles）：主要貯存庫是大氣圈和海洋，如碳循環和氮循環。
3. 沉積型循環（sedimentary cycles）：主要貯存庫岩石圈，即土壤、沉積物和地殼的其他岩石。如磷循環、硫循環。

水循環

水是地球上最豐富的無機化合物，也是生物組織中含量最多的一種化合物。它是地球上一切物質循環和生命活動的介質。

水循環的主要作用：

1. 水是所有營養物質的介質。營養物質的循環和水循環不可分割。地球上水的運動，還把陸地生態系統和水域生態系統連接起來，從而使局部生態系統與整個生物圈發生聯繫。同時，大量的水防止了地球上溫度的劇變。
2. 水對物質是很好的溶劑。水在生態系統中具有能量傳遞和利用的作用。絕大多數物質都溶於水，隨水遷移。
3. 水是地質變化的動因之一。其他物質的循環常是結合水循環進行的。一個地方礦質元素的流失，而另一個地方礦質元素的沉積，也往往要經由水循環來完成。

碳循環

碳循環實質上代表水體中全部有機質的循環。所謂的碳循環就是無機碳合成有機碳和有機碳有礦化為無機碳的過程。水域生態系統的碳循環主要包括光合作用吸收CO_2以及呼吸作用和有機物質分解產生CO_2的兩個基本途徑。

氮循環

氮是地球上分布最廣泛的一種化學元素。除了大氣中含有近80%的游離氮之外，還有各種不同的無機和有機氮化物存在於土壤、水域和生物體內。在生物地球化學循環中，氮循環可能是最複雜的一個循環。

▍生態系統中的磷循環

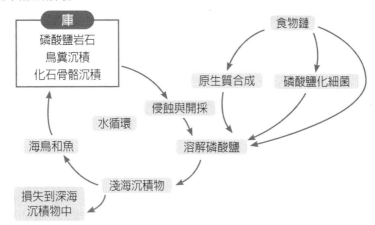

▍生態系統中的碳循環

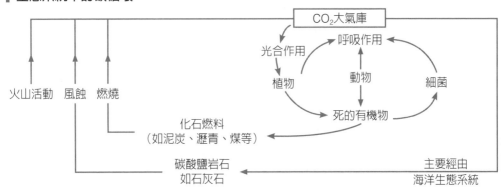

▍生態系統中的氮循環

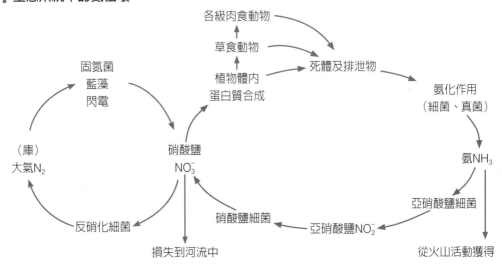

Unit 5-6 資訊傳遞

在生態系統中族群與族群之間、族群內部個體與個體之間，甚至生物與環境之間都存在有資訊傳遞。資訊傳遞與聯繫的方式是多種多樣的，它的作用與能流、物流一樣，把生態系統各部分聯繫成一個整體，並具有調節系統穩定性的作用。

生態系統包含著大量複雜的資訊，既有系統內要素間關係的「內資訊」，又存在著與外部環境關係的「外資訊」的系統。資訊是生態系統的基礎之一，沒有資訊，也就不存在生態系統了。

資訊以相互聯繫為前提，沒有聯繫也就不存在什麼資訊。

資訊的一般特徵

1. 傳擴性：資訊經由傳輸可溝通發送者和接受者雙方間的聯繫。經過傳輸將不確定性消息轉化為確定性資訊。現在資訊的傳擴可經由多種途徑和方式，從一個地方傳播到另一個地方。

2. 永續性：資訊作為一種資源，是取之不盡用之不竭的。資訊普遍存在於生態系統之中。生態系統中的有機物和無機物可經由資訊來表達它們的存在。

3. 時效性：資訊具有時效性，要不斷捕捉新的資訊。

4. 分享性：資訊可以經由雙方交換，相互補充。由於資訊可以被傳播，通常在傳播中不但不會失去原有的資訊，而且還會增加新的資訊。

5. 轉化性：資訊在採集、生成中可以壓縮、加工和更新。

營養資訊

指環境中的食物及營養狀況，食物鏈、食物網就代表著一種資訊傳遞系統。

化學資訊

在生態系統中生物代謝產生的物質，如酶、維生素、生長素、抗生素、性引誘劑均屬於傳遞資訊的化學物質。化學資訊深深地影響著生物種間和種內的關係。有的相互制約，有的互相促進，有的相互吸引，也有的相互排斥。

動物和植物間的化學資訊：植物產生氣味，不同動物對植物氣味有不同反應。動物之間的化學資訊：動物藉由外分泌腺向體外分泌某些資訊素。動物可利用資訊素標記所表現的領域行為。

物理資訊

以物理過程為傳遞形式的資訊稱為物理資訊。在生態系統中能夠為生物所接受，並引起行為反應的效用資訊，絕大部分是物理資訊，它是資訊傳遞中最重要的作用。

聲、光、色等都屬於生態系統中的物理資訊，鳥之鳴叫，獅虎咆哮，蜂飛蝶舞，螢火蟲的閃光，花朵豔麗的色彩和誘人的芳香都屬於物理資訊，這些資訊對生物而言，同樣是有的吸引、有的排斥、有的表示警告、有的則是恐嚇。

行為資訊

有的表示識別，有的表示威脅、挑戰，有的炫耀優勢，有的則表示從屬，有的則為了配對等。

▌資訊傳遞與能量流動、物質循環的關係

項目		能量流動	物質循環	資訊傳遞
區別	環境	太陽能	生態系統	生物或無機
	途徑	食物鏈或食物網		多種途徑
	特點	單向流動 逐級遞減	反覆出現 循環流動	發生生理或行為的變化 （單向或雙向）
	範圍	生態系統各營養級	生物圈	生物與生物之間或 生物與環境之間
關聯		它們共同把生態系統各組分關聯成一個整體，並調節生態系統的穩定性		

▌生態系統資訊流模型

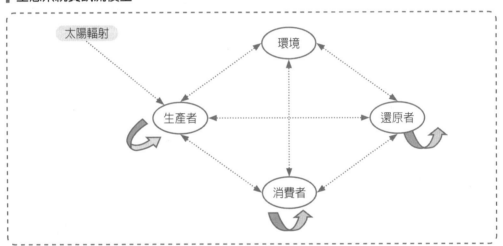

▌資訊傳遞的基本模型

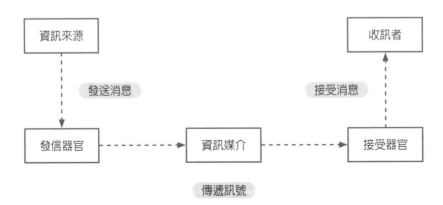

PART 6
環境生態學

Unit 6-1 環境生態學概述

環境生態學（environmental ecology），是在生態系統的思維下，探究環境在區域（如陸域、水域）的空間與時間中，受環境因子或環境壓力介入下，生態系統結構與功能的演變情形。

地球環境蘊藏著太陽能、空氣、水、岩土、生物等能量與物質。這些組成的成分或元素，即是地球環境的要素或因子。環境中的要素，彼此交互作用與影響。

在生態學中，環境是指生物的棲息地，是特定生物體或群體以外的空間，及直接或間接影響該生物體或群體生存，以及活動的外部條件的總和。生物是環境的主體，生物的存活需要不斷地與其周圍環境進行物質及能量的交換。

一方面環境提供生長、發育和繁殖所需的物質及能量，使生物不斷地受到環境的作用。另一方面，生物又藉由各種途徑不斷地影響和改造環境。生物與環境的相互作用，使得生物不可能脫離環境而存在。

環境對生物的限制

良好的環境是生物生存所需，不良的環境則會對生物形成壓力。生態系中會對生物的生長、繁殖、分布產生抑制作用的因子，稱為限制因子（limiting factor）。限制因子對生物的抑制作用，有的是由單一因子所造成，有的是由兩個以上的因子共同作用的結果。

生物對環境的耐受性

環境雖然會對生物產生限制，但生物也有對抗環境的能力，這就是耐受性。各種生物對各種限制因子的適應幅度各有不同。

每一種生物對不同生態因子的耐受範圍存在差異，且隨年齡、季節、棲息地等而變化。生物在整個個體發育過程中，對環境因子的耐受限度不同。不同的種類對同一生態因子的耐受性不同。生物對某一生態因子處於非最適狀態下時，對其他生態因子的耐受性也會下降。

生物對環境的適應

生物以其耐受性回應環境的刺激，這是經由遺傳與競爭等，長時間與環境互動的結果。現存的每一種生物，都具有與其生活環境相適應的形態結構和生活方式。生物的適應具有普遍性。但生物對環境的適應又是相對的。當生活環境發生變化時，生物對環境的適應特徵就不存在了。

環境的類型

按環境的主體分：人類環境（以人為主體）、生物環境（以生物為主體）。

按環境的性質分：自然環境、半自然環境（經人類干涉後的自然環境）、社會環境。

按環境的範圍分：宇宙環境（大氣層以外的宇宙空間）、地球環境、區域環境（某一特定地域空間的自然環境）、微環境（指區域環境中，某一或某幾個圈層的細微變化所形成的小環境）、內環境（生物體內組織或細胞間的環境）。

按人類對環境的影響分：原生環境（自然環境）、次生環境（半自然環境、人工環境）。

耐受性曲線

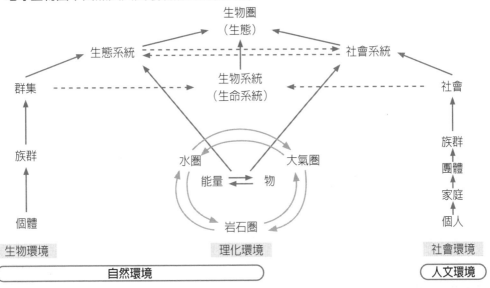

地球生物圈中自然與人文環境的生態結構圖

生態因子的一般分類

非生物因子	生物因子
氣候因子：溫度、溼度、風、日照等	食物（動物的）
地形和土壤因子：坡向、坡度、土壤結構、肥力、溼度（水分）、化學成分、pH值等	其他生物：天敵（捕食者、寄生物、病原微生物）、競爭種、共生生物
水域環境因子：光照、溫度、鹽度、營養、水流等	人類活動：墾殖、灌溉、放牧、狩獵、採伐、汙染等

Unit 6-2 生態因子

生態因子是指環境要素中對生物的生命活動（生長、發育、生殖、行為、遷徙），有直接或間接作用的因子。所有生態因子構成生物生態環境。

生態因子的分類

1. 按性質：氣候、土壤、地形、生物、人為。
2. 按有無生命特徵：生物因子和非生物因子。
3. 按對動物種群數量變動的作用：密度制約因子和非密度制約因子。
4. 按穩定性及其作用特點：穩定因子和變動因子。

限制因子定律

任何生態因子，當接近或超過某種生物的耐受性極限而阻止其生存、生長、繁殖或擴散時，這個因素稱之為「限制因子」。

限制因子定律：生態因子處於低於生物正常生長所需的最小量和高於生物正常生長所需的最大量時，都對生物具有限制性影響。限制因子的實用價值是所有因子在生物的生長、發育等中並不都具有同等的重要性，某些因子可能有限制作用。

生態因子的作用特點

1. 綜合作用：每一個生態因子都與其他因子相互影響、相互制約，任何因子的變化都會在不同程度上引起其他因子的變化。如光照強度的變化必然會引起大氣和土壤溫度和溼度的改變，這就是生態因子的綜合作用。

2. 主導因子作用（非等價性）：對生物作用的諸多因子是非等價的，其中有一個是主要作用的主導因子。主導因子的改變常會引起其他生態因子發生明顯變化或使生物的生長發育發生明顯變化，如光週期現象中的日照時間就是主導因子。

3. 不可替代性和可互補性：生態因子間不可替代，但在一定程度上可以補償。生態因子雖非等價，但都不可缺少，一個因子的缺失不能由另一個因子來代替。但某一因子的數量不足，有時可由其他因子來補償。如光照不足所引起的光合作用的下降可由CO_2濃度的增加得到補償。

4. 階段性和限制性：生物在生長發育的不同階段往往需要不同的生態因子或生態因子的不同強度。每種生物對每個生態因子都有一個耐受範圍，耐受範圍有寬有窄；對所有因子耐受範圍都很寬的生物，一般分布很廣；生物在整個發育過程中，耐受性不同，繁殖期通常是一個敏感期；一個因子處在不適狀態時，對另一個因子的耐受能力可能會下降；生物實際上並不在某一特定環境因子最適的範圍內生活，可能是因為有其他更重要的因子在作用。

5. 直接作用和間接作用。

生態幅寬度與生物習性

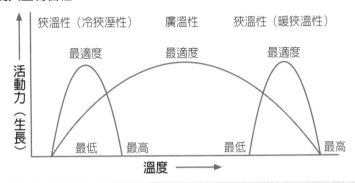

生態幅（ecological amplitude）：生物對生態因子耐受的最低點和最高點（耐受性上限和下限）之間的範圍。

密度制約因子與非密度制約性因子比較

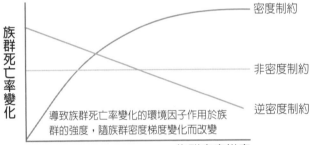

▶ 密度制約因子：環境因子中，對生物作用的強度隨生物的密度而變化的因子。一般生物因子常為密度制約因子。

▶ 非密度制約因子：環境因子中，對生物作用的強度與生物密度變化無關的因子。

兩個生態因子相互作用

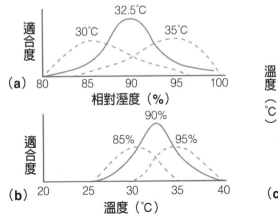

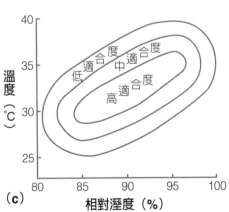

兩個生態因子相互作用影響著生物的適合度，在極端溫度或極端溼度下，生物的適合度都會下降。

Unit 6-3 地球上的環境

地球的環境系統可以是一個密閉的全球系統，涵蓋了大氣圈（atmosphere）、岩土圈（lithosphere）、生物圈（biosphere）及水圈（hydrosphere）。

生物圈

定義為自然界中各類生物分布所在及其組成之有機的整體。分布範圍：上自大氣10km高空，下至深海12km。大部分集中在地表上、下100m。

大氣圈

定義為包圍地球之大氣層，由多種氣體成分組成。分布範圍：(1)對流層：0～10km；(2)平流層：10～50km；(3)中氣層：50～90km；(4)增溫層：90～500km；(5)外氣層：500～5000km。

大氣成分

1. 恒定成分：N_2 78.09%；O_2 20.95%；Ar 0.93%

2. 可變成分：CO_2 0.035%（350ppm）、H_2O（4%）。受地域、季節、氣候、人類生產活動之影響。

3. 不定成分：塵埃、硫化氫（H_2S）、NOx、CFCs（氟氯碳化物）。受自然現象（火山）、人為因素（森林火災、工業汙染）所影響。

水圈

定義為地球上各類水體（包括汽、液、固三相）所分布的空間。

分布範圍：(1)自地殼下之地下水至大氣對流層之水汽；(2)地殼最深之地下水位置不確定；(3)最深海洋之深度10,924m（太平洋）；(4)最大冰床：南極大陸13,500,000km^2；(5)最大冰河：格陵蘭1,650,000km^2；(6)最長冰河：馬拉斯皮納（阿拉斯加）100km；(7)最大河流：亞馬遜河，流域70,500km^2，長度650km。

型態

1. 海洋（鹽水）：面積：$3.61 \times 10^8 km^2$（全球之70.8%）；水量：1.45×10^{18}公噸（全球之97%）；平均深3,795m。

2. 淡水：河川、湖泊、地下水、冰河、積雪占全球2.59%之水量，3/4分布在南、北極冰帽。

3. 水汽：占全球0.001%之水量（大氣中小於4%）。

岩石（土壤）圈

定義為自地表面以下30至40km厚之地殼。分布型態：(1)縱向分布：表土、岩屑、岩層；(2)橫向分布：各種地形之形成山脈、丘陵、臺地、平原、平地、低地、其他特殊地形。

資源賦存：(1)土壤：有機界與無機界之聯繫；自然淨化之完整系統；(2)各種化學物質：營養源、放射性物質；(3)礦產：煤、石油、鐵；(4)生物之最終棲地。

運動方式：(1)板塊運動；(2)隆起：斷層、火山；(3)沉陷：斷層、火山；(4)沖蝕：崩塌、土石流、沖蝕等。

地球氣候系統相互作用示意圖

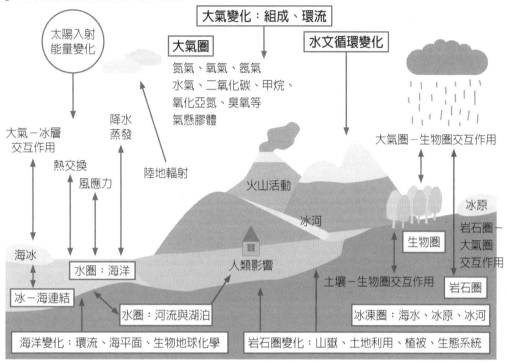

自然環境中部分物質的循環示意圖

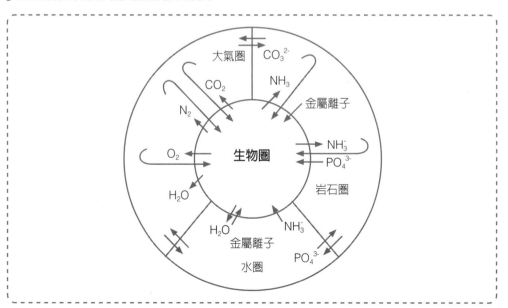

Unit 6-4 棲地的種類與特性

棲地（habitat）一詞最早於1904年由動物學家Grinnell透過鳥類空間分布的觀察所提出。泛指一含有充足成長要素的環境或區域，可供人類、特定生物、動植物或有機體居住及繁育後代的環境，成長要素依物種需求而異，如空氣、陽光、溫度、土壤、水等。

棲地的類別依地表不同的地理環境而有多元樣貌，依世界自然保護聯盟（International Union for Conservation of Nature）的分類有18類別，可分為自然棲地與人為棲地，自然棲地係指未受人為干擾，原有就存在或自然形成之環境，又分為陸域與海域；人為棲地則包括次生林與人為形成之環境，又可再細分為陸上與水上棲地。

1. 原生棲地：未經過人為干擾，原本就存在的植物群。包括高位珊瑚礁石灰岩、潮間帶、海岸岩系植物、海岸常綠灌叢及海灘沙地草本植群。
2. 次生棲地：原本生存在島上的植被再受到人為干擾後，停置數時間後再度自然形成（或是外來而成）的植被。
3. 農墾地：人類為了生存開墾土地種植農作物或果樹之用地。包括農田、果園及菜園。
4. 人為棲地：因生活所需之人為建造設施或植被，包括公園、行道樹、廢棄地、墓地及水泥人工建築。

棲地破碎化

被定義成景觀尺度的一個現象，一般認定的破碎化現象包含：棲地總面積的降低、小棲地嵌塊體增加、棲地嵌塊體面積降低、嵌塊體間隔離度增加。棲地破碎化整體而言會導致物種減少，棲地面積變小且破碎，不同物種都有最小棲地面積的需求，面積過小的就無法滿足生存條件，一般而言，小棲地中所包含的物種較少，生物多樣性就會降低。

棲地面積

面積較大的棲地能夠承載較多物種，尤其是一些只存在於大面積棲地內的物種，以及食物鏈中較頂端的消費者。對某些物種而言，較大面積的棲地更能維持族群基因的多樣性，且有利於基因的交流；而面積較小的棲地容易受到不同的因素影響，造成內部物種或生態系統的衝擊，此現象稱為面積效應。

棲地距離

棲地之間的距離對於不同物種而言，影響物種遷徙的效率，進而影響資源的利用以及基因的交換。每種物種的活動範圍都不同，棲地間距離近對於物種的移動較有利，且能夠讓移動能力較低的物種容易在嵌塊體間移動擴散。

棲地評估法

美國漁業及野生動物保護署（USFWS）於1970年代為了保護魚類棲地及群聚結構所發展之溪內正常水流增量法（IFIM），由於IFIM將水生生物對棲地流速、水深與底質之喜好程度納入考量，進行計算河溪中標的物種之權重可使用面積。物理棲地模擬系統（PHABSIM）模式是目前較廣為應用之棲地模式。

棲地關係圖

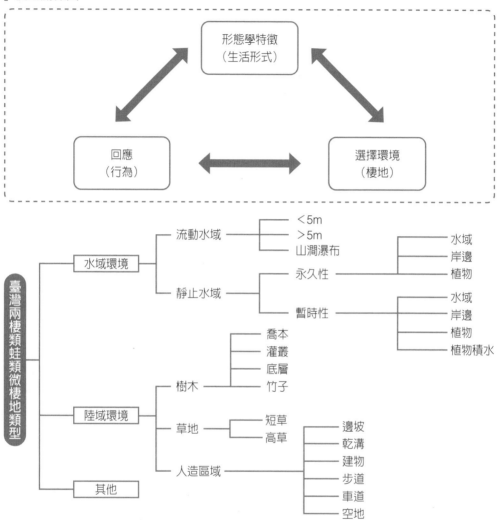

溼地的類型依棲地型態分類

類型	項目		
大類	沿海溼地、內陸溼地、人工溼地		
細類	1.淺海灣及海峽（低潮時水深在6公尺之內） 2.河口、三角洲 3.小型島嶼 4.岩石海灘 5.沙質海灘 6.潮灘、泥灘 7.紅樹林沼澤海濱	8.海濱微鹹及鹹水湖泊、沼澤 9.鹽場 10.魚塘、蝦池 11.河、溪（流速慢的） 12.河、溪（流速快的） 13.河灘沼澤地 14.淡水湖泊及相鄰沼澤地	15.沼澤地及小型淡水池塘（8公頃以內） 16.內陸水系鹽湖及相鄰的鹹水沼澤 17.水庫（人工湖） 18.季節性淹水草地 19.稻田 20.灌溉農田 21.沼澤樹林、暫時性淹水林 22.泥炭沼澤地

Unit 6-5 太陽輻射的生態作用

太陽輻射中，紅外光約占50～60%，紫外光約占1%，其餘的為可見光部分。可見光能在光合作用過程中被植物利用並轉化為化學能。植物主要吸收紅光和藍光。

影響地表光照強度和日照長度空間變化的因素包括地理緯度、海拔高度、地形、坡向和坡度等。時間因素則指年際、季節及晝夜的變化。光照強度在赤道地區最大，隨緯度的增加而減弱，隨海拔高度的增加而增強。夏季光照強度最大，冬季最弱。

大氣狀況的影響

地球大氣上界垂直於太陽光平面所接受的太陽輻射強度為$1.94cal/（cm^2·分）$，稱為太陽常數。當太陽輻射通過大氣層到達地表之前，一部分被反射回宇宙空間，一部分被吸收，一部分被散射。

大氣中的各種成分包括H_2O、CO_2、O_2、O_3和塵埃等，對太陽輻射的吸收較多，且各自具有一定的選擇性。水汽是太陽輻射能極重要的吸收介質，吸收量亦多。大氣分子、水汽分子、小水滴，以及灰塵雜質還能反射太陽輻射。

光對植物的生態作用

光是光合作用能量的來源。光照強度對植物繁殖影響很大，植物花芽分化形成時，若光照不足，會導致芽數減少或發育不良，甚至早期死亡。在開花期和幼期，如果光照減弱，也會引起結實不足或果實發育中止。

在一定範圍內，植物隨著光照強度的逐漸增大，光合作用的速率逐漸加快，當光照強度達到一定限度時，光合作用不再加快，這時的光照強度稱為光飽和點。

在一定範圍內降低光照強度時，光合能力也隨之下降，當光照強度降到植物的光合強度和呼吸強度相等時，這時的光照強度就稱為光補償點。

依據植物開花過程對日照長度的要求，可將植物區分為長日照植物和短日照植物。植物在開花前需經一個階段長日照（12～14小時）者為長日照植物；需經一個階段短日照（8～10小時）者為短日照植物。

一般而言，短日照植物起源和分布於熱帶和亞熱帶地區，長日照植物多起源和分布於溫帶或寒溫帶地區，不同地區長日照與短日照植物種類分布的比例隨緯度的高低而有規律地變化。

植物的生長發育是在日光的全光譜照射下進行的，但不同光譜成分對植物的光合作用、色素形成、向光性及形態建成的誘導等影響是不同的。

植物的葉綠素吸收紅、橙光最多，紅光能促進葉綠素的形成；綠光則很少被吸收利用；紫外線能抑制莖的伸長；紫外光有致死作用，在波長340～240nm輻射下，殺菌力強。紅外線和可見光中的紅光部分能增加植物體的溫度，影響新陳代謝的速率。

光對動物的影響

光照對許多昆蟲的發育有加速作用，但光照過強又會使昆蟲發育遲緩甚至停止。在溫帶和高緯度地區，在白晝逐日加長的春夏之際繁殖的動物相當於長日照動物；在白晝逐漸縮短的秋冬季才進入生殖期的動物相當於短日照動物。

不同植物類型之光合作用路徑比較

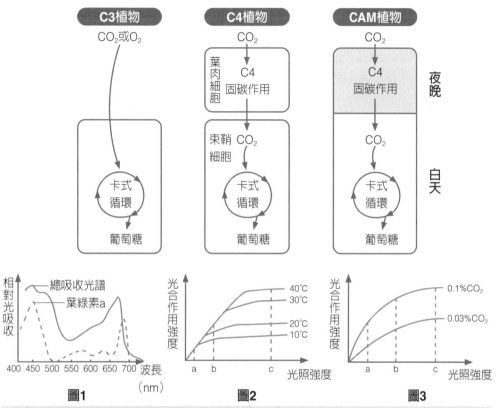

圖1表示葉綠素a的吸收光譜和葉綠體中色素的總吸收光譜，圖2、圖3表示溫度、CO_2濃度和光照強度對光合作用的綜合影響。

陽地植物（a）和陰地植物（b）的光補償點位置示意圖

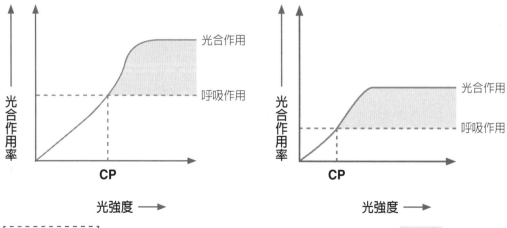

CP：光補償點

淨生產力

Unit 6-6 溫度的生態作用

　　溫度影響生物的新陳代謝。當環境溫度高於或低於某種生物的適宜範圍時，生物生長發育受阻，甚至死亡。

　　溫度的變化會引起環境中其他因子，如溼度、降水、風、水中溶解氧等的變化，影響食物狀況和其他生物活動與行為的改變等，從而間接影響生物。

　　地球溫度因子的變化受多方面因素的影響。在空間方面，與緯度、海陸位置、海拔高度及地形特點有關；在時間方面，溫度因子的季節變化和晝夜變化是有規律的，而年際變化規律尚不清楚，溫度還有地質歷史性的變化。

溫度對生物的影響

1. 有效積溫法則：生物的生長發育要求一定的溫度範圍，低於某一溫度，生物會停止生長發育，高於此一溫度，生物才開始生長發育，此一溫度閾值稱發育起點溫度。在發育起點溫度和溫度上限之間的範圍，稱為有效溫度區。有效積溫是指生物為了完成某一發育期所需要的一定的總熱量，也稱熱常數或總積溫。
2. 酶反應速率與溫度係數：酶催化反應的速度是隨溫度而增加的。在一定範圍內，溫度每升高10℃，其生理過程的速度就加快2至3倍。
3. 溫度與生物的繁殖和壽命：溫度可影響變溫動物性的成熟、交配活動、產卵數目、速率以及卵的孵化率等。變溫動物在較低溫度下生活的壽命較長，且預先經低溫馴化過的動物，其壽命更長，隨著溫度

的增高，動物的平均壽命縮短。溫度對常溫動物壽命影響是在適宜溫度條件下壽命較長，偏離最適溫度，無論是升高還是降低，都會使壽命縮短。

節律性變溫對生物的影響

1. 溫度日變化的影響：溫度晝夜變化對植物的有利作用在於，白天適當高溫有利於加強光合作用，夜間適當低溫可減弱呼吸作用，物質消耗少，從而使光合產物的積累量增加。溫度日變化對動物的生理、生態和行為的影響也很明顯。
2. 溫度年變化的影響：植物長期適應於一年中溫度等因子的節律變化，而形成與此相適應的植物發育節律，稱為「物候」。發芽、生長、開花、果實成熟、落葉、休眠等生長發育階段稱為「物候期」。

低溫對生物的影響

　　溫度低於一定的數值，生物便會因低溫而受害，這一溫度值稱為臨界溫度。低溫對生物的傷害可分為冷害、凍害和霜害三種。

高溫對生物的影響

　　破壞植物的光合作用和呼吸作用的平衡，使呼吸作用超過光合作用，植物因此萎蔫甚至死亡。高溫還能促進蒸騰作用，破壞水分平衡，促使蛋白質凝固和導致有害代謝產物的累積，從而對植物造成傷害。

　　突然高溫對動物的有害影響主要表現在破壞動物體內的酶活性，使蛋白質凝固變性，氧供應不足，排泄器官功能失調及神經系統麻痺等。

植物對高溫的適應

項目	說明
形態適應	有些植物體表具有密生的絨毛和鱗片，有些植物體呈白色、銀白色，有的葉片革質光亮，有些植物葉片垂直排列使葉緣向光，或在高溫條件下折疊以避免強光的灼傷，還有些植物的樹幹和根莖生有很厚的木栓層，具絕熱和保護作用
生理適應	① 胞內增加糖或鹽的濃度，同時降低細胞含水量，使原生質濃度增加，增強原生質抗凝結的能力，且其代謝減緩同樣增強抗高溫的能力 ② 在高溫強光下靠旺盛的蒸騰作用以避免傷害 ③ 某些植物具有反射紅外光的能力，且夏季反射比冬季多

動物的溫度耐受性

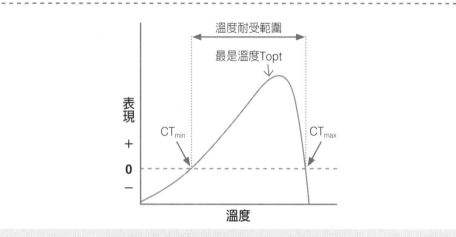

CT$_{max}$和CT$_{min}$是動物能夠承受的最高和最低溫度極限

對冷害敏感的植物引起冷害的途徑

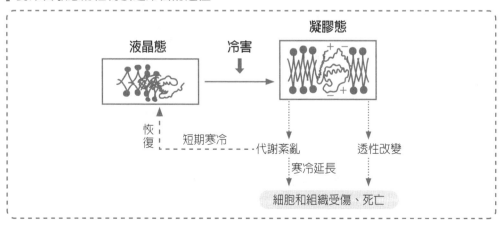

Unit 6-7 水分的生態作用

水的分布

地球陸地表面的水分主要來自降水，而降水量的大小及其分配，與地理緯度、海陸位置、海拔高度和地形因素等有關。位於北緯20°和南緯20°之間的赤道帶，降水量最大，稱為低緯溼潤帶。南北緯度為20～40°之間地帶，為地球上降水量最少的地帶。南北半球緯度40～60°地帶，稱為中緯度溼潤帶。高緯地區降水量很少，成為乾燥地帶。

離海近的地區降雨量多，離海遠的地區降雨量較少，離海愈遠，降雨量愈少。

水的存在形式

1. 氣態水：空氣中的水汽主要來自海面、湖泊、河流，以及地表蒸發和植物的蒸騰。通常用相對溼度來表示，即單位容積空氣中的水汽含量與同一溫度下的飽和水汽含量之比，以百分數表示。
2. 液態水：包括露、霧、雲和雨。雨是最主要的降水形式。
3. 固態水：霜、雪、冰雹和冰。

水的生態學意義

水是生物體不可缺少的重要組成成分，生物體一般含水量達60～80%，有些生物含水量更高，甚至可達90%以上，沒有水就沒有生命。

水是有機體生命活動的基礎，生物的一切代謝活動（營養運輸、廢物排除、激素傳遞及各種生化過程）都必須以水為介質，在水溶液中進行。

水是新陳代謝的直接參與者，如光合作用及生物體內許多化學反應。水作為外部介質，是水生生物獲得資源和棲息地的場所；陸地上的水量和溼度，影響到陸生生物的生活和分布。

水能維持細胞和組織的緊張度，使生物保持一定的狀態，維持正常的生活。

水作為水生生物生活的環境介質，其理化性質，如密度、黏滯性、浮力、含氧量和pH值等，對水生生物有著重要的影響。由於水的理化性質和空氣相差很大，因此，水生生物的形態、生理及行為特徵與陸生動物有很大的差別。

植物對水的適應

植物光合作用所需要的二氧化碳只占大氣成分的0.03%，植物要獲得1ml二氧化碳就必須多交換700倍的大氣，從而導致植物大量失水，因而植物生長需水量很大。

陸生植物在維持水平衡的適應，主要是增加根的吸水能力和減少葉片的蒸騰作用。對於陸生植物，根系生長的深度及其分支狀況，決定植物吸水的程度。植物蒸騰失水首先是氣孔蒸騰，當環境水分充足時，氣孔開放以保證氣體交換；當環境缺水乾旱時，氣孔關閉以減少水分散失。

低溫地區和低溫季節，植物的吸水量和蒸騰量小，生長緩慢；高溫地區和高溫季節，植物的吸水量和蒸騰量大，生產量也大。水與植物的生產量有著十分密切的關係。植物每生產1g乾物質約需300～600g水。不同種類植物的需水量有所不同。

陸生植物生態類型

類型	說明
溼生植物	在潮溼環境中生長，不能長時間忍受缺水，抗旱能力低，但抗澇性能強。根據環境特點，可分為陰性溼生植物和陽性溼生植物
中生植物	生長在水分條件適中的環境，其形態結構和適應性均介於溼生植物和旱生植物之間，為種類最多、分布最廣和數量最大的陸生植物類
旱生植物	能忍受較長時間的乾旱，主要分布在乾熱的草原和荒漠地帶的植物。根據植物的形態生理特點和抗旱方式，可分為少漿液植物和多漿液植物

水生植物及其生態類型

類型	說明
沉水植物	整個植物體沉沒在水下，與大氣完全隔絕，為典型的水生植物
浮水植物	葉片漂浮在水面上，氣孔通常在葉片表面，葉表皮有蠟質，維管束和機械組織不發達，有完善的通氣系統，無性繁殖發達，生產力高。浮水植物包括漂浮植物和浮葉根生植物
挺水植物	莖葉大部分挺出水面外生長，但由於根部長期生活在水浸的土壤中，植株具有發達的通氣組織

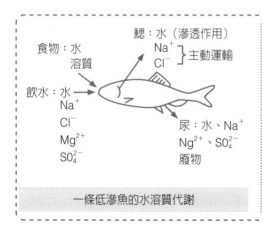

一條低滲魚的水溶質代謝

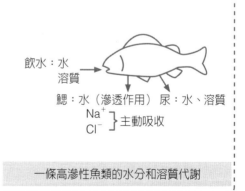

一條高滲性魚類的水分和溶質代謝

仿Hainsworth, 1983

Unit 6-8 大氣的生態作用

氧的生態作用

大氣中的O_2主要源於植物的光合作用，除了厭氧生物之外的生物都需要O_2。在細胞代謝中O_2的主要功能是作為H^+的最終受體而形成水。如果沒有O_2或缺時植物出現無氧呼吸，產生乙醇。動物獲得能量的主要途徑是對脂肪、糖及蛋白質的氧化作用，O_2供應缺少時，代謝率就降低，生長發育都受到影響，甚至死亡。

氮的生態作用

N_2是生物體的主要成分，但大氣中的N_2除固氮菌可以利用外，對於大多數的生物沒有直接的用處。大氣氮沉降是自然生態系統重要的氮素來源，沉降量的增加，會對生態系統的生物地球化學循環產生干擾。

二氧化碳的生態作用

對動、植物個體潛在的影響：(1)使植物氣孔開度減少，減少蒸騰，提高水分利用；(2)CO_2濃度相對提高，使C3植物光合作用不斷增加（C4植物達到飽和點後則不隨CO_2濃度提高，光合作用增加）；(3)CO_2能促進植物的生長，植物生長速率隨全球CO_2濃度的提高而增加；(4)高濃度的CO_2能改變植物形態結構，幼苗分枝增多，葉面積指數加大等。

臭氧的生態作用

O_3是氧（O）的同素異形體，具有強氧化性。大氣中大部分O_3存在於離地面10～50km的平流層，阻擋高能量的紫外輻射和吸收90%以上對生物有害的太陽短波輻射，到50km以上其含量微少；還有少部分的O_3徘

徊貼近地表的對流層，當對流層O_3濃度較高時，對植物生理產生負面的影響。

植物受到O_3脅迫後，形態和生理生化上出現一系列變化，如葉片損傷、葉子壽命的縮短、同化作用和生長速率的降低、淨光合作用的減少、代謝途徑的改變等。O_3對植物的影響受大氣、土壤和光照條件的影響很大。

大氣汙染與植物

1.大氣主要汙染物對植物的危害（影響）

- 二氧化硫（SO_2）對植物的影響：傷害閾值為0.25～0.55ppm，2～8小時；典型症狀為葉片脈間呈不規則的點狀、條狀或塊狀壞死區。

- 氟化氫（HF）對植物的影響：傷害閾值＞40ppm；典型症狀是葉尖和葉緣壞死。

- 臭氧（O_3）對植物的影響：傷害閾值0.05～0.15ppm，0.5～8小時；典型症狀是葉面上出現密集的細小斑點。

- 乙烯對植物的影響：傷害閾值10～100ppb；典型症狀是「偏上生長」致使葉片、花、果脫落。

2.植物對大氣的淨化作用

- 吸收CO_2，放出O_2：造林綠化與人類維繫呼吸。

- 吸收有毒氣體：二氧化硫及氟化氫。

- 驅菌殺菌作用：有些植物會分泌殺菌素。

- 阻滯粉塵：針葉林阻粉塵量32～34噸／年，闊葉林68噸／年。

- 吸收放射性物質：吸收中子γ－射線。

▋各國CO₂氣體排放量

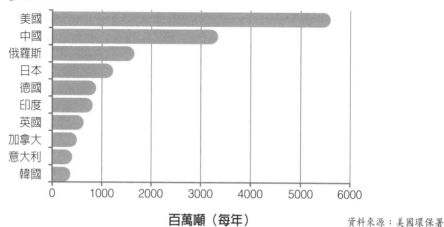

百萬噸（每年）

資料來源：美國環保署

▋大氣的溫度垂直分布

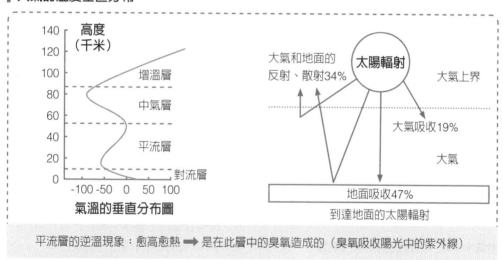

平流層的逆溫現象：愈高愈熱 ➡ 是在此層中的臭氧造成的（臭氧吸收陽光中的紫外線）

▋大氣組成的變動成分

大氣的變動成分	
成分	百分比
水氣	0～4
二氧化碳	0.035
甲烷	0.00017
氮氧化物	0.00003
臭氧	0.000004

變動成分含量不固定，會隨時間、地點改變
➡ 水氣的含量變化最大
（熱帶洋面可達4%，在沙漠和極區大陸含量很少）

Unit 6-9 土壤的生態作用

植物的根系與土壤有極大的接觸面，在植物和土壤之間進行著頻繁的物質交換，互相影響。因此，控制土壤因子就可影響植物的生長和產量。

對動物而言，土壤是比大氣環境更為穩定的生活環境，其溫度和溼度的變化幅度要小得多，因此，土壤常常成為動物極好的隱蔽所，在土壤中可以躲避高溫、乾燥、大風和直射陽光。

土壤的溫度、水分、通氣狀況、質地結構、化學性質等，都直接影響土壤生物和生長在其中的植物的生活和分布。

土壤質地和結構對生物的影響

不同質地土壤中土壤動物的種類和數量明顯不同。如蚯蚓喜棲壤質土中，砂質土中的蚯蚓數量只占壤質土中的1/3至1/4，在黏土中蚯蚓也很少。

土壤結構和機械組成直接影響許多土壤動物在土中的運動和挖掘活動，長期生活在不同結構和機械組成的土壤動物，形成了相應不同的挖掘方式。

土壤水、氣、熱狀況對生物的影響

1. 土壤水分與生物：土壤水分主要來源於降水、灌溉和地下水的滲透作用。土壤中的水分可直接被植物的根系吸收；影響土壤中各種鹽類的溶解、物質的轉化和有機物的分解與合成，從而改善植物的營養狀況；調節土壤溫度。土壤水分狀況對土壤無脊椎動物及昆蟲的數量與分布有重要影響。生活在土壤中的動物，對於土壤水分有不同的要求和耐受範圍。土壤動物在行為上一般是正趨溼性的。

2. 土壤空氣與生物：土壤空氣來自大氣，但土壤空氣成分與大氣有所不同。土壤空氣的含氧量一般只有10～12%，二氧化碳的含量約為0.1%。土壤溫度對植物的生態作用在於，影響植物種子的萌發、紮根出苗，抑制土壤鹽類的溶解度、氣體交換和水分蒸發、有機物的分解和轉化等。土壤溫度在空間上的垂直變化深刻影響著土壤動物的行為。不同類型土壤動物對土壤溫度的耐受能力是不同的。土壤動物對高溫的耐受力較弱，尤其是當土壤乾燥時。

土壤酸鹼度與生物

土壤酸鹼度（pH值）對土壤肥力、土壤微生物的活動、有機質的合成與分解、營養元素的轉化和釋放、微量元素的有效性，以及土壤動物的分布等都有重要作用。對於土壤動物群落組成及其分布有很大的影響。

土壤有機質與生物

土壤有機質包括非腐殖質和腐殖質兩大類。前者是原來動植物殘體和部分分解的組織；腐殖質是指土壤微生物在分解有機質時重新合成的具有相對穩定性的聚合物。一般而言，土壤有機質的含量愈多，土壤動物的種類和數量也愈多。

土壤動物在土壤中移動以及粉碎並分解植物殘體，弄鬆土壤，提高土壤的通氣性和吸水能力，混合攪拌土壤中的有機物和無機物，改變土壤的質地結構。土壤微生物是有機物質的主要分解者。其分解代謝產生的碳酸和有機酸還有助於分解土壤礦物質。

以土壤為主導的植物生態類型

類型	說明
喜鈣植物	生長在含有大量代換性Ca^{2+}、Mg^{2+}而缺乏代換性H^+的鈣質土或石灰性土壤上的植物,又稱鈣土植物
喜酸植物	僅能生長在酸性或強酸性土壤中,且對Ca^{2+}和HCO^{3-}非常敏感,不能耐受高濃度的溶解鈣的植物,又稱嫌鈣植物
鹽生植物	生長在鹽土中並在器官內積聚了相當多鹽分的植物
砂生植物	生活在以砂粒為基質沙土生境的植物

理想的土壤組成

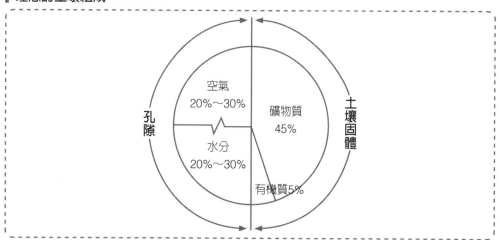

土壤是自然形成的陸地表層

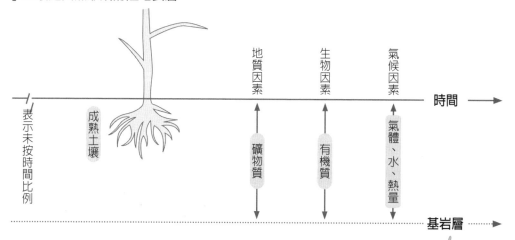

PART 7

微生物生態學

Unit 7-1 微生物對環境的適應與調整

極端微生物

極端微生物（extremophiles）是一群能生存在極端環境，如在高溫、低溫、乾旱、高鹽、輻射照射或極端酸鹼值生存的微生物。極端微生物包括嗜熱菌（thermophiles）、嗜冷菌（psychrophiles）、耐鹽菌（hapophiles）、耐壓菌、耐酸菌（acidophiles）、耐鹼菌（alkaliphiles）。

高溫微生物

高溫菌是一類能在45℃以上生長和繁殖的極端環境微生物，包括部分細菌、古菌和真菌。其中，最適生長溫度在45～80℃之間的高溫菌為中度嗜熱菌，最適生長溫度大於80℃的微生物為超高溫菌。

在自然界中，高溫菌通常分布在地熱區和人工高溫環境中。地熱環境在地球上分布很廣，主要處在地質構造活躍區。大致可分為三種類型：⑴酸性硫磺區，具有豐富的硫、酸性土壤、酸性溫泉、沸泥塘等；⑵淡水溫泉和中性、鹼性的間歇噴泉；⑶深海火山口。pH中性，溫度在20～350℃。人工高溫環境有熱水器，熱汙染河流和堆積物等。

生存於高溫環境的嗜熱菌為了適應環境，常會發展出特異的生理特性與細胞結構，以應付惡劣的生存環境，除有獨特的生理特性與高穩定性的酵素系統，這類菌種細胞膜富含飽和脂肪酸及改變脂肪酸鏈的長度，使膜能在高溫下保持穩定並具功能。

研究高溫菌的價值，在於如轉殖熱穩定性的Rubisco基因至水稻以增加其對高溫環境的抗性，重組並表現高效率的DNA polymerase且加以商業化等，控制菌體代謝途徑使其產生氫氣用於燃料電池等。

低溫微生物

是一類極端微生物，它們生活在極端低溫的環境下，廣泛分布於地球寒冷棲地中，如山地冰川、極地冰蓋、積雪、凍土、海冰等。這類微生物可化分為兩類：一類是必須生活在低溫條件下，在0℃可生長繁殖，最適溫度不超過15℃，最高溫度不超過20℃的嗜冷菌：另一類是能在低溫條件下生長，在0～5℃可生長繁殖，最適溫度可達20℃以上的耐冷菌。

低溫條件下，微生物細胞藉由膜中不飽和脂肪酸含量增多、脂肪酸鏈長度縮短、脂含量升高、膜面積增大等途徑來維持膜的流動性、通透性、確保膜的正常生理功能。而細胞膜脂質的不飽和化、脂肪酸鏈長度縮短以及甲基分枝作用等膜脂類組成的低溫適應機制，分別與細胞內的去飽和酶、脂肪酸合成酶等有關。

在冷適應期間，至少有15種不同的冷休克蛋白被誘導合成。降溫的幅度愈大，產生的冷休克蛋白就愈多。在低溫環境中，低溫微生物主要是經由合成產生大量的酶類和不同類型的酶類，或合成產生具有高催化效率和高柔順分子結構的低溫酶類。

低溫微生物具有抗低溫特性，能在低溫條件下生長、繁殖，並產生低溫酶，在生物修復、工業生產、醫藥等方面有廣泛用途。

不同微生物類群適應的溫度範圍

微生物類群	最低生長溫度	最適生長溫度	最高生長溫度
嗜熱微生物	40～45	55～75	60～90
嗜溫微生物	5～15	30～40	35～47
冷育微生物	-5～5	25～30	30～35
嗜冷微生物	-5～5	12～15	15～20

微生物對外界環境的適應和調整

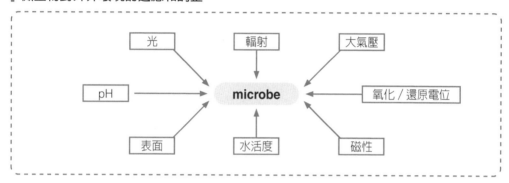

大規模產業化的極端酶

項目	說明
Taq DNA 聚合酶	嗜熱菌產生的Taq DNA聚合酶，使DNA的體外複製變得異常簡便和常規化，加快了生物工程、基因組等分子生物學研究的進程，年銷售利潤達到上億美元
纖維素酶	嗜鹼菌產生的一種纖維素酶作為洗滌劑的添加劑，已有數十億美元的全球市場

極端微生物多樣性及應用的意義

項目	意義
1	極端環境微生物的基因，是構建遺傳工程菌的資源寶庫
2	極端環境下微生物的生態、結構、分類、代謝、遺傳等均與一般生物有別，使得極端微生物所產生的活性物質擁有普通微生物活性物質所不具備的優良特性，為微生物乃至相關學科的許多領域提供新的題材
3	為生物進化、生命起源的研究提供新的題材

Unit 7-2 微生物的分布

在自然界中的分布

1.土壤中的微生物

土壤是微生物天然培養基，有機質豐富，可提供C、N及礦質元素和水分等。pH值多在5.5～8.5之間，土壤滲透壓在3～6大氣壓，適合微生物生長。土壤空隙中充滿著空氣和水分，爲好氧、厭氧微生物生長提供條件。土壤保溫性能好，溫度較穩定，變動幅度較空氣小。即晝夜、季節溫度比空氣小得多，不同溫度其溼度不同。是微生物的大本營。

• 數量：幾百萬至幾十億個／g（豐富），幾百萬至幾千萬個／g（貧瘠）。
• 種類：細菌最多，放線菌、眞菌次之，藻類、原生動物少。
• 營養類型：多爲異養型，少爲自養型。

土表由於陽光照射和水分散失易造成微生物的死亡，在5～20cm土壤層中微生物數量最多，植物根系附近微生物數量更多，自20cm以下，微生物數量隨土層深度增加而減少，100cm以下養料，氧氣減少，微生物數量開始減少，減少約20倍，至2m深處，因缺乏營養和氧氣，每克土中僅有幾個。土壤中的微生物種類和數量是土壤環境條件的綜合反應。不同土壤，不同氣候，都影響微生物的組成和強度。

2.水體中的微生物

水中微生物的種類及分布，與水的類型，有機質含量，微生物拮抗等多種因素有關。

⑴淡水微生物

主要存在於陸地的江河湖海、池塘、水庫等。地下水、自流水中、泉水中，含菌數少。水蒸氣中無微生物，但變爲雨雪時，因與地面或空氣接觸，也含有微生物。遠離人類生活區的池塘、湖泊、河流等，由於未受汙染，有機質少，微生物也少。人口密集區的水（池塘、湖泊、河流、下水道）由於受汙染，有機質多，微生物也多。土壤中的微生物種類在水中幾乎可以找到，主要有：芽孢桿菌、巨桿菌、陰溝桿菌，受糞便汙染後還有大腸桿菌、變形桿菌、糞鏈球菌、厭氧芽孢桿菌及致病菌（病原菌）。

⑵海水微生物

海水中鹽分爲3.2～4%，鹽分愈高，滲透壓愈大。微生物種類有細菌、眞菌、藻類、放線菌、原生動物、病毒。具有促進物質循環，提供水產資源等功能。具有嗜鹽、嗜冷、耐高壓、高滲透壓等特點。

3.空氣中的微生物

空氣缺乏營養物質和水分，易受紫外線照射，故不適於微生物的生長繁殖，但空氣中也有相當數量的微生物。空氣中微生物的來源如灰塵、水滴、呼吸道排泄物、體表脫落細胞等。具有種類、數量不穩定、短暫可變等特點。微生物隨空氣流動而流動，不同場所，空氣中微生物的數量不同。存活時間多數幾小時，少數幾週，但有的可以幾個月或更久。微生物存活時間取決於空氣條件，如溫度、溼度、陽光、微生物種類等。

▎河流汙染對水生生物的影響

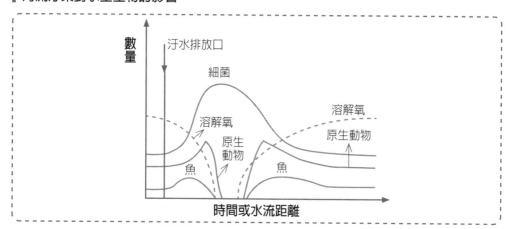

▎水體不同層次微生物分布

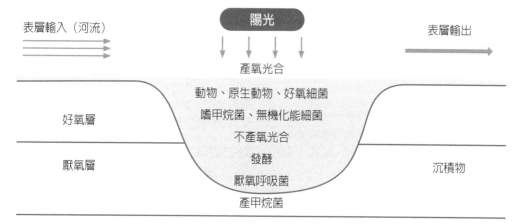

▎土壤中各種生物的相對比例

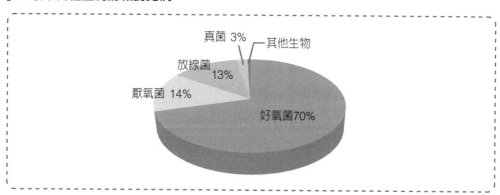

Unit 7-3 微生物的生物環境

微生物生態學

研究微生物群體與其周圍的生物和非生物環境條件相互作用關係的科學。

微生物間的相互關係

種間共處：兩種微生物相互無影響的生活在一起，不表現出明顯的有利或有害關係。如乳桿菌和鏈球菌。

互生：微生物間比較鬆散的聯合，在聯合中一方或雙方都有利。如氨化菌和硝化菌。

共生：兩種微生物緊密結合在一起形成一種特殊的共生體，在組織和形態上產生了新的結構，在生理上有一定的分工。共生分為互惠共生和偏利共生。如藻類與真菌共生形成的地衣。

拮抗：兩種微生物生活在一起時，一種微生物產生某種特殊的代謝產物或改變環境條件，從而抑制，甚至殺死另一種微生物的現象。

競爭：生活在一起的微生物，為了生長爭奪有限的營養或空間，結果使兩種微生物的生長均受到抑制。競爭在自然界普遍存在，是推動微生物發展和進化的動力。

寄生：一種生物生活在另一種生物體表或體內，從後者的細胞、組織或體液中取得營養，前者稱為寄生物，後者稱為寄主，寄生物一般對寄主是有害的。如噬菌體與細菌。

捕食：一種微生物直接吞食另一種微生物。如原生動物對細菌的捕食，捕食關係在控制種群密度，組成生態系食物鏈中，具有重要意義。

微生物與植物間的共生關係

根瘤菌（*Rhizobium*）與豆科植物間的共生關係是微生物與植物間共生的典型。有些非豆科植物如榿木屬（*Alnus*）、楊梅屬（*Myrica*）和美洲茶屬（*Ceonothus*）等植物也有能進行共生固氮的根瘤，但其根瘤內的微生物是*Frankia*（弗蘭克氏菌屬）放線菌。有些裸子植物如羅漢松屬（*Podocarpus*）和蘇鐵屬（*Cycas*）也具有根瘤，其中的微生物分別屬於藻狀菌類真菌和藍細菌。

蘭科植物的種子若無菌根菌的共生就無法發芽，杜鵑科植物的幼苗若無菌根菌的共生就不能存活。

種植豆科植物可使土壤肥沃並可提高間作或後作植物的產量。利用根瘤菌製成的根瘤菌肥料來對豆科植物的種子進行拌種，可使作物明顯增產。

微生物與動物間的共生關係

白蟻、蟑螂與其消化道中生存的某些原生動物間就是一種共生關係。白蟻可吞食木材和纖維質材料，可是卻不能分泌水解纖維素的消化酶。在白蟻的後腸中至少生活著100種原生動物和微生物。

反芻動物與其瘤胃微生物的共生關係也十分典型。牛、羊、鹿、駱駝和長頸鹿等動物都是以植物中的纖維素為主要養料的反芻動物。

根瘤示意圖

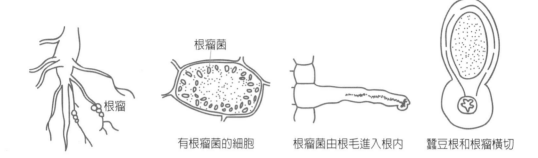

有根瘤菌的細胞　　　根瘤菌由根毛進入根內　　　蠶豆根和根瘤橫切

反芻動物與瘤胃微生物的共生原理

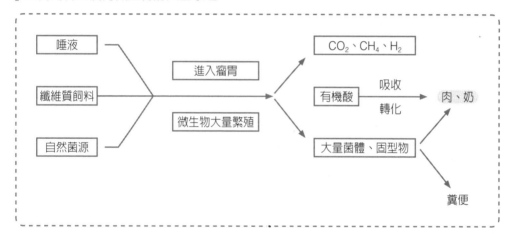

土壤微生物間的相互關係

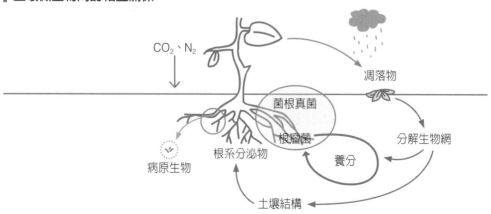

Unit 7-4 植物與微生物

危害植物的微生物

　　大多數的植物只能定點固著在土壤或水中終其一生，因而與其周遭的微生物有著密不可分的關係。有些微生物仰賴植物而生存，但許多寄生的微生物會對植物造成極大的傷害。

　　可以造成植物病害的微生物，主要包括病毒、類病毒、細菌、真菌及線蟲。有些病原微生物是絕對寄生性的，只能存活在植物活體細胞中，如病毒及類病毒、白粉病菌、線蟲等。有些病原微生物則可以在沒有合適的寄主植物時進行腐生，例如，許多植物病原細菌及真菌。

　　植物病原微生物危害植物的機制，其一是分泌對植物有害的物質，如可分解植物細胞壁或細胞內含物的酵素、對植物有害的毒素物質、影響植物生長與發育的生長調節劑或多醣類化合物等。此外，病原微生物也會對植物生理產生極大的影響，例如，改變細胞膜的滲透壓、阻塞水分及養分的輸送、影響光合作用及呼吸作用的效率、影響轉譯和轉錄效率等。

　　因為危害植物機制的不同，有些病原微生物會造成植物局部性病害，如葉斑病、果腐等。有些病原菌則會引起整株植物系統性的傷害，如植物青枯病（又稱為細菌性萎凋病）會因病菌產生大量的多醣體，導致維管束輸水困難，造成植株呈現全身性萎凋。

有益植物的微生物

　　在自然界中也有許多對植物有益的微生物，可以促進植物生長、加強植物對病害或不良環境因子的耐受性。這類有益微生物幫助植物生長或抵抗各種逆境因子的機制，包括對有害於植物的生物造成直接衝擊、促進植物自身的生長和健壯、與其他生物間產生協力作用等。對植物有益的微生物因其特質的不同，可以個別或以不同的組合，用來當做植物的生物肥料或生物農藥。

　　由於和植物相關的細菌種類很多，目前已經發現並應用的植物有益細菌，種類極為豐富。如根瘤菌是一群可以在植物根部產生根瘤的共生細菌，能幫助植物產生高效能的固氮作用；蘇力菌則會產生具寄主專一性的特殊有毒蛋白結晶，使取食植物的害蟲因腸壁穿孔而亡，但對於目標昆蟲以外的生物則無害。另外，有些具有殺菌活性的有益細菌，如枯草桿菌、鏈黴菌和假單胞菌等，可以利用產生多種抗生物質、競爭和超寄生等機制，達到拮抗植物病原菌的目的。

　　在植物有益真菌方面，最著名也是非常重要的是菌根菌。因菌種而異，這類真菌可以在植物的根部表面或內部生長與發育，其菌絲與植物根部纏繞在一起，不但可以幫助植物吸收土壤中的養分（尤其是磷）和水分，也可以幫助植物避免多種病原菌微生物的侵害，或增加植物對不良環境因子的耐受性。

和傳統化學農藥的對比

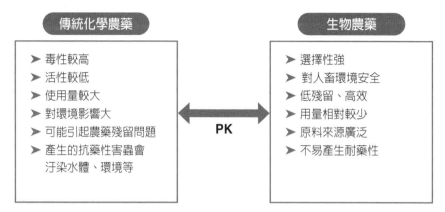

生物農藥的廣義與狹義定義示意圖

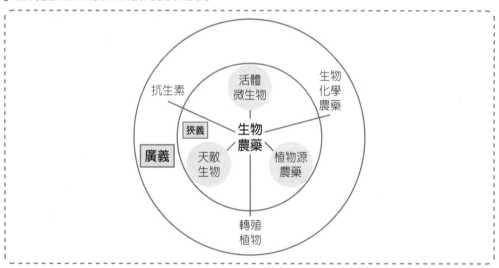

微生物農藥技術彙整表

技術名稱	技術內容	相關技術
微生物取得	主要是從環境中分離出具有農藥用途的微生物，並進一步了解其功效和原理	人工改良、微生物分離鑑定、活性成分鑑定、基因定序
生物人為製作	主要是藉由基因工程技術來修改基因或殖入外源基因	基因改造作物、基因改造微生物
生產製造技術	主要是將取得的微生物，經過人工培養繁殖，以大量生產具農藥功效的微生物活體或其代謝產物	培養環境、原料成分、培養發酵設備、回收萃取設備
農藥自體改良	主要是藉由加工，添加其他成分使達到更好的功效	農藥併用、輔助成分、農藥型態改良

PART 8
陸域環境

Unit 8-1 土壤

母質

　　母質是土壤形成的物質基礎，母質中的原生礦物是土壤中各種化學元素的初始來源，是植物養料的儲存庫，而土壤則是植物群落發生、發展的物質基礎，對群落演替過程中物種多樣性的變化有著重要影響。

1. 成土母質對土壤基本理化性質的影響主要體現在土壤鈣鎂總量上，這在幼年土壤中表現尤為突出，但這種影響隨著土壤發育的成熟和植被正向演替的進展逐漸減弱。

2. 成土母質可能會影響到土壤中微生物的活性和腐殖質的生成，從而影響土壤中有機質的含量，與有機質含量緊密相關的氮、磷含量也會受到影響。在植被向高級階段演替過程中，植物與土壤的相互作用增強，伴隨凋落物的逐漸增加，土壤有機質積累速率加快，氮、磷含量也隨之遞增。

成土因素

1. 土壤形成的生物因素：生物將太陽輻射能轉變為化學能引入成土過程，並合成土壤腐殖質。在土壤中植物、動物和微生物的生理代謝過程構成了地表營養元素的生物小循環，使得養分在土壤中保持與富集，從而促使了土壤的發生與發展。

2. 土壤形成的氣候因素：氣候是土壤形成的能量來源。土壤與大氣之間經常進行水分和熱量的交換。氣候直接影響著土壤的水熱狀況、土壤中物質的遷移轉化過程，並決定著母岩風化與土壤形成過程的方向和強度。氣候要素如氣溫、降水及風力對土壤形成發育具有重要的影響。

3. 土壤形成的母質因素：母質是土壤形成的物質基礎，在生物、氣候作用下，母質表面逐漸轉變成土壤。母質對成土過程和土壤特性的影響，是在母質風化和成土過程中造成的。

4. 土壤形成的地形因素：岩石圈表面形態即地形，它是土壤形成發育的空間條件，對成土過程的作用與母質、氣候、生物等不同，它影響地表物質能量的再分配，從而影響成土過程。新構造運動及地形演變更是影響土壤發生發育的重要因素。

5. 土壤形成的水文因素：水分是土壤發生發育過程必需的物質及物化與生物反應過程的重要介質。水分參與了土壤形成中的物質與能量的遷移轉換和交換過程。

6. 土壤形成時間因素的作用：時間和空間是一切事物存在的基本形式。氣候、生物、母質、水文和地形都是土壤形成的空間因素。時間說明土壤形成發展的歷史動態過程。母質、氣候、生物、水文和地形等對成土過程的作用隨著時間延續而加強。

7. 土壤形成的人為因素：這種影響具有雙向性，即可經由合理利用，使土壤朝向良性循環方向發展，也可因不合理利用引起土壤退化。經由改變成土條件，或改變土壤組成和性狀來影響成土過程。

土壤特性及其相互關係圖式

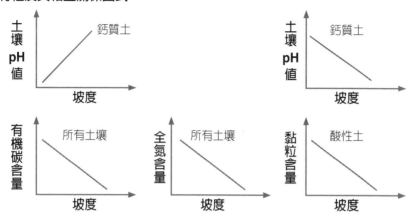

水分在成土過程中的作用示意圖

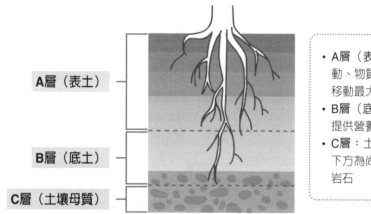

A層（表土）

B層（底土）

C層（土壤母質）

- A層（表土）：生物活動、物質溶解及懸浮水移動最大的一層
- B層（底土）：為植物提供營養物的寶貴資源
- C層：土壤母質組成，下方為尚未風化的堅硬岩石

土壤剖面發育與氣候溼潤度的關係圖

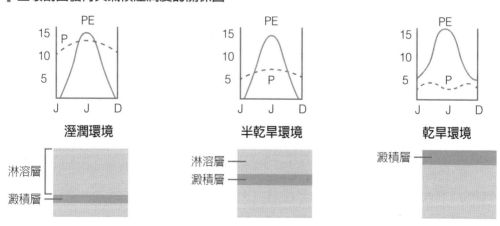

溼潤環境　　　　　　半乾旱環境　　　　　　乾旱環境

P：降水量　PE：蒸發量　J：1月分　J：7月分　D：12月分

Unit 8-2 優勢植物

植物面對環境變化時表現出的對策，關係到植物體本身的生存繁衍和群落生物多樣性的維持。

物候學

物候學是生物季節學（phenology）的簡稱。物候觀測結果，可以明瞭各地動植物生活週期對於環境的感應及其所受氣候變遷的影響，究明其因果關係，決定動植物生長的界限。

對植物物候而言，植物的發芽、展葉、開花、葉變色和落葉等，是植物長期適應氣候與環境的季節性變化而形成的生長發育節律。

在全球環境變遷的背景下，植物物候對氣候變暖的反應，代表植物是否能成為下一代的優勢植物。

一些重要的物候（發芽、開花、成熟）變化將會改變植物的族群動態，並經過植物與其他有機體的相互作用直接或間接地改變植物的適應度。植物開花物候改變了傳粉動物和食草動物的活動時段，從而減弱了植物的繁殖力，並很有可能對植物形成生殖隔離。

植物物候提前後，由於種子萌發和幼苗生長沒有處於一個最佳的生態環境中，從而導致植物存活率下降。植物的生殖成功率將會因變暖環境而減低。另一方面，由於植物性狀的可塑性，很多植物將會隨著環境的變化而不斷改變性狀，使自身的適應度達到最大，因出芽物候和開花物候引起的結實物候的提前，將會藉由種子成熟期的推遲而得到補足。

溫度

溫度通常被認為是影響植物物候最重要的氣象因子。植物的生理活動是由一系列複雜的生化反應構成，溫度升高可促進酶的活性，延長植物發育進程。溫度升高對植物秋季休眠具有延緩效應，而對於春季休眠解除具有促進作用，總體上升溫能夠延長植物生活史週期。

水分

除了溫度外，水分對物候的變化也會產生影響。乾旱會使植物發育的物候期推遲，乾旱發生時，即使光、熱條件滿足生長需要，植物也不能利用，在這種情況下，水就成為影響植物生長發育的主要生態因子。降水對植物開花的影響在熱帶和乾旱地區植物上表現尤其明顯。

光照

影響植物物候的氣象因素中，日照也是一個重要因素。植物具有光敏色素，其生活史中的許多階段與光有關。在溫帶和寒帶地區，控制植物物候變化的三個重要因素是溫度、低溫持續和光週期。

對於那些生長季開始較早的物種，冬季一旦達到對低溫的需求，則對溫度升高的回應非常敏感。而對於那些生長季開始較晚的物種，光週期則是主要的控制作用，溫度只是一個限制性調節的作用。在熱帶地區，溫度和光週期全年變化幅度很小，植物對熱量要求高，植物物候期的變化主要依賴溫度。

四種物候研究方法的對比

研究方法	適用尺度	優點	缺點
人工觀測	植株	時空分辨率高，數據長期連續	人力成本高，空間代表性差
數位相機觀測	群落冠層	連續、定期、成本低	位置固定不靈活，受天氣影響，後期處理繁瑣
渦度相關無法觀測	生態系統	快速、連續、覆蓋範圍廣	缺少統一的閾值評價方法，生態意義不明確
遙感光學監測	景觀	全空間覆蓋	不能識別具體物候

物候與生育期長度相互變化的可能模式

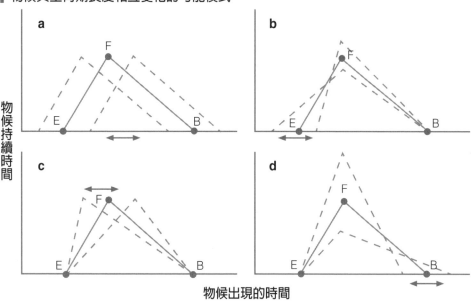

a：三個物候同時提前或推遲；b：出苗時間推遲或提前；c：花套發生時間推遲或提前；d：第1開花時間推遲或提前。三角形區域表徵了生活史；雙向箭頭為物候在出現時間上的變化；E為植物出苗時間，F為花套發生時間，B為第一開花時間；實線「—」為各個物候的初始狀態；虛線「---」為受環境影響後各個物候的改變狀態；每個三角形的面積表示從萌發到第1開花期的持續時間。

氣候變暖下不同溫度敏感型植物類群的物候變化

植物類型	生育期	春季物候	秋季物候	春季物候的絕對變化量	秋季物候的絕對變化量	生育期的絕對變化量
敏感型	變長或不變	提前或不變	推遲、提前或不變	大	大	大
中度敏感	變長或不變	提前或不變	推遲、提前或不變	小	小	小
不敏感	變長或不變	提前或不變	推遲、提前或不變	最小	最小	最小

Unit 8-3 草原

草原是主要生長草本植物，或兼有灌叢或稀疏喬木，可為家畜和野生動物提供生存場所的大面積土地，是畜牧業的重要生產基地。草原分布面積廣泛，約占全球陸地總面積的1/5，其中熱帶草原占15×108公頃，溫帶草原占9×108公頃。草原與森林和農田，構成陸地上三個重要的生態系統。。

草原是陸地生態系統的一個重要類型，也是人類重要的畜牧業基地。放牧是天然草原區主要的人類活動之一，是最普遍、最簡便、最經濟的草地利用方式。

草原生態系統健康

1. 土壤的穩定發展既是生態系統穩定的指標，也是生態系統穩定的前提。
2. 草原生態系統的驅動力是能量，基礎是營養元素。
3. 恢復機制是草原生態系統能否持續發展的重要指標。

草原生態系統服務

1. 產品服務：草原生態系統提供的產品可歸納為畜牧業產品和植物資源產品兩大類。畜牧業產品是指經由人類的放牧或刈割飼養牲畜，草原生態系統產出人類生活必需的肉、奶、毛、皮等畜牧業產品。植物資源則主要包括食物、藥品、工業用、環境用植物資源，以及基因資源、保護種質資源。
2. 調節服務：草原生態系統提供的調節服務主要包括：氣候調節、土壤碳固定、水資源調節、侵蝕控制、空氣品質調節、廢棄物降解、營養物質循環等服務。
3. 文化服務：以草原生態系統為基礎形成並發展頗具特色的民族文化多樣性、精神和宗教價值、社會關係、知識系統（傳說的和有形的）、教育價值、靈感、美學價值及文化遺產價值。

草原群落以多年生草本植物占優勢，遼闊無林，在原始狀態下常有各種善於奔馳或營洞穴生活的草食動物棲居其上。它是內陸乾旱到半溼潤氣候條件的產物，以旱生多年生禾草占絕對優勢，多年生雜類草及半灌木也或多或少在其上生活。

草原區的人為活動包括放牧、開墾、樵採和狩獵等，但從對草原生態系統多樣性的影響程度和規模而言，家畜放牧是首要的。不合理的放牧制度所帶來的草原生態系統的退化，伴隨著生產力的下降和生物多樣性的喪失，已惡化了草原地區的生態環境，阻礙了區域經濟的持續發展。

草原退化的範圍很廣泛，除了包括群落結構的演替和蓋度的降低，還包括草原組成中的必不可少的部分：土壤的退化，甚至水文循環系統的惡化、近地表小氣候環境的惡化等也都要包括在草原退化的範疇之內。其中群落結構的演替、生產力和蓋度的降低、土壤的退化構成了草原退化的主體。直至土壤完全沙化，草原變成了沙漠。

▎草原生態系統的食物網

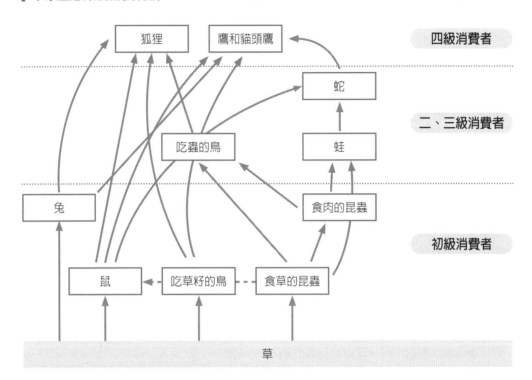

▎草原生態系統中能量與元素流程示意圖

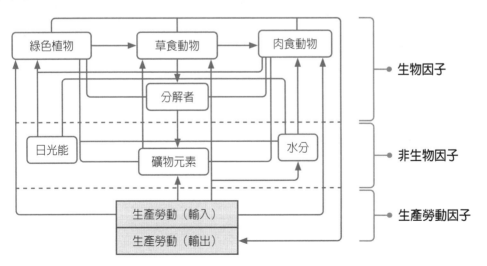

Unit 8-4 沙漠化

　　1977年，聯合國沙漠化大會定義「沙漠化是指土地生物潛力的減少或破壞，最終導致出現類似沙漠景觀的狀況」。1991年，聯合國環境規劃署針對1977年的沙漠化定義中，未提及沙漠化的可能發生區域及其成因，並根據最新研究成果又重新定義：「沙漠化是乾旱半乾旱及乾燥半溼潤地區，人類不利影響引起的土地退化過程」。

　　縱觀沙漠化的定義及其研究，沙漠化概念內容廣泛。包括植被退化水蝕、風蝕、鹽漬化、土壤有機質的減少、土壤結殼和變緊、有毒物質的聚集等。是廣義沙漠化概念，實質上是荒漠化。

　　在乾旱、半乾旱和部分半溼潤地區，由於自然因素或又受人類活動的影響，破壞了自然生態系統的脆弱平衡，使原非沙漠的地區出現了以風沙活動為主要現象的類似沙漠景觀的環境變化過程，以及在沙漠地區發生了沙漠環境條件的強化與擴張過程。

沙漠化過程主要特徵表現

1. 時間上，特別是最近一個多世紀以來。
2. 空間上，凡是具有疏鬆沙質沉積物的地表，與大風季節一致的乾旱和半乾旱及部分半溼潤，都可能發生沙漠化的地區。
3. 成因上，以人為過度的經濟活動（如過度的放牧、農墾及水資源的過度利用等）為主要成因，人既是沙漠化的製造者，也是沙漠化的受害者。

4. 在景觀上，此一過程是漸進的，在人為強度活動破壞脆弱的生態平衡之後，風力是塑造沙漠化地表景觀的動力。因此，可以認為沙漠化過程是風沙活動及其所造成的風蝕、風積地表形態特徵作為其變化過程的景觀現象和沙漠化發展程度的一個特徵。
5. 發展趨勢上，沙漠化強度及其在空間的擴展與乾旱程度和人類活動關係密切，特別是在人類活動的積極和消極影響下，沙漠化土地會呈現發展或逆轉的趨勢。
6. 沙漠化的結果，導致地表逐漸為沙丘侵占，造成土地生物產量的急劇降低，土地滋生潛力的衰退和可利用土地資源的喪失，然而，它也存在著逆轉和自我恢復的可能。

　　沙漠化過程對區域景觀的重塑極為重要，這種重塑作用使沙地景觀格局在時空尺度上都表現出極大的異質性，自然作用過程（如乾旱、大風、降水波動等）、人為活動干擾過程（如在乾旱和半乾旱地區的過度放牧、過度農業開墾、工業採礦，以及林木的砍伐等）都強烈的影響著沙地景觀。

　　沙漠化發生、發展的過程伴隨著景觀生態系統結構、功能的變化過程。也就是說沙漠化過程中融合著景觀的變化過程：沙漠化評價可以被看作是一個景觀生態學的問題。

▌草原沙漠化治理工程生態效益評價指標體系　▌全世界因乾燥而造成土壤劣化的面積

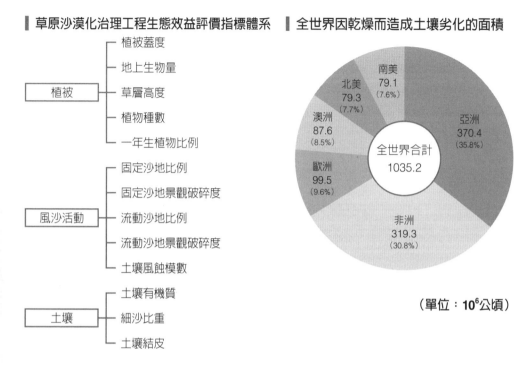

（單位：10^6公頃）

▌沙漠化逆轉過程脆弱性邏輯關係圖

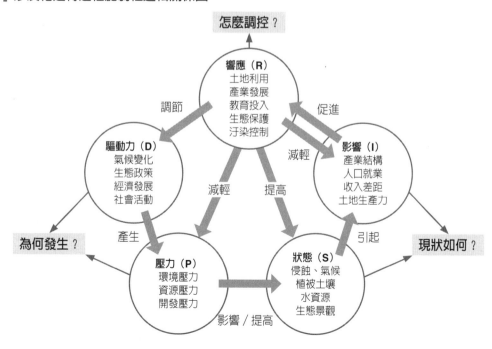

PART 9
水域環境

Unit 9-1 海洋

　　海洋的生態多樣性是指棲地型態的複雜度，尤其是沿岸及淺海的棲地型態，其中擁有高生物多樣性的棲地包括海草床、紅樹林、岩礁和珊瑚礁等；事實上，沿海棲地還可依據環境特徵區分為更多的類型。

　　以珊瑚礁而言，其中就包含許多類型的微棲地，如礁臺、礁脊、潟湖、槽溝、礁斜坡等，不同的微棲地各有特定的物種占據，因而構成海洋生物的多樣性。

海洋生物多樣性的價值

1. 生態上的價值：陸域與海域兩者間息息相關，海洋在生態平衡上的價值不輸陸域，如海洋表面可以行光合作用的浮游植物，行光合作用產生的氧氣與陸域環境的植物相當，重要性不輸熱帶雨林。在海洋中生物多樣性最多的地方在珊瑚礁，雖然僅占全球表面積的3%，但在生態平衡上相當重要，珊瑚礁區是許多海洋生物育幼的場所，珊瑚礁的石灰質骨骼會一直累積，可以形成島嶼，也可以在陸地邊緣堆積，具有保護海岸的功能。

2. 提供人類生物資源：目前人類已是海洋食物網中最重要的成員之一，人類從海洋中捕捉的生物所含的蛋白質總量，已超過人類養殖家畜所提供的蛋白質量，隨著漁獲量的減少，人類大量在海域進行養殖，目前海洋生物已成為人類營養與經濟的重要來源。

3. 遊憩、休閒的精神價值：海洋可以提供相當多的遊憩功能，近年來與海洋相關的休閒活動不斷增加，其中代表的精神價值並不易以物質價值來評斷。

　　影響海洋生態健康的主要因素包括自然災害和人為脅迫，其中自然災害主要是風暴潮、海浪、海冰、海嘯和赤潮（綠潮）；人為脅迫主要是陸源入海排汙、外來海洋物種入侵、海洋漁業過度捕撈、海水養殖、全球氣候變化、濱海溼地棲地改變和海岸帶開發活動。

海洋生態系統的生態過程

1. 光合作用：由海洋浮游、底棲藻類、大型海藻、部分介殼生物、潮間帶的高等植物、微生物等多種生物完成，是海洋中最主要的物質生產過程和O_2釋放過程。

2. 呼吸作用：經過海洋生物的作用，使得海洋成為一個巨大碳庫，對全球碳循環具有重要作用。

3. 生物泵作用：將表層的CO_2轉變成顆粒有機碳並沉降，經由這樣的垂直轉移過程，可使得海洋表層的CO_2分壓低於大氣CO_2分壓，從而使得大氣中的CO_2不斷進入海洋。

4. 分解作用：微生物將代謝廢物及死亡的生物體組織進行分解，同時將必要元素以無機物形式釋放出來，這些無機物可再次被自養型生物攝取利用，重新回到生物地球化學循環過程。

5. 生物擾動過程：底棲動物的底內動物類群，其在海洋基質中的鑽空和攝食活動不斷地擾動並逐漸改變著底質沉積物，有助於底質中營養元素的懸浮與再次回到系統循環。

珊瑚礁生態系統服務價值和屬性

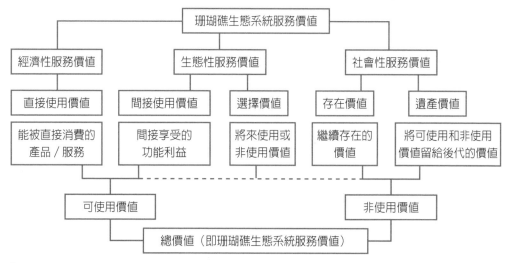

海洋生態系統的組成框架圖

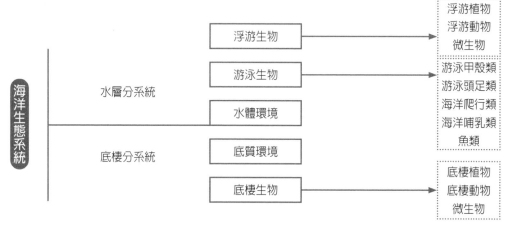

海洋多樣性保護示意圖

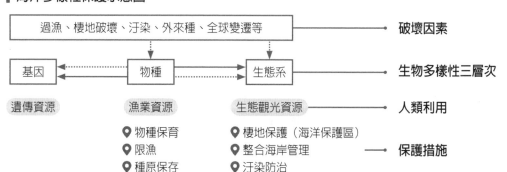

Unit 9-2 湖泊

湖泊泛指陸域環境上相對低窪地區所蓄積出一定規模，而不與海洋發生直接聯繫的水體。面積較大者稱為海、湖、泊、潭，面積小而圓者稱為池或塘。湖中或湖岸長有大量的草、灌木或樹者稱為沼澤，透過人工方式構築，則稱為水庫。

湖泊是地表水資源的重要組成，是湖泊流域地區經濟持續發展和賴以生存的基礎。湖泊生態系統又是水域生態系統中的靜水生態系統，它是湖盆、湖水、水體性質和水生生物組成的綜合體。

湖泊的物理、化學和生物過程，隨著區域特點的不同，形成了湖泊生態系統的多樣性和空間分布的多樣性。湖泊及其流域是人類主要的棲地所在，但隨著社會經濟的發展，流域內的資源和生態系統受到了愈來愈大的外界脅迫，湖泊汙染和生態退化已成為重要的生態環境問題。

湖泊的功能與利用

水域生態系的重要類型，在看似缺乏流動與干擾的湖面下，孕藏著豐富的生命力。從物理面的水文循環、光線與溫度變化、水體攪拌；化學面的營養狀況與溶氧消長；到生物面的營養與能量傳遞，充分融合了生態系的基本架構與靜水環境的特質。不僅能持續產生如魚蝦類的再生性資源，也有調節集水區周遭微氣候的功能。

湖泊生態系的環境因子

1. 物理因子：海拔、水量、光線、風、面積、深度、濁度、溫度、底質。

2. 化學因子：磷酸鹽、硝酸鹽、溶氧酸鹼度、導電度、硬度。

3. 生物因子：食物網（營養與能量循環）、掠食／被捕食、競爭互動、共域互動。

湖泊生態系統健康評價

1. 生態系統健康：描述系統狀態的三個指標：活力、組織和恢復力。

2. 湖泊生態系統物質循環：物質循環是湖泊生態系統中不同營養級的生物及其與外界環境之間物質交換的總稱。水體富營養化是湖泊的環境問題。物質循環主要有：(1)湖泊和外界環境間的物質和能量交換，浮游植物吸收，浮游動物、草食性和肉食性魚類捕食以及在捕食和繁衍過程中的物質損失；(2)上層水體中的營養物和有機物沉降、礦化，以及沉積物中的營養物和有機物重新溶解；(3)細菌的分解；(4)漁業和人為的水生生物捕獲。

最小生態需水量

維持湖泊系統穩定所必須消耗的水分。生態需水量的減少，將直接影響湖泊生態系統的動態平衡及其功能的正常。主要包括湖泊生物最小需水量、蒸散發最小需水量、水生生物棲息地最小需水量、汙染物稀釋最小需水量、防止湖水鹽化最小需水量、航運最小需水量，以及景觀建設和保護最小需水量等。

▌湖泊水量與水資源功能關係

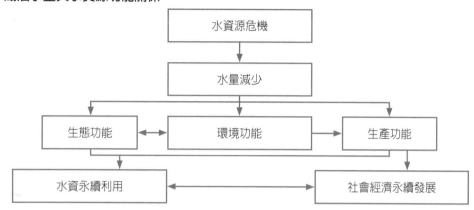

▌湖泊—流域生態系統示意圖

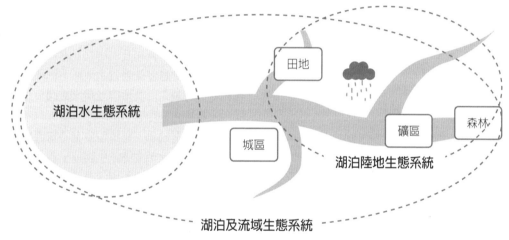

▌湖泊水量與植物物種相對數量關係

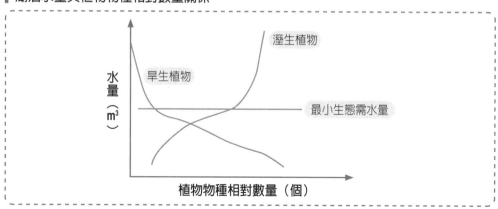

Unit 9-3 河流

為沿著河流分布不同於周圍基質的植被帶，可能包括河道邊緣、洪水平原、自然沖積堤和部分高地。廣義而言，河流廊道除包含河岸植被組成外，應將河川及河岸兩個單元合為一個完整的河廊生態系統，將河道本身視為河流廊道的組成之一，除了河道、洪水平原和過渡的高地邊緣地帶，還可能包括兩側堤岸、支流、荒野小徑和道路。

河川生態系統的結構，基本上由河川非生物環境和生物環境兩者所組成。而非生物環境包括物理與化學環境，前者所指為生物賴以維生的陽光、空氣、水體、岩土等，後者為構成生命組織的必要元素（如鈣、鎂）和化合物（如胺基酸）。而河川的生物環境為生物群集，是由植物、動物與微生物等多種不同生物族群所組成。

環境梯度與生態系統組成沿著低級序河川往中高級序河川連續漸變；低級序河川的河面植物鬱閉程度較高，可保持較低水溫，河川主要的營養來自河岸植物所提供顆粒較大的粗顆粒有機物，如凋花落葉；而河川中以異營性生物居多，消費者組成以碎食性生物及濾食性生物為主。

中級序河段河道較為開闊，河面植物鬱閉度有限，此時河段中的營養源部分來自上游，經過生物分解的細顆粒有機物，如微小細碎的殘葉渣滓，因河面受日光照射而使水溫較高，日間植物光合作用旺盛，故河川中

的生物以自營性居多，而河川生物多樣性在此河段最高，因浮游與附生藻類增多，消費者組成以濾食者與刮食者為主。

高級序的河段河面更為寬廣，河水流量大但流速較緩，河川河段中的營養源部分來自於中、上游，輸入顆粒更為細微的物質，以及因上游及沿岸所輸入的營養鹽所培育的大量浮游性藻類為主，無脊椎動物種類增加，消費者組成以濾食性與捕食性生物為主。

河口生態系

河口水域由河川及海洋之交會所構成，河口水域通常是富營養鹽之地區，物種組成也相當地複雜。河口地帶受潮水來回，以及河川水量變化的影響，鹽度起伏很大。水位定期降，底質缺氧，生物需要有特殊適應方式才能生存。此類生態系生物種少量多，歧異度低。有機碎屑隨著潮汐帶至臨近海域，吸引蝦、蟹、魚及貝類等來此覓食與繁殖。

生產者包括浮游性植物及較大型的水生植物。大部分的初級生產以殘碎物的形式進入食物網中；殘碎物先為分解者—細菌及黴菌—所分解，再為棲息於河口之軟體、節肢動物及魚類所利用。河口之食物網極複雜，其基本結構與陸域或典型的海洋生態系不盡相同。

河流廊道結構示意圖

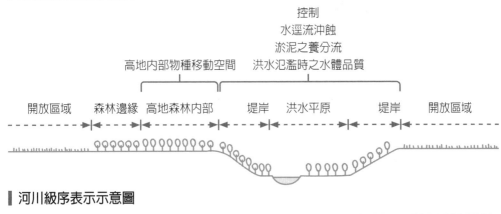

河川級序表示示意圖

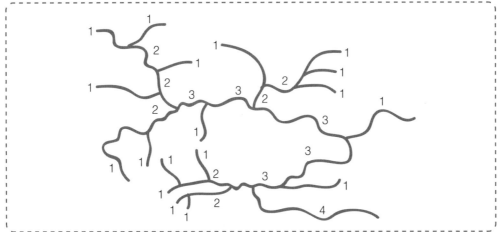

河川渠道化所造成的物理環境和生物效應

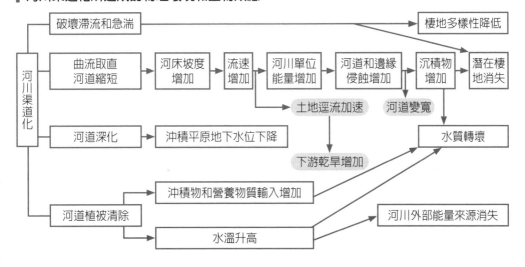

Unit 9-4 珊瑚礁

　　珊瑚礁是熱帶和亞熱帶海域非常重要且獨特的沿岸生態系統，擁有豐富的生物多樣性、高的生物量和生產力、旺盛的造礁活動、複雜的棲地結構等特性，經常被比喻為海洋中的熱帶雨林。珊瑚礁雖然占海洋表面積不到1%，海洋生物種類中卻有25%以上是以珊瑚礁為棲所。

珊瑚礁類型

1. 岸礁：緊靠海岸，與陸地之間局部或有一淺窄的礁塘。完全發育的岸礁多在東非沿岸的紅海出現，加勒比海的大多數珊瑚礁也屬於這種類型。

2. 堡礁：其基底與大陸相連，但環繞在離岸更遠的週邊，與海岸間隔著一個較寬闊的大陸架淺海、海峽、水道或潟湖。著名的大堡礁距澳洲大陸有100km多。

3. 環礁：呈馬蹄形或環形的珊瑚礁，中間圍有潟湖。

　　珊瑚礁需要的生長環境非常嚴苛，必須符合水質潔淨、營養鹽濃度、鹽度穩定、水淺、陽光充足和溫度適中等條件。珊瑚礁能夠維持高的生產力和造礁活動，主要受益於適宜的環境條件，以及含有共生藻的造礁珊瑚的鈣化作用、呼吸作用、光合作用等各種生理代謝過程的緊密關聯。

　　珊瑚礁生態系是由造礁石珊瑚生物群體形成的底質所支持的特殊生態系，其內有美麗的造礁珊瑚和各種珊瑚礁所特有的生物，具有極高的生產力和物種多樣性。

　　由於珊瑚礁吸引大量人潮湧入，隨著漁業資源的利用和沿海環境的開發，從1970年代起，一些珊瑚礁就因過度捕捉魚類、泥沙沉積物和廢水排放汙染增加，造成生態失去平衡而有明顯改變。

　　自1980年代，科學家已開始警覺到氣候變遷的威脅，如海水暖化造成珊瑚大量白化甚至死亡；海平面上升，造成一些珊瑚礁島嶼的海岸嚴重侵蝕和逐漸沉沒；強烈颱風發生頻率增加，造成珊瑚礁受物理性干擾作用增強；以及海洋吸收大量二氧化碳造成酸化，使得珊瑚的鈣化作用日趨嚴重。

　　至2000年，世界上的珊瑚礁已有27%消失，未來30年內，另有32%可能滅亡，其中以東南亞和東亞海域面臨的危機最為嚴重。

珊瑚礁生態系影響因子

1. 溫度：由於造礁珊瑚最宜在年平均水溫23～28℃左右的海域內生長，因而溫度決定了珊瑚礁生態系的緯度分布。在熱帶海洋中，幾個攝氏度的增溫和約10個攝氏度的降溫都會造成造礁珊瑚的死亡。

2. 光照：海水透光率決定了現代珊瑚礁分布的水深，一般在50m以上，決定了珊瑚礁生態系內部的垂直結構。

3. 鹽度：鹽度大約為34‰左右的海區最宜造礁珊瑚的生存，所以在河口區和陸地徑流較大輸入的海區，由於鹽度的降低，並無珊瑚礁生態系的存在。

珊瑚礁生態系統產品和生態服務

服務功能	產品
經濟性服務	▶獲取性服務 　可更新服務：海鮮產品、藥用原材料、生產瓊脂和肥料等的原材料、古董和珠寶、觀賞性 　　　　　　　魚和珊瑚 　不可更新服務：用於建築的珊瑚塊、碎塊和砂、用於生產石灰和水泥的原材料、礦物油和氣 ▶非獲取性服務 　旅遊休憩、教育和研究、以珊瑚礁生態系統為主題的文化產品
生態性服務	▶物理結構服務 　海岸線保護、構建陸地、促進紅樹林和海草床的生長、產生珊瑚沙、小區域氣候的穩定 ▶生物服務 　生態系統內：棲地維持、生物多樣性和基因庫維持、生態系統過程和功能的調節、生物恢 　　　　　　　復維持 　生態系統間：經由「可移動鏈條」的生物支持、向遠洋食物網輸出有機物和浮游生物 ▶生物地球化學服務 　固氮、CO_2 / Ca的儲存與控制、廢物清潔 ▶資訊服務 　監測和汙染紀錄：氣候紀錄
社會性服務	美學和藝術靈感、支持文化、宗教和精神

不同海洋環境生產力

珊瑚礁	總生產力（gCm^2年$^{-1}$）
Rongelon（馬紹爾群島）	1500
Eniwetok（馬紹爾群島）	3500
North Kapaa Reef（夏威夷、考愛島）	2900
Turtle grass bed（佛羅里達、Longkey）	4650
外洋	
Rongelon（馬紹爾群島）	28
夏威夷近海	21
夏威夷近海（內灣）	123

珊瑚的結構，共生藻寄居在珊瑚體內

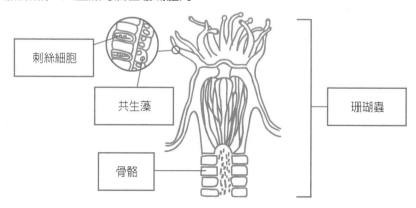

Unit 9-5 底棲生物

底棲生物（benthic organisms）是由生活在海洋基地表面或沉積物中的各種生物所組成，底棲生物群落中含眾多的生產者、消費者和分解者，經由底棲生物的營養關係，水層沉降的有機碎屑得以充分利用，並促進營養物質的分解，在海洋生態系統的能量流動和物質迴圈中起很重要的作用。

底棲生物包括固著性和定棲性生物，牠們與底質有密切關係，不具移動能力或移動力低，且容易受環境變遷或干擾的影響，因此，通常是海洋生態監測計畫的重點。底棲生物監測依據棲地的不同可分為硬底質及軟底質兩類。硬底質的底棲生物監測通常以居住於底質表面的生物為主。

根據個體大小分類

1. 微型底棲生物：可通過0.1mm篩網的種類，包括細菌、微型藻類（濱海帶）、原生動物。
2. 小型底棲生物：可被0.1～1.0mm篩網截留的種類，通常由少數較大的原生動物（特別是有孔蟲）以及線蟲、介形類、渦蟲類、腹毛類和猛水蚤類組成，也包括有大型底棲動物（如多毛類、雙殼類）的幼體。
3. 大型底棲生物：不能通過1.0mm篩網的類別，除在濱海帶之外，大型底棲生物都是動物。

生物擾動

生物擾動（bioturbation）是指底棲動物，特別是沉積食性大型動物，由於攝食、爬行、避敵、築穴等活動對沉積物初級結構造成的改變。

由太陽能和營養鹽驅動的水生植物初級生產啟動了水體中的哨食食物鏈，而顆粒性有機物質（POM）經由生物泵、湍流和平流的輸運、推動了水生態系統中的另一條食物鏈—碎屑食物鏈，再經分解礦化、生物擾動、攝食、分子擴散及物理作用與水層的生物生產過程相連接。

水生生態系統經由能流和物流的傳遞而將水層系統與底棲系統融為一體的過程稱為水層與底棲的耦合。水層—底棲介面耦合過程是構成河口、近岸和淺海水域的關鍵生態過程，而生物擾動正是這一關鍵生態過程中至關重要的環節和樞紐。

底棲軟體動物作為系統內部調控，在水生生態系統物質和能量循環中處於十分重要的地位，它們種類多、分布廣、食性廣，對汙染水體具有明顯的淨化效應。

底棲動物具有種類多、生活場所相對固定和對干擾反應敏感等特點，是應用最廣泛的水質評價指示生物。底棲動物完整性指數（benthic-index of biological integrative, B-IBI）是目前應用最廣泛的生物完整性指數之一。

透過分析B-IBI值的高低及與水體理化指標和生境指標等的關係，就可了解水生態系統健康的大體狀況，分析引起水生態系統健康退化的主導因素。

底棲生物分類

分類		生物種類
依據動植物分類	底棲植物	①單細胞底棲藻類：藍藻細菌（藍綠藻）、矽藻類（羽紋矽藻）、甲藻類；②海藻；③維管束植物
	底棲動物	海星、海葵、蚌類
依據底棲生物與底質關係分類	底表生活型	①固著生物：海綿、苔蘚、大部分腔腸動物；②附著生物：貽貝、扇貝、珠母貝；③匍匐動物：大部分腹足類軟體動物、海星類、海膽類、蛇尾類和雙殼類軟體動物
	底內生活型	①管棲動物：部分沙蠶；②埋棲動物（底埋動物）：多毛類、雙殼類軟體動物、棘皮動物、部分脊索動物；③鑽蝕生物（鑽孔生物）：海筍、船蛆
	底遊生活型	魚類、活動力較強的無脊椎動物

底棲生物生物量的比較（0～＞9000m）

深度 （m）	最高生物量 （溼重g／m²）	平均生物量 （溼重g／m²）	世界大洋總生物量 （10⁶t）
0潮間帶	7×10^3	3×10^3	5,500
0～200	$> 1 \times 10^3$	150～500	
500～1,000	40		
1,000～1,500	25	20	1,104
1,500～2,500	20		
2,500～4,000	5		
4,000～5,000	2		
5,000～7,000	0.3	0.2	56
7,000～9,000	0.03		
＞9,000	0.01		

海底底棲生物群落

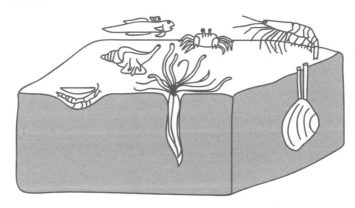

Unit 9-6 光線與營養鹽

　　海洋營養鹽輸入來源主要有陸源輸送、沉積物與水介面交換、生物作用（主要為生物固氮）、地殼運動和大氣沉降。在近岸海域，河流把營養鹽輸送到海洋。在河口水體中，人類活動所造成的氮經由河流的輸入，遠遠超過來自其他氮庫的輸入。

水體富營養化

　　水體富營養化是由於過多的含植物營養物質（主要是氮、磷）的廢水進入天然水體引起的二次汙染現象，屬於有機汙染類型，在湖泊、河口、海灣等水流較緩慢的區域最易發生。主要表現為水體中藻類及其他浮游植物迅速、大量繁殖，而後沉積水底，微生物分解之而消耗水中大量的溶解氧，使水質惡化，導致魚類及其他水生生物由於缺氧而大批死亡。

　　富營養化會為整個環境帶來相當大的危害，它會影響水體的水質，造成水的透明度降低，使得陽光難以穿透水層，從而影響水中植物的光合作用，可能造成溶解氧的過飽和狀態。溶解氧的過飽和以及水中溶解氧少，都會對水生動物有害，造成魚類大量死亡。

　　因富營養化水體中含有硝酸和亞硝酸鹽，人畜長期飲用這些物質含量超過一定標準的水，也會中毒生病。

　　雖然營養鹽的過量輸入是導致湖泊富營養化的根本原因，但富營養化的表徵隨環境條件的不同而不同。氮、磷等生源要素雖然是富營養化的主要原因，但營養鹽轉化為生物質的效率仍然受到多種因素的限制，在地帶尺度上，它受光、熱、水等氣候因素的影響；在區域尺度上，受地貌、土壤、植被、水文、土地利用、人為干擾等因素的影響；在湖泊尺度上，還受湖泊成因、形態、水動力等因素的影響。

對水生生態的影響

　　在正常情況下，湖泊、河流等水體中的各種生物（包括浮游植物、漂浮生物、挺水植物、沉水植物、底棲動物及魚類等）皆是處於相對平衡狀態，每個族群的個體數量不會太多，但較為穩定，構成良好的水生生態系統。一旦水體受到汙染而呈現富營養狀態時，生物族群量就會出現劇烈波動，生物總個體數迅速增加而種類卻逐漸減少。這種生物種類的演替會導致水生生物的穩定性和多樣性降低，破壞水體生態平衡。

光照度

　　光照度是藻類生長重要的因子，藻類的葉綠素能利用光能將CO_2和水轉換成有機物。在生長可容許的光照度下，藻類的成長和光照度的強度成正比，然而，光照度達到某個程度以上時，藻類的生長不會因光照度的增加而增加時，此時的光照度稱為光飽和度。

　　當光照度過高時會破壞葉綠素的結構，而影響其生長。藻類的濃度也會影響受光的程度，當藻類濃度太高時，藻類彼此間會有遮蔽的效應，因而影響受光的時間。

海洋生態系統的矽循環

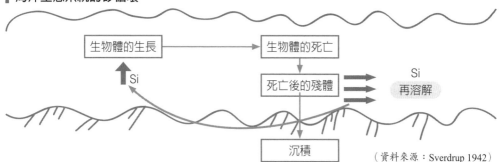

（資料來源：Sverdrup 1942）

海洋中氮、磷等營養元素的生物地球化學循環

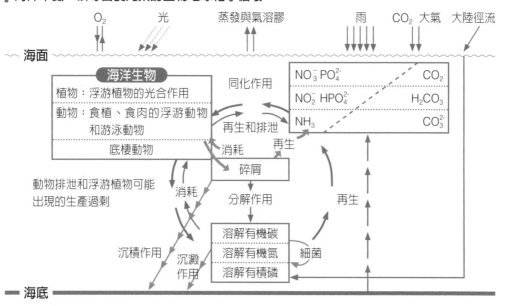

營養鹽的垂直分布

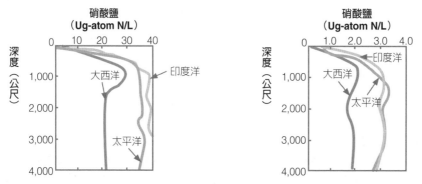

○ 海水的苦味因氯化鎂、鹹味因氯化鈉、易潮解因氯化鈣；但部分鹽類是海洋生物賴以生存或生長不可缺少的物質，這些無機鹽類則稱為營養鹽。

○ 營養鹽包括硝酸鹽及亞硝酸鹽、矽酸鹽、磷酸鹽。

○ 營養鹽在海洋中的含量，會受生物消耗量的影響，隨深度的加大而增加。

Unit 9-7 海洋酸化

水圈是由地球上的水所組成，包括海洋、湖泊、河川及地下水，海洋占據地球百分之七十的面積，控制地球氣候很重要的其中一個因子在於海洋中CO_2的增減，也是預測全球氣候變遷不可或缺的因素。隨著化石燃料使用量的增加，導致大氣二氧化碳濃度不斷攀升，從1870至2014年，人類及自然中所累積的碳排放量，大約有42.3%的CO_2排放於大氣中、28.4%被海洋吸收及29.3%被陸地生物圈所吸收。

大氣中的CO_2匯入海洋中與水分子進行水合反應，會與水分子結合形成碳酸，接著釋出氫離子（H^+）和碳酸氫根離子（HCO_3^-），或進一步解離成碳酸根離子（CO_3^{2-}），其中氫離子釋出的愈多，則酸度增加愈多，造成海水pH值降低，海水酸化（ocean acidification）。

全球海洋表層pH值目前平均為8.10，比19世紀工業革命前，大約下降了0.1個pH單位，相當於每年下降0.001pH單位；學者預估，倘若海洋酸度持續增加，將會改變海水的化學性質，可能在本世紀末最多會降0.4個pH單位。

海洋酸化對海洋生物的影響

酸化主要影響海洋生物酸鹼調節、呼吸代謝、能量消耗等，干擾生物體的生長率、成活率、鈣化率、感官能力、性成熟及繁殖能力。

1. 對脊椎動物魚類的影響：酸化對不同物種的影響差別很大，其作用具有物種差異性。生長環境（海水、半鹹水及淡水）的差異和魚類自身機能、生活習性及發育特

點等方面的不同促使不同魚類產生了不同的酸鹼調節能力，其機制也存在很大的差異。在一定程度上干擾魚類捕食與被捕食活動，將對海洋某些食物鏈甚至是食物網產生衝擊，長期作用將會對整個海洋生態造成巨大的影響。

2. 對無脊椎動物的影響：酸化對無脊椎動物的影響也具有物種差異，其中帶殼軟體動物的耐受性最差。酸化影響海洋生物的礦化作用。pH下降減小了海水碳酸鈣的飽和度，增加了石灰岩的溶解度，從而影響鈣化海洋生物的生長發育。

海洋酸化與其他環境因數相互作用

海洋生態系統所受的影響是多重壓力綜合作用的結果，大氣中逐漸上升的CO_2濃度並不是單獨的影響因數，還包括肥料的過度使用、魚類的過度捕撈、水產養殖量的增加、生物棲息地的退化等。海洋生物所受的脅迫與海洋酸化、海洋溫度、氧含量、環流、營養輸入等併發變化相關。

海洋酸化加劇的同時，海洋低氧區也不斷擴大，特別是升溫海區的富營養化區域。溫室效應作用下表層海水溫度升高，近海口淡水注入量增多，兩者共同作用引起近海溫鹽樓中樓發生劇烈變化，進而導致海洋低氧程度加劇。海水溫度升高、溶解氧減少的同時，生物體代謝率增強，耗氧量增多，產生更多CO_2，這進一步加劇海洋酸化程度。

酸化與低氧對生物體可能產生協同作用。低pH減弱了O_2與呼吸蛋白的結合能力，降低了生物體的需氧範圍。

▌海水酸化的機轉

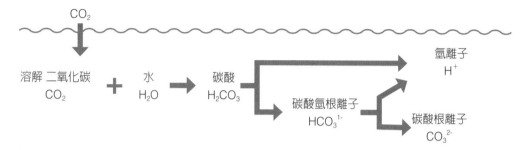

溶解 二氧化碳　　　　水　　　　碳酸　　　　　　　　　　　　　　氫離子
CO₂　　　＋　　　H₂O　→　　H₂CO₃　　　　　　　　　　　　　　H⁺
　　　　　　　　　　　　　　　　　　碳酸氫根離子
　　　　　　　　　　　　　　　　　　HCO₃¹⁻　　　　碳酸根離子
　　　　　　　　　　　　　　　　　　　　　　　　　　CO₃²⁻

▌千年尺度大氣CO₂濃度和海表pH值變化

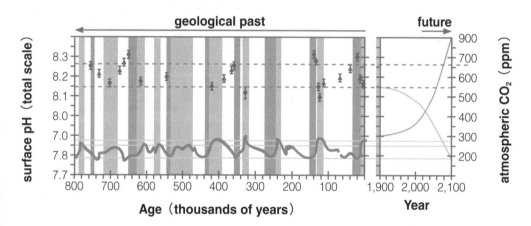

▌海洋酸化

有些物種能適應，有些不能

軟體動物	棘皮動物	甲殼類動物	魚類	珊瑚
蛤貝	海膽	蝦	鯡魚	熱帶
蝸牛	海參	龍蝦	金槍魚	和冷水
頭足類動物	海星	橈足動物	鱈魚	珊瑚

■ 積極影響　　■ 消極影響　　■ 無影響

PART 10
森林生態

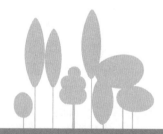

Unit 10-1 森林生態學概述

森林是陸域重要生態系中的一環，森林生態學把森林看作是一個生物群落，研究構成這個群落的各種樹木與其他生物之間，以及生物和所在的外界環境之間相互關係的學科。森林的用途不只是單純地考慮獲取木材或其他森林產品，還應注意森林具有涵養水源、保持水土、防風固沙、調節氣候、淨化空氣、減少噪音、保護和美化環境，以及對於生物資源的保護等作用。

森林動態樣區

森林的動態變化（forest dynamics）為近年來森林生態學研究上的重要趨勢。在傳統的森林生態研究中，大多著重在了解森林內植物社會組成、結構這一類靜態的生態現象。然而，森林在時間和空間上的各種動態變化，以及造成變化的原因為何？森林之中是否存有一定的生態機制，可以控制植物族群的生長、死亡與更新動態，或是可以解釋物種分布情形、調節物種共存現象。

基本方法是調查樣區內每一棵胸徑大於或等於1cm的木本植物。調查時記錄種類、大小及位置，此後每五年調查一次。這個完整而詳實的植被調查提供了許多詳細的森林資訊。也可作相關的研究，如土壤、氣候、孔隙分布、繁殖物候學、種子分布等。

森林生態學研究的發展趨勢

1. 全球變遷研究：全球氣候變化是當前國際生態學的研究重點，森林生態系統是陸地生態環境的重要組成，是全球碳循環重要的儲存庫，與全球氣候變化有著極其密切的關係。

2. 生物多樣性研究：森林生物多樣性是陸地生物多樣性的重要部分，是森林生態系統健康和持續發展的基礎。生物多樣性與生態系統功能關係研究、生物多樣性與氣候變化、生物多樣性的保護、生物入侵與生物安全和生物多樣性資訊管理等是當前生物多樣性研究的重點。

3. 永續發展的生態系統研究：包括以永續發展的生態學理論對生態系統的科學管理和對已受損害的生態系統的恢復重建兩個主要領域。恢復生態學理論構建，生態系統演化、退化機理研究，生態恢復技術和方法研究，生態恢復定量化和模型化研究，生態恢復與全球變化研究是未來恢復生態學的研究趨勢。

森林生態系經營

森林生態系經營強調生態、社會、經濟等因子在不同時間和空間尺度下的整合，以維持生命形態、生態過程和人類文化的多樣性。衡量經營成果的標準：(1)森林資源的擴展；(2)生物多樣性的保護；(3)森林的健康和活力；(4)森林的生產力；(5)森林保護功能；(6)符合經濟和社會的需求。

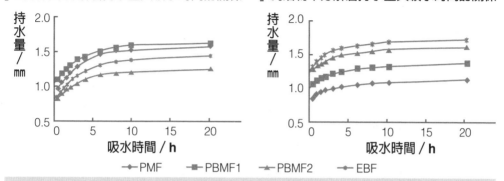

凋落物未分解層持水量與吸水時間的關係　**凋落物半分解層持水量與吸水時間的關係**

持水量 / mm

吸水時間 / h

→ PMF　■ PBMF1　▲ PBMF2　◆ EBF

4種森林類型林下凋落物在水中浸泡的前8小時，其凋落物的持水量變化很大，繼續浸泡其持水量基本不再發生變化。
PMF：馬尾松純林。PBMF1：針闊混交林1。PBMF2：針闊混交林2。EBF：常綠闊葉林。

永續森林經營原則

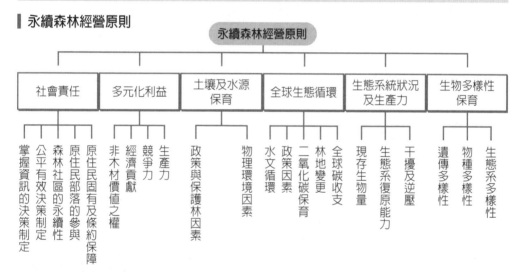

永續森林經營原則

社會責任：掌握資訊的決策制定、公平有效決策制定、森林社區的永續性、原住民部落的參與、原住民固有及條約保障

多元化利益：非木材價值之權、經濟貢獻、競爭力、生產力

土壤及水源保育：政策與保護林因素、物理環境因素

全球生態循環：水文循環、政策因素、二氧化碳保育、林地變更、全球碳收支

生態系統狀況及生產力：現存生物量、生態系復原能力、干擾及逆壓

生物多樣性保育：遺傳多樣性、物種多樣性、生態系多樣性

社區林業可能涵蓋之工作範圍

財貨提供	公益價值	服務提供	組織訓練
1.森林產物 2.樹幹、樹枝、樹苗等利用提供森林之圍籬使用 3.廢棄地之再造林 4.建立社區公園森林	1.營造社會價值 2.增進社區特色與榮譽認同 3.增進社區居民跨區域的文化 4.交流強化社區的社會行動力與組織 5.穩定社區發展 6.環境價值之營造 7.空氣雨水品質提升 8.環境景緻改善 9.野生動植物的棲息	1.提供社區教育的機會與管道 2.植樹與保育的技術 3.環保教育 4.提供基本知識教育 5.聯繫社區與區域發展的教育中心	1.提供社區領導人才培育的機會 2.建立社區組織 3.連結相關組織 4.群力行動之基礎

Unit 10-2 森林生態系統服務

　　森林生態系統服務一般是指人類直接或間接地從生態系統中得到的利益，主要包括：直接向人類提供服務（如潔淨空氣、水資源），向社會經濟系統輸入有用物質和能量，以及接受和轉化來自社會經濟系統的廢棄物，調節、支持人類生存和發展的環境。

　　與傳統經濟學意義上的服務概念（一種購買和消費同時進行的商品）不同的是，森林生態系統服務只是一小部分進入了市場被買賣，大多數的森林生態系統服務無法進入市場，生態系統服務是以服務流的形式長期存在，能夠帶來這些服務流的生態系統正是自然資本。

森林生態系服務效益評估

1. 林木生產價值：林木生產價值包含主產物與副產物的價值。
2. 森林碳吸存價值：碳源是大氣中碳的發生源，主要來自工業發展中化石燃料的燃燒，而以二氧化碳的形式排放於空氣中；碳匯是地球上可暫時或長期吸取大氣中二氧化碳，並以不同形式貯存在吸收體中的碳匯聚物。森林是陸域生態系統中最大的碳儲存庫，每年可吸存約合18.5億公噸的二氧化碳。
3. 水源涵養價值：森林高聳的樹幹與繁茂的樹枝、下層植物形成的灌木、草層、林地上豐富的枯枝落葉層及林下土壤，皆具備有截持和蓄積降水等水源涵養功能，故森林具有調節逕流、防洪及改善水質等價值。

4. 水土保持價值：價值量化的主要指標爲減少表土損失價值、減少土壤肥力損失價值及減少泥沙淤積損失價值。
5. 森林遊憩價值：以自然取向的遊憩資源，如森林、溼地、國家公園等，即使遊客並未實際前往該地區旅遊，也可能因該項自然資源之存在而獲得心理上之滿足，而顯現該自然資源無形的社會價值。
6. 生物多樣性價值：包含森林生態系可提供生物棲地，以及維持生物多樣性等服務。

國際森林生態系統服務價值

　　森林生態系統價值分類如下：(1)直接使用價值：如木材與燃料的提供、遺傳材料的萃取物、遊憩價值。(2)間接使用價值：如水域的保護及碳吸收功能價值。(3)選擇性價值：以願付價格評估將來可能成爲人類資源的價值。(4)非使用價值：以願付價格評估能滿足後代子孫的自然資源價值。

Costanza分類的生態系統服務及平均價值（部分）

1. 大氣調節：調節大氣中的化學組成。1,341美元／公頃／年。
2. 氣候調節：調節全球氣溫、降雨及其他氣候條件。684美元／公頃／年。
3. 干擾調節：當環境改變時，讓生態系統維持完整的承受力。1,779美元／公頃／年。
4. 水源調節：調節水文的流動。1,115美元／公頃／年。
5. 水源供給：水源的儲存與保持。1,692美元／公頃／年。

森林資源的總經濟效益

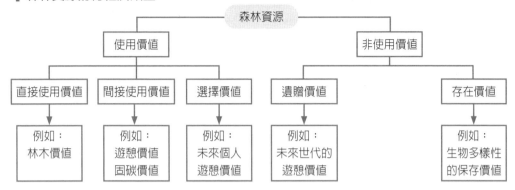

千年生態系統評估的生態系統服務功能分類

生態系統服務功能			
產品提供功能	調節功能	文化功能	支持功能
食物和纖維	空氣品質調節	文化多樣性	初級生產
木材	氣候調節	精神和宗教價值	產氧
燃料	水資源調節	知識系統	土壤形成
藥品	侵蝕控制	教育價值	氮循環
觀賞和環境用植物	水質淨化	靈感	水循環
遺傳基因庫	廢棄物處理	美學價值	棲地提供等
淡水	人類疾病控制	社會關係	
水能等	生物控制	感知	
	授粉	文化遺產價值	
	風暴控制等	休閒遊憩等	

森林水源涵養服務計量方法優缺點比較

計量方法	優點	缺點
土壤蓄水量	計算方法最簡單	只能得到較粗略估計的森林生態系調節水量
土壤孔隙率法	能估算森林土壤的蓄水能力，並了解土地對水的承載能力。以一地的土壤孔隙率即可估算	土壤孔隙率法僅能求得某單位時間內土壤儲水量，在一年之中，水在土壤孔隙中的進出次數目前沒有相關研究報告，因此無法求得一年之內的水源涵養流量
基流資料估計法	不逐一討論降雨蒸發量、土壤孔隙率、土壤含水層厚度及岩層走向等各因子造成的影響，而直接計算森林所調節的總水量，單純考慮森林對河川逕流量影響的結果	將洪峰的基流量也納入計算。若要求森林水源涵養量，則必須扣掉洪峰期間之基流量

Unit 10-3 森林演替

　　自然干擾，如地震、森林火災、火山爆發與颱風等，常造成森林地貌變異，森林植群的動態變化非常複雜，整體的變化過程稱為「演替」（succession）。干擾會改變族群、生態系組成與結構、資源的可利用性、基質與物理環境等。

　　林分定義為，許多林木生長在一固定面積的林地上，其樹種或林木組成等成均齊狀態，足以與森林中其餘鄰接區域分別出。自然情況下，林分的樹種組成，可能隨時間而有競爭、取代等演替現象產生，演替為植物由入侵、發育、族群增加、新種入侵、競爭、取代達極盛相為止，此一連串的演變過程，即稱為演替現象。

　　天然林長期不受人為干擾，且經過長時間演替，才能達到最適生態平衡，此結果若考量生長觀點，可視為是族群對生長空間作有效利用所造成。

　　裸化：演替開始，需要適合的裸露地，因此裸化為演替的第一步驟。地文變遷過程，如侵蝕、堆積、岩石風化、地震崩塌與冰河滑動，常會形成大面積裸露地，形成初級演替場地。

　　遷移：許多植物的果實、種子等，可移動以繁衍子代與擴展棲息地，當新裸露地形成，且散殖體遷入（immigration）到達，即為遷移。

　　建立：建立包含發芽、存活、成長與繁殖。當散殖體遷入適合的區域後，會開始發芽、生長、繁殖子代，並占據新形成的裸露地。

　　競爭：先驅植物因具有耐乾旱貧瘠土地、喜熱、好光、生長快速等生態特性，故又稱陽性種或不耐陰種（intolerant species），常率先到達裸露地，陰性物種（tolerant species）或極盛相物種（climax species）隨後也會遷移、定殖。然而，資源有限，陽性物種與陰性物種會相互爭奪陽光、水分與土壤養分等。

　　反應：由於植生組成改變，導致棲息地環境（微氣候）與土壤性質，甚至棲息動物或微生物改變。遷入植物會造成改變，也因為這些改變，又促成植生組成變化，導致演替的漫長過程。

　　安定相：競爭與反應為演替的兩個主要驅動力，隨時間變化，植物間發生一系列取代，直到較長時間的穩定情況，就可視為是極盛相，該時期的植生通常由耐陰性樹種組成，此類植物較陽性樹種高大，且壽命較長。

　　演替的種類可依發生原因、方向性、性質及基質水分含量等做區分為初級演替、次級演替、進化（progressive）演替、退化（regressive）演替、自力（autogenic）演替、外力（allogenic）演替、溼性演替、中性演替及乾性演替等。

　　在森林植被帶中由於分布區內樹種生存的基本生態氣候要素存在著梯度變化或差異，樹種的分布就會形成核心分布區和邊緣分布區，核心分布區內生態氣候條件最為適宜，樹種生產力最高，成為群落的優勢種，邊緣分布區生態氣候條件逐漸變為不適宜，樹種生產力也漸低，在群落中逐漸變為次要地位，直至消失。所以，在森林演替中要考慮空間分布的異質性。

某森林群落演替的過程

演替階段	第一階段	第二階段	第三階段	第四階段	第五階段	第六階段
林齡	0	＜25	25～50	50～75	75～150	150～∞
群落類型	針葉林	以針葉林樹種為主的針闊葉混交林	以陽性闊葉樹種為主的針闊葉混交林	以陽生植物為主的常綠闊葉林	以中生植物為主的常綠闊葉林	中生群落（頂級）
代表性群落	馬尾松群落	馬尾松－錐栗－荷木群落	錐栗－荷木－馬尾松群落	蓼蒴群落	黃果厚殼桂－錐栗－厚殼桂－荷木群落	黃果厚殼桂－厚殼桂群落

進展演替和逆行演替的區分

特徵	進展演替	逆行演替
群落結構	複雜化	簡化
地面利用	充分	不充分
群落生產率	增加	減少
環境發展趨勢	中生化	旱生化或溼生化
群落穩定性	增加	減低
樹種耐蔭性	較耐蔭	較喜光

森林演替示意圖

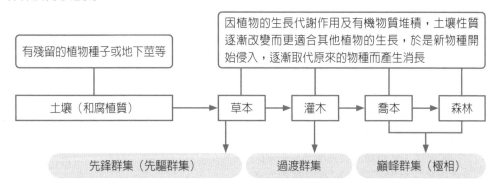

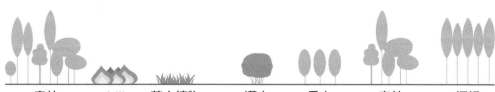

Unit 10-4 林業生態工程

林業生態工程（forestry ecological engineering）是根據生態學、生態經濟學、系統科學與生態工程原理，針對自然資源環境特徵和社會經濟發展現狀，所進行的以木本植物為主題，並將相應的植物、動物、微生物等生物族群人工搭配結合，形成的穩定而高效的人工複合生態系統的過程。

包括傳統的造林綠化、造林技術與新技術的篩選與應用，但不是簡單相加，它的目的不僅只考慮經濟效益，而是經濟、生態、社會三大效益並重的組合工程。

林業生態工程的基本原理

1. 系統論原理：人工生態系統的建造調控是生態工程的主要目的。包括森林生物和森林環境兩大部分，又可自成系統（子系統）。如森林生物要分成植物（林木與伴生植物）、動物（鳥獸、昆蟲）、微生物（真菌、細菌）。各個部分之間必須具有適當的量的比例關係和明顯的功能上的分工與協調，只有這樣才能使系統順利完成能量、物質、資訊、價值的轉換功能。
2. 環境因子的綜合性：自然界中眾多個環境因子都會對生物產生重大影響。多因子綜合評估對林業生態工程研究十分重要。
3. 食物鏈原理：食物鏈與食物網是生態學的重要原理，林業生態工程有完整的生產者、消費者和分解者。

人工防護林生態系統穩定性維持；乾旱地區林木水分生理，植被土壤水文生態過程；區域森林植被適宜度與生態用水的關係；抗性植物材料的選擇和繁育；區域性防護林恢復與重建的生態經濟評價等，是林業生態工程與區域生態環境綜合治理方面面臨的挑戰。

森林生態工程效益

(1)森林涵養水源效益：樹冠、樹幹、林下植被截留、枯落物持水、土壤儲水；(2)森林水土保持效益：固土、保肥、防止泥沙滯留和淤積；(3)森林抑制風沙效益：抑制風沙活動，控制沙漠化進程；(4)森林改善微氣候效益：對風速、溫溼度有調節作用；(5)森林固碳效益：森林植物吸收二氧化碳將其固定在植被或土壤中；(6)森林淨化大氣效益：包括釋放氧氣、滯塵、吸收有毒物質；(7)森林減輕水旱災效益：主要是水土保持的效益；(8)森林消除噪音效益：森林枝葉對噪音有隔離作用、將噪音散射到各個方向；(9)森林遊憩資源效益；(10)森林野生生物保護效益。

林業生態工程綜合效益評估

主要包括生態效益、經濟效益和社會效益。針對已實施或完成的林業生態工程的綜合效益進行系統分析評估，以確定工程的效益、效益發揮的程度，以及後續發揮潛力的大小。林業生態環境效益評估，可幫助人們加深對森林的認識。

▎生態工程應用領域示意圖

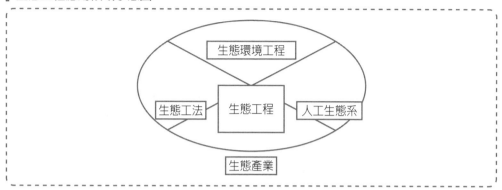

▎林業生態工程分類

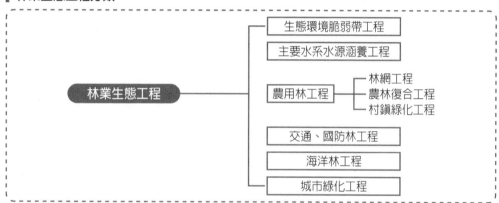

▎森林生態系統的生物成分

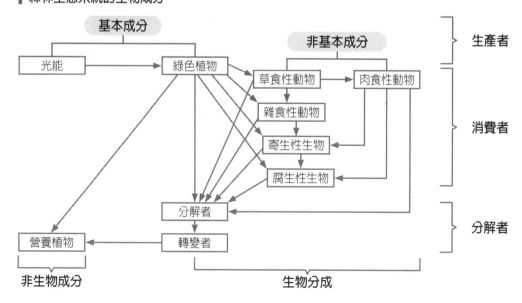

PART 11

海岸與溼地生態學

Unit 11-1 海岸生態學

海岸帶是海陸相互作用強烈的複雜地帶，是人地關係研究的重點地帶和全球環境變化研究的關鍵地區。這個地區的生態極易受環境影響。

海岸的海洋生物在某些特定的棲地經過長期的演化形成了固有性，只能適應這些特有的棲地生活，如潮間帶、紅樹林、潟湖等水淺近岸的地方。海岸的開發利用，包括海港建設、新生地填築、海堤護岸的興建等，侵占或破壞了各種生物的棲地。

「海洋沿岸域」的範圍是從海水與陸地交界的水際線算起，到水深20或30公尺水底植物可以行光合作用的海域為止。在此區域有很多海洋物理性、化學性和生物性的變化，且彼此互相作用，形成一個很複雜且獨特的生態體系。

沿岸海水中或底質若有適當的陽光、營養鹽，則可生成藻類、海草、浮游生物或底棲生物等。接著魚蝦等屬食物鏈中上位的生物便以這些生物為食而存活，而藻類、魚蝦等屍骸有機物又會轉變成水中的營養鹽。由陸地排放入海的有機物，也是營養鹽的重要來源，適當的營養鹽滋養了生物繁衍。

沿岸區域依水與陸地的交接狀況可分為三個部分，浪花可及的內陸區域稱為「潮上帶」；高潮線與低潮線之間的區域稱為「潮間帶」；低潮線以下的區域稱為「潮下帶」。潮下帶是好光性植物和植物性浮游生物增殖的場所，也是魚群等水產資源豐富的地方。

海灘

安定的海灘有較豐富生態性，但適當水流和漂沙對生物多樣性也有幫助。

海岸溼地

位於河口、潮間帶或潟湖地區，是海水所及而形成水生植物生長的區域，其中蘊含了豐富的生態資源，包括水生動植物、水鳥等。

普通淺海海底底棲生物現存量約每平方公尺10～100公克，潮間帶溼地是其10倍以上。此外，魚蝦及底棲動物的幼體、卵等會隨潮水外流成為海洋中浮游生物，使附近成為一個良好的漁場。

潟湖

提供了海洋生物生息的場所，對周遭海域的生態繁榮有很大的影響。海水透過沙洲或礁石進入潟湖時會被淨化，且潟湖內較不受波流的作用，因此適合魚貝類的生育繁殖。

礁石海岸

是海洋生態最豐富的地區。礁石海岸對於波浪作用的抵抗能力較強，即使有侵蝕作用，速率也很慢，因此可形成較安定的海岸，動植物有較充分的成長時間和空間。礁石是固定的基質，表面粗糙而多孔隙，易於使動植物著生在上面。

各種海岸防護工程主要目的為抵抗海浪侵蝕，保障人民生命財產及從事各種休閒活動之安全。各種不同防護工法有不同的功能和特性，所以在工法選擇上，要考量防災功能並融合周邊環境及創造適宜生態棲息的環境。善用海岸結構物的海洋效果並於興建構造物時避免破壞各種生物的棲地及遷移路徑，降低對生態環境之影響。

▋海岸保護工法控制因子及優缺點比較

工法	優點	缺點
海堤	施工容易、成本較低	堤前反射，容易加速沙灘流失，造成海灘侵蝕 親水性較差，若採緩坡海堤提高親水性，則需寬廣的腹地
突堤	結構簡單，施工容易	易引起堤頭沖刷及造成下游海灘侵蝕加劇
離岸堤	離岸堤後形成砂舌或繫陸沙洲，具養灘效果	堤趾易沖刷，維護不易，並導致下游側發生侵蝕，景觀性差
離岸潛堤	具抑制漂砂往外海移動之功能，不影響景觀	對沿岸輸沙傳輸之掌控力較弱，潮差大時不適用需考慮航行安全
人工養灘	形成自然海灘，具親水性	研究區附近無沙源，人工補沙後需維持沙灘寬度，避免持續性補沙

▋海岸斷面圖

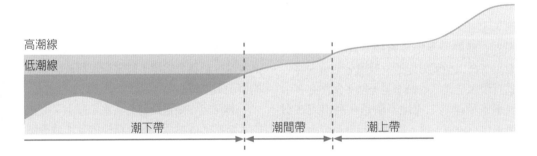

▋突堤平面配置示意圖

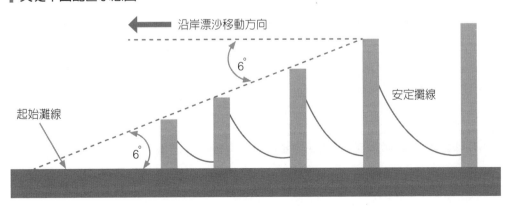

Unit 11-2 溼地生態學

溼地（wetland）是水域與陸地之間過渡性的生態系統，它兼有水域和陸地生態系統的特點，具有獨特的結構和功能，溼地共同的特徵是有水生生物生長，具有豐富的生物多樣性，是生產量很高的生態系統。溼地生態包含了各種不同的棲地類型：如河流、湖泊、沼澤，甚至是人造溼地如魚塭、水田、鹽田、水庫和運河溝渠等。

溼地生態系統是指地表過溼或常年積水，生長著溼地植物的地區。溼地是開放水域與陸地之間過渡性的生態系統，它兼有水域和陸地生態系統的特點，具有其獨特的結構和功能。

溼地可能出現在高山溪流、湖泊、埤塘、水田、鹽田、河口沼澤，或沿岸沙洲、潟湖、潮間帶灘地或鹽澤。就海拔高度來看，有高山型或海岸型；就鹽分含量而言，就有淡水型溼地或鹹水型溼地，當然亦有半淡鹹水型溼地。溼地不論是在高山或在海濱，也不論鹹、淡，能量來自能行光合作用的水生植物、細菌，或者來自沉積的有機質碎屑。

1971年在伊朗拉姆薩召開會議，23國簽署成立了一項國際公約，旨在保護水鳥棲息的溼地環境，簡稱《拉姆薩公約》（Ramsar Convention）。我國《環境基本法》第18條規定：「各級政府應積極保育野生生物，確保生物多樣性；保護森林、潟湖、溼地環境，維護多樣化自然環境」。溼地保育與生物多樣性有密不可分的關係。此外，在2013年制定了《溼地保育法》，目的為維護生物多樣性，促進溼地生態保育及明智利用。

河口、紅樹林與海埔地：河口與近岸海域，是世界上最豐饒的自然棲息地。在亞熱帶或熱帶，紅樹林則主宰了海岸棲息地和多數河口的特徵。

洪水平原與三角洲：有一些洪水平原，擁有豐富的生產力，不但是地方經濟的命脈，同時也促成了水鳥與野生動物的高度群聚。

淡水草澤：提供許多鄉村社區必要的放牧與農作的土地，成為全球普遍而重要的溼地類型。

湖泊：各種類型的湖泊，是由不同的過程所產生的。

泥煤地：一般而言，泥煤地在低溫度、高酸度、低養分供應、經常泡水和缺乏氧氣的情況下形成的。

林澤：在湖邊及部分洪水平原上，靜止的水域常形成林澤，但其特性依各地地理區位和環境而有所不同。

溼地不僅為許多動植物的重要棲息地，且具有防洪護岸、補充地下水、淨化水質、調節氣候、教育觀光等重要功能與價值，對人類有重大貢獻，溼地一向被視為是「地球之腎」，是陸地的天然蓄水庫，在保護自然生態上扮演舉足輕重的角色。溼地的生態多樣性僅次於熱帶雨林，是最有生產力的環境之一。

不同環境的溼地類型（根據溼地聯盟的分類）

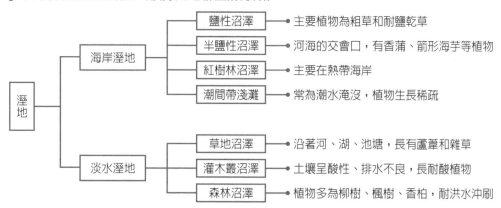

溼地
- 海岸溼地
  - 鹽性沼澤 ● 主要植物為粗草和耐鹽乾草
  - 半鹽性沼澤 ● 河海的交會口，有香蒲、箭形海芋等植物
  - 紅樹林沼澤 ● 主要在熱帶海岸
  - 潮間帶淺灘 ● 常為潮水淹沒，植物生長稀疏
- 淡水溼地
  - 草地沼澤 ● 沿著河、湖、池塘，長有蘆葦和雜草
  - 灌木叢沼澤 ● 土壤呈酸性、排水不良，長耐酸植物
  - 森林沼澤 ● 植物多為柳樹、楓樹、香柏，耐洪水沖刷

典型溼地生態具備的構成要素

要素	說明
基礎底層	位於植物根區活動的範圍之下，通常為飽和含水或低透水性、性質不易改變的有機、無機或礫石層
還原性含水溼土	非經常性地維持飽和含水的無機礦物或有機土層，在此範圍中可能包含有植物的根、地下莖、塊莖或球根、孔道、洞穴，及存於其中相連至表層的部分
沉積碎屑	在溼地中活的或非生命有機物的累積，包括挺水植物的枯枝、死的藻類、活的或死亡的動物（通常為無脊椎動物）與微生物（真菌、細菌）
季節性的淹澇區	季節性地受止水淹沒，同時供作水生生物如魚以及其他脊椎動物、流水性及浮水性植物、藻類與微生物等的棲地
挺水植物	保有出水形態的維管束生根植物，包括草本及木本

溼地多元功能

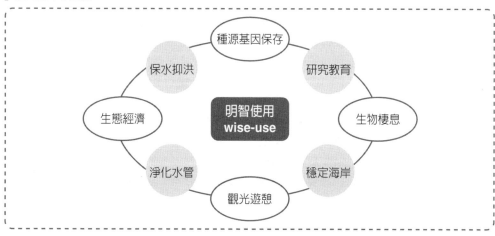

- 種源基因保存
- 研究教育
- 保水抑洪
- 生態經濟
- 明智使用 wise-use
- 生物棲息
- 淨化水管
- 穩定海岸
- 觀光遊憩

Unit 11-3 紅樹林

紅樹林是具有重要生態功能的海岸植物，是生長在具有良好風浪遮罩環境中的熱帶、亞熱帶海岸潮間帶的特殊植被。紅樹林具有重要的生態功能與環境保護功能，而海岸地區土地利用形態的轉變與紅樹林的生態變遷有著緊密的關聯。

紅樹林主要分布於海岸、泥灘地及河口地區，主要由紅樹科的植物和其他伴生物種所組成，其中紅樹科的植物具有顯著的胎生苗特性，如水筆仔、紅海欖。世界各地紅樹林依植物地理分布可區分為東方紅樹林（分布於東半球）及西方紅樹林（分布於西半球）兩種群落。

廣義的紅樹林是指生長於熱帶海岸潮間帶，泥濘及鬆軟土地上所有植物的總稱，狹義的紅樹林則限於生長在熱帶海岸最高潮線以下及平均高潮線以上之間的常綠喬木與灌木。

臺灣與鄰近島嶼的紅樹林群落與植物組成均屬東方紅樹林類群。臺灣本島北部紅樹林以水筆仔為主，南部則以海茄苳為主。

紅樹林生長於河海交會處的泥質灘地上，此區域匯集著河川上游及海洋所帶來的各種無機鹽和有機物，可提供魚、蝦、貝類等豐富的食物來源。

生育地為紅樹林重要的生存環境，然而近年來，許多生育地有退化的現象，退化的原因主要為人類活動，其中開墾改用於農業及養殖業發展占了最大部分。砍伐紅樹林當作薪碳材或建築支柱、垃圾漂流、汙水排放、道路、航道及堤防開闢、油汙及其他汙染物、船行及遊憩等，亦為主要的人為活動影響因子。

氣候變遷對紅樹林的影響，包括海平面高度、暴風雨、降雨、溫度、大氣二氧化碳濃度、海流等改變，其中對紅樹林的最大威脅可能是大氣組成的改變、地表的改變，以及相對地海平面上升。然而，到目前為止，與人為活動（如養殖）比較起來，氣候變遷對紅樹林的衝擊仍屬於較小的威脅。

紅樹林分布的變遷反映出對海岸地形作用調適的結果，海平面的變動會影響地形，海平面上升會造成海岸侵蝕，下降時則有利於海岸堆積，這些都會影響紅樹林分布的變遷。

全球紅樹林的分布面積，在1980～2005年之間，由188,000平方公里減少至152,000平方公里，總共減少了36,000平方公里，這等於整個臺灣的面積。

國際上對於紅樹林生態系進行復育的目的，主要有三：

1. 保育自然生態系和地景：主要在維持生態系和其作用過程，最常採用的方法是劃設保護區。

2. 維持自然資源的永續生產：主要復育目標在恢復土地的生產力，而不是恢復其原始的生態系，且常是多目標地增加資源生產和以永續利用為目標。

3. 保護海岸地區：主要是針對遭受自然事件而破壞的原有紅樹林，進行人工種植復育。

紅樹林分布和海岸變遷關係示意圖

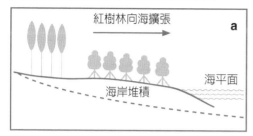
a　紅樹林向海擴張
海平面
海岸堆積

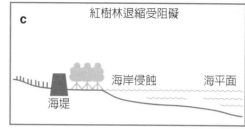
c　紅樹林退縮受阻礙
海平面
海岸侵蝕
海堤

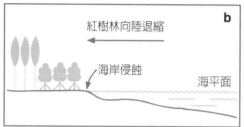
b　紅樹林向陸退縮
海平面
海岸侵蝕

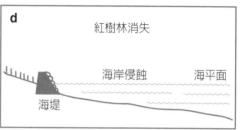
d　紅樹林消失
海堤
海岸侵蝕　海平面

ⓐ 海岸堆積時，紅樹林往海域擴展　　ⓒ 海岸侵蝕而陸地有堤防阻礙造成紅樹林分布區的逐漸縮小

ⓑ 海岸侵蝕時，紅樹林往陸域退縮　　ⓓ 紅樹林終於消失不見

全球紅樹林分布圖（粗線部分）

墨西哥 5%
巴西 7%
奈及利亞 7%
印尼 19%
澳洲 10%

臺灣受到法律明定保護的五個紅樹林保護區

名稱	紅樹林種類	性質	地點	時間	法源	保護對象	管理單位
關渡自然保留區	水筆仔	自然保留區	臺北市	民國75年	文化資產保存法	水鳥及其棲息環境	臺北市政府建設局
淡水河紅樹林自然保留區	水筆仔	自然保留區	新北市	民國75年	文化資產保存法	水筆仔純林及其伴生之動物	羅東林區管理處
挖子尾自然保留區	水筆仔	自然保留區	新北市	民國83年	文化資產保育法	水筆仔純林及其伴生之動物	新北市政府
新竹市濱海野生動物保護區	水筆仔	野生動物保護區	新竹市	民國90年	野生動物保育法	保護河口、海岸生態系及其棲息的鳥類等野生動物	新竹市政府
四草野生動物保護區	欖李	野生動物保護區	臺南市	民國83年	野生動物保育法	保護珍貴溼地及棲息於內的鳥類	臺南市政府

Unit 11-4 潮間帶

潮間帶為潮水漲、退潮之間的區域，該區域屬於海岸溼地。由於潮間帶受到每天漲退潮的影響，週期性地呈現出乾溼互換性地交替。在此交替的過程中，浪的衝擊作用以及溫度、鹽度的急遽變化，深深影響海洋生物的生存環境，因此孕育該區域生物特有的生存適應能力。

潮間帶占全球海洋的面積甚少，但其生物種類甚多，與人類的關係最密切，此區域的環境因子變化也最劇烈，可能相差數公分就會造成迥異的生存條件。

人類對於潮間帶藻類不同程度的踐踏，其覆蓋的程度也不同，尤其以高強度的踐踏影響最為嚴重，因為會影響生物多樣性。海岸民眾利用潮間帶生物的情形發現，海膽與腹足類的生物常常被用來當成食物或魚餌，而人類的利用則直接影響生物族群與生物個體的數量。

潮間帶因相對容易到達，是生態敏感的地區，採集與遊憩皆會使潮間帶的生態受到影響。

潮間帶受潮汐及地形坡度的影響，可分為頂潮緣、上潮帶、中潮帶、下潮帶等垂直分區。潮間帶因曝露時間長短的不同，會形成不同的物理與化學環境條件梯度，此梯度與生物多樣性及物種分布具有相關性。

就潮間帶生物群落的環境條件，上潮位帶曝露空氣時間長，含水量低，有陸化趨勢，資源分配不均，影響群落功能多樣性。下潮帶淹水時間最長，受潮汐干擾相較於上、中潮位頻繁，沉積物與鹽度較高，底質顆粒粗大，雜食者與植食者分布較少。中潮位曝露空氣與淹水時間充裕，營養物質交換充足，故食物營養源豐富，生存條件較穩定，有高多樣性群聚功能。

潮間帶環境特徵

1. 鹽度和溫度：海水鹽度和溫度對潮間帶的生物影響最大，鹽度和溫度的變化，造成海水對生物滲透壓、光合作用速率影響。

2. 底質：不同底質之間的潮間帶生物組成和數量不同，甚至同一類型的底質，如在沿岸與外海域、河口內外之間亦可能有顯著不同。沉積物底質粒度分布和構造在高、中、低潮界線處是漸變的，會受潮汐週期和氣候變化等的影響，且存在季節性與年週期性變化。

3. 潮汐、波浪與水流：潮汐造成潮間帶週期性淹沒露出，導致潮水攜帶的泥沙在潮間帶上發生輸移、沉降、再懸浮，不僅控制潮間帶地貌發展，也影響潮間帶營養鹽、汙染物等物質的分布與循環。所以，潮間帶週期性淹沒，是潮間帶物質循環之重要因素。波浪受風力、風向的影響是隨機性，在風速＜5m／s時，潮流成為潮灘最主要的動力因子，控制泥沙等物質的動力輸移。

4. 擾動：受不同干擾類型之後如群聚動態恢復過程。不同類型軟底質區，潮間帶生態系統的群聚演替。除自然干擾之外，也受到人類活動影響，在這些干擾之下，會產生時空結構的劇烈變化。如海岸工程建設包括護岸與魚塭圍墾，將生存阻斷，形成環境破碎、族群遭傳片斷化等不利的邊緣效應。

人類的踩踏對於潮間帶直接或間接影響關係圖

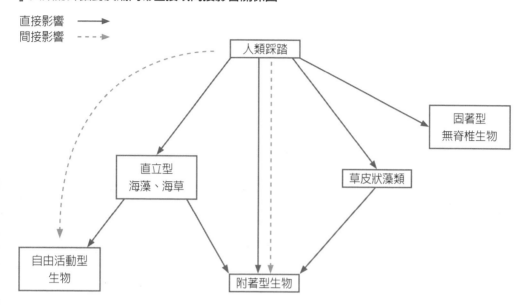

直接影響 ——→
間接影響 - - →

潮間帶生態系

底棲生物、半內棲生物、內棲生物

海洋生物可依據其生活在潮間帶的深淺位置來分類

● **底棲生物**

以爬行方式移動，在潮間帶底部生活的生物。攫取潮間帶的有機物質或死掉的生物維生。例如：泥螺、粗紋織紋螺、鐘螺等

● **半內棲生物**

在潮間帶挖洞居住，並會外出移動覓食的生物。例如：日北大眼蟹、短身大眼蟹、沙蠶、蝦、彈塗魚等

● **內棲生物**

不外出，在潮間帶挖深洞居住的生物。大部分的蛤蜊都屬此類

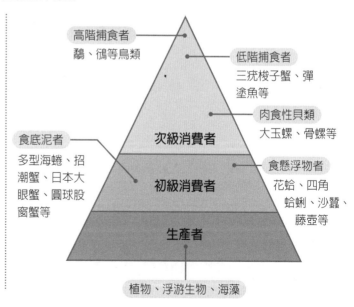

PART 12

景觀生態學

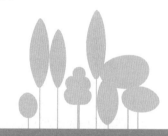

Unit 12-1 景觀生態學概述

景觀的定義包括三個面向

1. 區域空間的視覺、美學、文化與自明性意涵：其特質為自然與／或人類因素之間行為與互動的結果。
2. 地理與環境上的意涵：表達地球上不同地理區所形成的氣候、土壤、地貌與生物各種成分的綜合體，以及其所形成的棲地與生態系統。
3. 景觀生態意涵：探討數公里以上嵌塊體，包含當地生態系統與土地利用的循環，由嵌塊體、廊道與基質所組成，並形成土地嵌塊體。

　　景觀生態學（landscape ecology）為對景觀在某一地段上的生物群與環境間，進行主要的綜合的因果關係的研究。這些相互關係，可以從其分布組合（景觀鑲嵌、景觀組合）和各種大小不同等級的自然區域表現出來；而構成這些組合的景觀要素，相當於一個生態系統的組成因子（動物、植物、地貌、土壤、氣候）。

　　景觀生態學主要是以生態系統中空間的結構為研究重點，探討空間的結構、功能、變化與生態過程之間的相互影響機制，特別是人類與景觀的相互作用與平衡的問題。景觀生態學就是一個自然環境的綜合研究。以研究結構、功能、變化三個景觀特徵為研究重點。

景觀生態學的研究內容

1. 景觀結構，即景觀組成單元的類型，多樣性及其空間關係。
2. 景觀功能，即景觀結構與生態學過程的相互作用，或景觀結構單元之間的相互作用。
3. 景觀動態，即指景觀在結構和功能方面隨時間推移發生的變化。

景觀生態指標

　　生態系統是非常複雜的組成，且不是所有的生態系統組成及作用，都可直接測量與評估。景觀生態學為強調空間的異質性、生態學過程和尺度之間的相互關係，因此，在研究空間的異質性時就可以使用空間格局的分析方法，而空間格局的分析方法是利用景觀結構中組成單元的特徵和空間之中配置的相互關係來分析的一種方法。景觀生態指標能夠將景觀空間結構中各單元之組成、分布等，運用量化的統計方式呈現出其景觀格局狀態。

物種與景觀生態結構

　　景觀生態學的研究重點為探討空間對生物歧異度之決定性因素，與棲地結構如何影響族群的豐度和分布。景觀生態研究包括自然生態系統運作過程的時空、尺度變化、系統等級組織、土地分類、干擾過程、異質性、景觀破碎化、生態交錯帶之特徵及作用。

　　景觀結構和景觀多樣性在決定棲地方面扮演重要的角色，更進一步會影響物種的數量。因為景觀破碎性，會造成邊緣效應增加，使更多的棲地受影響，而降低棲地品質。族群的生存必須靠景觀的連結，此種連結的因素是景觀生態元素功能上提供物種在之間移動的交互連接，不僅與環境特徵有關，也和物種的行為有關。

▌景觀生態和規劃間主要概念關係圖

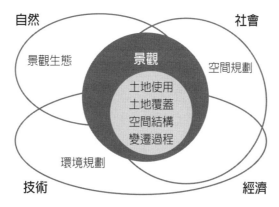

▌景觀生態理論、指標和規劃關係概念圖

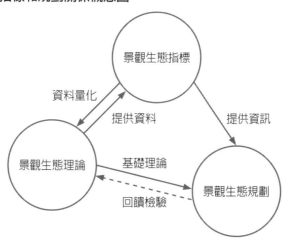

▌土地利用特性與景觀生態指標分析表

土地利用特性	景觀生態指標
破碎度	同時觀察嵌塊體數量（NP）與平均面體（MPS）指標，可分析景觀格局之破碎化現象，當嵌塊體數量增加且平均面積變小時，及呈現破碎化現象；相反時，則呈現嵌塊體聚集的現象
規則度	總邊長（TE）與平均形狀指數（MSI）則是觀察土地利用的歸整度，當總邊長指數與平均形狀指數皆提升時，顯示出嵌塊體或景觀變得相當不規則
連接度	平均最鄰近距離（MNN）則是應用於量測同一種嵌塊體（土地利用）的連接度，當指標值低時表示與相同嵌塊體的距離近，連接度較高
聚集度	同時觀察嵌塊體數量、平均面積指數、平均最鄰近距離可分析景觀格局中嵌塊體分布的聚集或零散化現象
鑲嵌度	散置和並排指數（IJI）則是用於觀察嵌塊體本身與其不同類型嵌塊間的鑲嵌度，當指數值愈高時，表示與其他嵌塊體之鑲嵌度高

Unit 12-2 景觀結構

嵌塊體

嵌塊體（patch）又稱區塊、鑲嵌體，為景觀或環境中最小的均質土地利用單元，定義為在外觀上不同於周圍環境的非線性地表區域。嵌塊體通常是指動植物群落或物種的組合體，其大小是影響單位面積生物量、生產量、養分貯存，以及物種組成的主要變量。

嵌塊體也有可能是無生命的小均質體，如岩石、土壤、舖砌路或建築物等。在人為環境裡，嵌塊體的形成大多由人為干擾或引進所造成的，而都市中的嵌塊體可分為許多類型，其中較具有生態價值的多以公園綠地為主。

廊道

廊道（corridor）是景觀生態學的一個重要概念，指具有線性或帶狀的景觀生態系統空間類型和基本的空間元素，簡單來說，廊道是不同於兩基質間之狹長地帶；廊道的一個重要特點是同質連續或間斷同質區域一連續的帶狀空間，具有阻隔及傳導的特性，其主要取決於廊道在景觀中的功能及意義。

廊道景觀在都市環境中相當普遍，其最明顯的用途是運輸，如鐵路、公路、運河等；另外，在都市中特有的廊道景觀為開放空間中的藍帶及綠帶，藍帶包括市區內的河流，水道；綠帶為都市中連續或斷續的公園綠地、園道等。而寬度效應對廊道功能具有很重要的控制作用。

廊道具有棲地（提供動物、植物及人類居住，因此，理想的廊道環境應包含多樣性的棲地類型）、通道（提供水、動物、植物及人類作為移動的通道）、阻隔（尺度應適宜，過大或過小時，將使得某些生物不再適存）、過濾（指動物、植物及人類在穿越廊道時，因為阻隔作用，其移動受到局部限制）、源（提供鄰近地區的物種來源及水源）、匯（引誘動物進入較狹窄的區域，提供隱蔽的場所）等六項基本功能。

基質與網路

基質（matrix）又稱背景、本體、基底，是景觀元素中的主要結構類型，其特性包括具有相對面積所占比例最大、景觀結構中連結度最高，以及在景觀動態的控制程度較其他現存的景觀要素類型大者，這也是用以判定基質模糊邊界的標準。

網路（network）是由一系列的基質、廊道、嵌塊體相互作用連結而成的，為控制能量、物質流動的路徑，在都市中較明顯的即是道路交通系統。網路在景觀作用反映在現有交點類型、廊道的網狀格局與包含之景觀要素的網眼大小等，在都市中網路結構主要取決於人類活動的影響。

生態交會區

生態交會區（ecotone）主要之意義在於其為兩個或多個生態系或者是不同土地形式的交會地帶，此地帶具有相當特殊的環境特性。對生態環境而言，生態交會區在邊緣效應的作用下，形成具有高生產力且多樣性的生態區，其更積極的作用則在於使不同生態體系得以共存，降低潛在的衝突。

廊道類型

項目	說明
線狀廊道	指全部由邊緣物種占優勢的狹長條帶，沒有完全局限於線狀廊道的物種，相鄰基質條件對線狀廊道之理境和物種影響較大
帶狀廊道	含豐富內部物種且較線狀廊道寬的條帶，如高速公路、寬林帶
河流廊道	指沿河流分布不同於周圍基質的植被帶，包括河道邊緣、河墁灘及部分高地，主要的功能特徵為水流、礦質養分流和物種流

都市中的地景

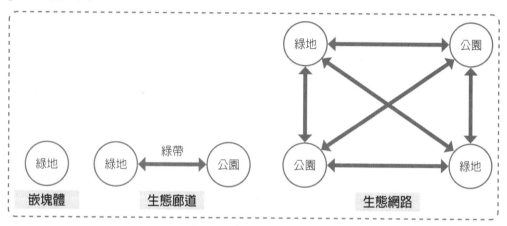

生態廊道建立評估

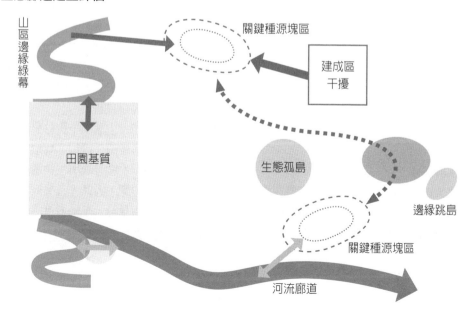

Unit 12-3 景觀生態學理論

島嶼生物地理學理論

生態學中，廣義島嶼的定義是指「象徵性的島嶼」，如孤立分布的山峰、沙漠中的綠洲、陸地中的水體、開闊地包圍的林地、都市中的公園，甚至小至樹葉，大至自然保護區等，都是具有象徵意義的「假島」。

島嶼物種的豐度取決於兩個過程：物種遷入與絕滅。因為任何島嶼的生境空間有限，已定居的種數愈多，新遷入的物種能夠定居的成功率將減小，而已定居物種的絕滅機率則增大。

就某一島嶼而言，遷入率和絕滅率將隨島嶼中物種豐度的增加而分別呈現下降和上升趨勢。當遷入率等於絕滅率時，島嶼物種豐度達到動態平衡，即雖然組成在不斷更新，但其豐度數值保持相對不變。

島嶼的大小和距離大陸之遠近，關係著物種的遷入率和絕滅率。就不同島嶼而言，種遷入率隨其與大陸庫源（種遷入源）的距離而下降。這種由於不同種在傳播能力方面的差異和島嶼隔離程度相互作用所引起的現象稱為「距離效應」（distance effect）。此外，島嶼面積愈小，種群則愈小，由隨機因素引起的物種絕滅率將會增加，稱為「面積效應」。

複合族群理論

絕大多數族群生存在充滿嵌塊體性或破碎化的景觀中。複合族群是由空間上彼此隔離，而在功能上又相互聯繫的兩個以上的亞種群（subpopulation）組成的種群嵌塊體系統。亞種群之間的功能聯繫主要是指棲地嵌塊體間的繁殖體（如種子、孢子）或生物個體的交流。

滲透理論

植物與動物族群除了需要足夠數量的棲地外，它們的生長與繁殖往往還需要景觀中棲地嵌塊體之間有一定的連續性。生態學過程都在不同程度上受到嵌塊體之間的距離和排列格局的影響。景觀連接度（landscape connectivity）就是指景觀空間結構單元之間的連續程度，而景觀連接度依賴於觀察尺度和所研究對象的特徵尺度。

景觀連接度對生態學過程往往表現出臨界閾的特徵。當媒介密度達到某一臨界密度時，滲透物突然能從媒介材料的一端到另一端的情形。當兩個或多個生境相臨時，它們一起形成更大的棲地嵌塊體，生物個體可以穿過這些彼此相連的棲地嵌塊體來活動。連通嵌塊體是指當某種物質（或生物體）能夠從柵格的一端滲透（或運動）到另一端時，由所有灰色柵格細胞組成的細胞集合體。連通的概率與鄰域規則有關。

滲透理論給予了生態學上對於景觀連接度方面的一項參考數值，可以了解棲地損失與棲地孤立，對於生態景觀與生物遷徙方面具有一定程度的影響，因此，當植被栽種與生態廊道設置的考量時，應參考滲透理論提出的意義，做出適當的設計。

複合族群的類型

類型	說明
經典型複合族群	由許多大小或生態特徵相似的棲地嵌塊體組成。其特徵為每個亞種具有同樣的絕滅概率，整個系統的穩定來自嵌塊體間生物個體與繁殖體的交流，並且隨棲地嵌塊體的數量變大而增加
大陸島嶼型複合族群	由少數很大的和許多很小的棲地嵌塊體所組成。其特徵為大嵌塊體具有「大陸庫」的作用，基本上不經歷局部絕滅現象。雖然小嵌塊體中族群絕滅頻繁，但來自大嵌塊體的個體或繁殖體不斷再定居，使其得以持續
嵌塊體性複合族群	由許多相互之間有頻繁個體或繁殖體交流的棲地嵌塊體組成的種群系統。其特徵為嵌塊體間的交流頻繁，在功能上形成一體，較少發生局部族群絕滅現象
非平衡態複合族群	在生境的空間結構上可能和經典或嵌塊體性複合族群相似，但由於再定居過程不明顯，從而使系統處於不穩定狀態
混合型複合族群	在不同空間範圍內由不同結構特徵的棲地嵌塊體所組成的複合族群

島嶼生物地理學圖示

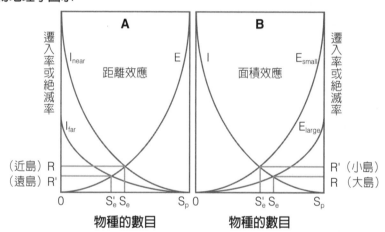

複合族群的類型

Ⓐ 經典型或Levins複合族群
Ⓑ 大陸─島嶼型複合族群
Ⓒ 綴塊性族群
Ⓓ 非平衡態下降複合族群
Ⓔ 混合型族群

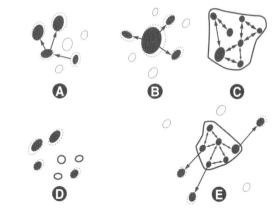

Unit 12-4 格局、過程和尺度

格局

格局係指空間格局，爲景觀組成單元的類型、數目及空間分布與配置。景觀格局是構成景觀的生態系統或土地利用／覆被類型的形狀、比例和空間配置。景觀格局的靜態和動態研究，通常借助各種格局指數的設計和分析。

景觀的組成單元稱爲「景觀結構」，相當於一個具體的生態系統。景觀結構分爲嵌塊體、廊道、基質，而景觀結構的排列組合即成爲基本的景觀空間格局。嵌塊體是景觀空間比例尺上所能見到的最小均質單元；而廊道是具有通道或屏障功能的、線狀或帶狀嵌塊體；基質是相對面積高於景觀中其他任何嵌塊體類型的要素，它是景觀中最具連續性的部分，往往形成景觀的背景。

過程

生態過程是景觀中生態系統內部和不同生態系統之間物質、能量、資訊的流動和遷移轉化過程的總稱。生態過程的具體表現有很多種，包括植物的生理生態、群落演替、動物種群和群落動態，以及土壤品質演變和干擾等在特定景觀中構成的物理、化學和生物過程及人類活動對這些過程的影響。

尺度

尺度在景觀生態學上，是一種研究對象所占用的時間和空間的維度，研究對象可以產生變化過程，且這種過程可以被觀測，並可進一步縮小成爲一個最小研究單元。

尺度概念之所以在景觀生態學受到重視，是因爲在景觀生態學的研究中，生物的相互作用是一種多維度、多系統的。尤其是在大環境問題，受制於現實狀態，只能使用小範圍的取樣，且很多數據需要現場得到。基於這種情況，尺度往往需要一個針對研究中的不同問題使用不同的尺度，但又要將其轉換爲同一尺度得出結論。在實際研究中，隨著尺度的不同，其結果也會存在差別。

以不同尺度研究相似研究對象的景觀格局，其所得到系統內部的各個子系統在時空上的分布，存在巨大的差異。在研究過程中，不同尺度上，都市景觀的格局指數會發生明顯或不明顯變化，因此，最小尺度單元對於格局的分析十分重要。

景觀生態學的研究重點爲：空間異質性和格局的形成、動態及其與生態過程的相互作用、格局－過程－尺度之間的相互關係、景觀的等級結構和功能特徵及尺度推繹問題、人類活動與景觀及結構功能的相互關係、景觀多樣性（或異質性）的維持與管理等。

景觀格局可用來研究景觀結構的組織特徵及景觀元素在空間排列組合的分析方式，透過地理資訊系統、遙感探測、野外考察等方式進行圖像蒐集，將景觀數字化，運用適當的景觀指數進行分析研究。

▍景觀格局分析圖

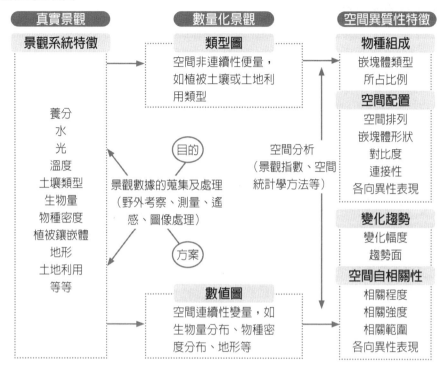

▍城市綠地體系示意圖

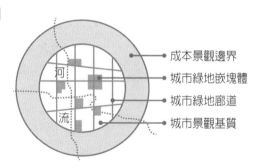

▍城市綠地景觀格局示意圖

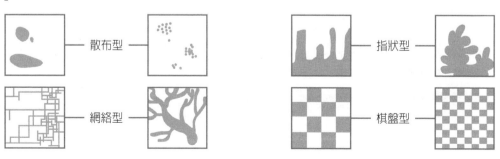

Unit 12-5 都市廊道

都市廊道屬都市開放空間的一環，依景觀生態學原理中的定義，廊道係指異於周邊環境之線型景觀元素，將其對應於都市環境之中，則包括人為環境與自然環境中的線形空間。開放空間可分為六類：(1)建築物附屬開放空間；(2)鄰里公園開放空間；(3)街道廣場開放空間；(4)都市公園開放空間；(5)都市線形開放空間；(6)市區山坡地開放空間。其中街道廣場開放空間與都市線形開放空間兩類可視為是都市中的廊道空間。

街道廣場開放空間係指都市市區中最大的開放空間，提供都市的連接與移動的功能；都市線形開放空間係指市區的河川、河岸線型開放空間。依照都市開放空間系統分類，將都市開放空間分為公園、廣場、河岸、街道及特殊機能空間，其中的河岸及街道屬線型空間，可視為都市中的廊道空間。

都市廊道為開放空間的一環，廣義而言，綠地即為都市的開放空間，因此，都市廊道的功能亦即包含植物所賦予的機能，擔任起休閒遊憩及保育功能，以及建立都市生態體系，確保都市永續發展功能。

都市廊道的功能

在生態方面

1. 維持物種的多樣性，廊道具有連接的特徵，故可提供物種間的交互作用。
2. 能量傳遞的通道、空氣流通、風的流動及水循環等自然通道。
3. 保育物種及提供棲息地。

4. 促進氣體交換，吸附有毒氣體。
5. 改善都市熱島效應和全球溫室效應。
6. 淨化水質及改善土壤。

在社會經濟方面：

1. 增加休閒、遊憩空間，提供連接各公園、遊憩據點或城鄉兩地通道。
2. 降低自然環境災害，空間的存在及樹林的特性可發揮防火效能，也可作為災害發生時的避難所。
3. 提供生活適意性，植物有防風、噪音等功效，可提升生活環境品質。
4. 增加都市景觀美質，提高周邊土地利用價值。
5. 可涵養水源、治山防洪、保護農工產業，防止都市過度擴張。
6. 加強人類和自然的關係，建立環境倫理教育的功能。

廊道為物種及能量傳遞的通道，都市中的自然河川、綠帶有助於物種、能量之流通；然而，線性採運作業、鐵道及動力線通道等都可能成為干擾的作用。人為建設可能會造成都市野生動物、植物棲地的阻隔或遷移障礙。

都市發展產生的汙染、建物、道路與不透水面積的增加、生物多樣性、景觀生態穩定性、景觀連續性、生態持續性、生態耐受性、生態恢復性、綠覆率、連接度都是都市廊道景觀生態功能的評估因子。

生態廊道形態

區域層次	都市（都會）層次	社區層次	基地層次
綠帶、綠軸 農地間雜林、綠籬 橋梁、公路沿線綠地 鐵道沿線	林蔭道路和特殊綠帶 人行道 道路沿線綠帶 快運沿線	綠籬 步道 防火巷 街巷	指定退縮綠帶 綠籬
海岸、河川沿岸 堤岸	溪流、排水道 灌溉水道 堤岸	排水路	水道

城市綠地布局基本模式

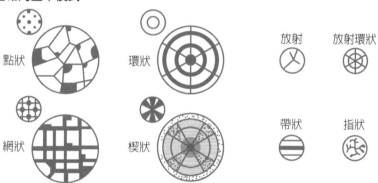

點狀　環狀　放射　放射環狀

網狀　楔狀　帶狀　指狀

廊道種類

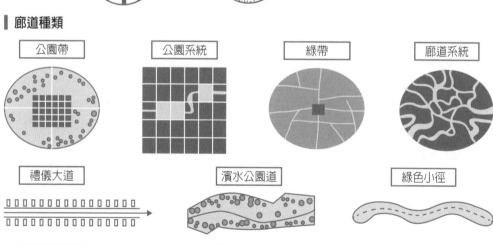

公園帶　公園系統　綠帶　廊道系統

禮儀大道　濱水公園道　綠色小徑

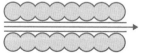
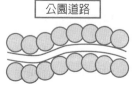

林蔭大道　公園道路

Unit 12-6 道路生態工程

道路是城市的走廊和櫥窗，道路環境也是城市環境的重要組成部分，是城市三大空間（交通空間、建築空間、開放空間）之一。道的方向性、連續性、韻律與節奏、道路線型的配合及斷面形式等構成其基本內涵。

道路廊道具有強烈的管道及運輸功能；對野生動植物而言，道路廊道是強烈的屏障和過濾器；因為有多樣平行的狹長地帶相連，故沿著道路廊道的嵌塊體是分明的且道路廊道的橫斷面異質性很大。道路廊道將動植物族群區分成較小的區域，致使這些次要的族群容易被消滅或易於基因變異。

道路建設具有線性廊道的特性，其對生態系統之影響主要來自於道路切割地景所導致之棲地零碎化現象，以及道路施工與營運期間產生之各種汙染與道路傷亡事件。近年來，有關道路建設對環境生態產生衝擊影響之相關研究逐漸增多，並發展為道路生態學（road ecology）。

無論道路位於都市或鄉間，道路之建設與發展都是造成生態環境與棲地破壞的主要因素之一。道路之建設與營運各階段，皆會對生態系統或動植物生存的棲地造成程度不等的衝擊，當中尤以棲地零碎化對生態造成的衝擊為最大。

生態道路

生態道路的規劃設計內容：

1. 對自然環境紋理的尊重：對沿線自然環境的實地調查與資料蒐集，應為道路選線前最重要的一個步驟，對當地的物理環境、生物環境進行充分的瞭解（包括地質、水文、氣候環境條件、環境色彩、動植物棲息環境、動物遷棲路線等）。

2. 維護生物多樣性：缺乏彈性且單一的設計方式，往往造成道路環境與周圍生態環境格格不入。若再加上對環境缺乏必要的瞭解，不慎導入了不適宜當地的植物或外來樹種，就會對當地的生態系統造成難以評估的影響。

3. 生物通道：道路的帶狀切割，往往造成對環境生物圈的隔離，阻隔了生物遷徙活動的路徑。考慮用野生動物通道來連接野生動植物的棲息地，從而維持生物多樣性資源；同時還可以給生物提供食物，維持生態系統的平衡。生物通道的種類有路上式、路下式、涵管式。

4. 生態工程學：道路設計加入綠色設計和生態工程學的設計方法，除尊重環境的生態學原則外，在工程上應盡量使用耗能低、產生廢棄物少的設計方法，包括生態保護、節能、再生、減廢、保水，綠化等。

道路工程

1. 路面：以透水性材料鋪設（如透水瀝青、碎石路面等），以增加土地的水上涵養能力；針對環境敏感度高的地區，應採用高架式道路（或橋梁）以減少對環境的干擾，達到保護環境的目的。

2. 護欄：提高行車安全的防護欄和防止人或動物進入道路的柵欄。

3. 道路邊坡：以綠化及建立多孔隙環境為主要原則。

4. 排水：以草溝、碎石溝等自然方式進行設計，提高土地的水土保持能力，也能創造生物棲息地的多孔隙環境。

5. 綠化帶：考慮到當地的生態環境，道路兩側植物應以本地樹種為佳。

公路干擾沿線景觀示意圖

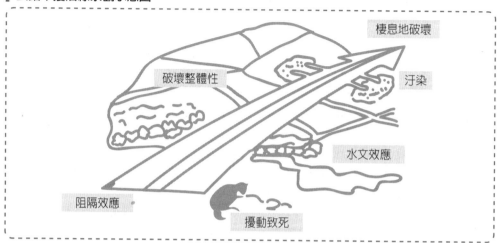

公路施工破壞地下水文

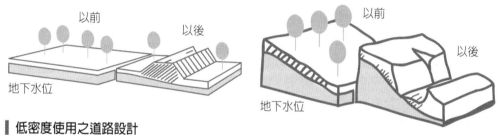

低密度使用之道路設計

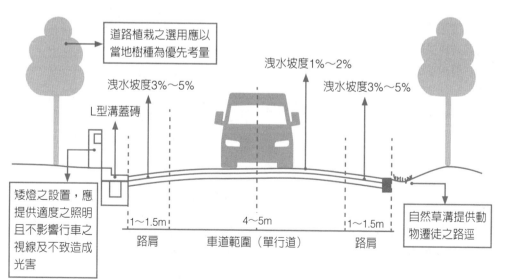

Unit 12-7 遙感、地理資訊系統

遙感探測

遙感探測（remote sensing, RS）是指透過某一特定的工具，自一段觀測距離，以未直接接觸物體的方式，記錄和檢測資料的技術。經由使用不同的感測器系統，通常為空載或太空承載系統，蒐集地球表面的資料和接近地表的環境資料，經由資料處理，將資料轉換成可以了解和經營管理自然與人文環境的資訊。

RS主要是利用儀器而非是直接觀測，遙測的內涵主要以非接觸之探測方式獲取資料，並依各種不同之應用從資料中萃取所需之資訊。

利用遙測影像可協助研究者記錄真實世界的資料，研究者能在某個特定的空間範圍內，以整體或抽象不可見的空間單元（如集水區）為分析的對象，並藉以分析衛星影像或衍生出其他影像（如NDVI影像）。透過遙測影像，能快速地監測地物反射光譜的變化；透過植被指數，能更清楚地把地物的反射光譜轉換成更容易分析的資訊，植被指數是目前國際上最常用來進行地景監測的指標。

RS技術的應用在於：⑴可獲取大範圍地區的資訊；⑵獲取資訊速度快、週期短；⑶可獲取人類難以踏足地區的地表資訊；⑷獲取資訊的方法多、訊息量大。有了上述特點，使遙測技術成為宏觀動態生態學最有效的方法，而在土地與生物資源的遙測調查方面有以下新的技術進展：

1. 按像元分類和統計，利用影像分辨率的極限值，建立了全數位化的定位和定量分析技術。

2. 以生態系統的觀點，綜合利用遙測資訊編繪系列圖層。

3. 加強對生物量和初級生產力估算模型的研究，建立波譜資訊與生物量的相關分析方法。

4. 建立監測站網，作為地理資訊系統（geographical information system, GIS）蒐集資料的來源。

近年來，衛星遙感已成為RS的主要手段，是許多國家進行國土監測資訊蒐集與管理的最佳方式。許多相關土地利用變遷研究廣泛地應用RS技術結合地理資訊系統來進行空間分析。

地理資訊系統

GIS是1960年代後期發展的一種空間資料傳遞技術，近年來廣泛應用於資源、地質、地貌、生物等多個領域的調查，並取得豐碩之成果。它是介於資訊科學、空間科學和地球科學之間的交叉學科。其發展與電腦技術、遙測技術、資訊工程和現代地理學密切相關。

GIS是一種特殊的空間資訊系統。它在電腦硬體和軟體的支援下，運用系統工程和資訊科學的理論，對衛星、太空梭等所獲取的遙測地理資料，進行採集、處理、管理與分析，編製內容豐富、訊息量遠高於以往的圖件，並將其結果提供給規劃、管理、決策和研究部門。

GIS和RS在研究大尺度的問題上具有一定優勢。其能完成實地調查中無法取得的大量數據，並能將獲取的數據進行全域分析。已在如都市規劃、生物調查以水域調查等方面展現了其應用的價值。

▌GIS、RS和GPS間的相互作用

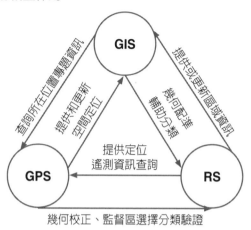

▌GIS的運用

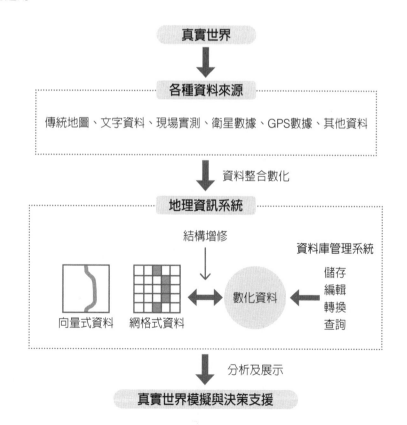

Unit 12-8 景觀生態規劃與設計

景觀生態學以環境為基礎、以生物為中心、以人類主導處理空間結構和內部功能，特別是人類與景觀之相互作用與協調的問題。因此，環境的規劃不只是以「人」為出發點，而是以生態環境的觀點進行整合，並在不影響其他物種的生存下，創造物種通過的環境，以幫助物種間的交流。

景觀規劃包含了外觀和使用、愉悅和土地可育性等考量內容，比土地使用規劃涵蓋更廣泛。景觀規劃的功能在於處理錯綜複雜的機能和居處的問題，且將無法相容的使用形態區隔開來，或協調各種不同的使用形態，使其在景觀上具有整體性。

景觀規劃即是行動的架構和方向，使景觀與因滿足人類需求而改變的生態法則得以協調。過程可分為四個階段：(1)調查與分析；(2)評估；(3)政策或設計的對策；(4)實施。

景觀規劃的範疇，無論是原始或是都會型、大型或小型規模，均涉及氣象及微氣候、地質土壤、水文、動植物、土地使用、交通、景觀，以至於環境評估等調查分析。

景觀生態規劃有以下原則：綜合整體性原則、生態可持續性原則、資源可持續利用原則、經濟合理性和針對性原則、社會廣泛參與原則、景觀改造謹慎性原則。

景觀生態規劃的任務

1. 分析景觀組成結構和空間格局現狀。
2. 發現制約景觀穩定性、生產力和可持續性的主要因素。

3. 確定景觀最佳組成結構。
4. 確定景觀空間結構和理想的景觀格局。
5. 對景觀結構和空間格局進行調整、恢復、建設和管理的技術措施。
6. 提出實現景觀管理和建設目標的資金、政策和其他外部環境保障。

景觀生態調查利用歷史資料、實地調查、社會調查和遙感及電腦資料庫等資料，主要的資料包括自然地理因素、地形地貌因素、文化因素。

景觀生態適宜性分析

是景觀生態規劃的核心，其目標以景觀生態類型為評價單元，根據區域景觀資源與環境特徵、發展需求與資源利用要求，選擇有代表性的生態特性，從景觀的獨特性、景觀的多樣性、景觀的功效性、景觀的宜人性或景觀的美學價值入手，分析某一景觀類型內在的資源品質，以及與相鄰景觀類型的關係，確定景觀類型對某一用途的適宜性和限制性，劃分景觀類型的適宜性等級。

景觀生態規劃的類型

1. 綜合景觀生態規劃。
2. 以適宜性評價為基礎的景觀生態規劃。
3. 以系統分析與類比為基礎的景觀生態規劃。
4. 以格局分析為基礎的景觀生態規劃。

景觀與環境規劃差異

	景觀規劃	環境規劃
目的	社會及文化需求、美學、土地利用及分配、土地可育性	資源有效利用、生態保育、汙染控制、溼地管理
領域	地理學、景觀建築、地形學、都市規劃	環境工程、生態學、流域規劃、都市供水系統

規劃流程圖

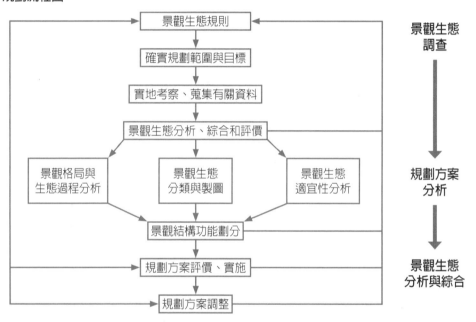

景觀生態規劃與其他規劃的區別

A：廣義、B：狹義	規劃對象	尺度	目的	理論基礎
景觀規劃 / 設計	建築與園林景觀	小、中	美觀、健康、舒適、功用	環境美學 環境心理學 社會學
景觀生態規則A（包括規劃與設計）	建築園林自然景觀	小、中	美學 可持續發展 人與自然和諧	生物生態學 系統生態學 人類生態學
景觀生態規劃B	異質性景觀土地利用	中、大	生態過程與功能提升優化	景觀生態學
生態規劃	區域、城市、農村、樹木、河流	中、大	生態環境保護 可持續發展 人與自然和諧	生態學

Unit 12-9 景觀生態干擾

干擾對物種多樣性形成和保護相當重要，適度的干擾不僅對生態系統無害，且可促進生態系統的演化和更新，有利於生態系統的持續發展。干擾可以看作是生態演變過程中不可缺少的自然現象。干擾的生態影響主要反應在景觀中各種自然因素的改變，如火災、森林砍伐等干擾，導致景觀中局部地區光、水、能量、土壤養分的改變，進而導致微生態環境的變化，直接影響到地表植物對土壤中各種養分的吸收和利用。其次，干擾的結果還可以影響到土壤中的生物循環、水分循環、養分循環，進而促進景觀格局的改變。

干擾與景觀穩定性

景觀穩定性是指某一種景觀結構在一定的環境條件下保持基本不變的過程。干擾對原來的景觀面貌產生影響，甚至直接改變景觀的物理特徵，改變景觀的生態功能。

干擾與景觀破碎化

主要有兩種情況：其一是一些規模較小的干擾可以導致景觀破碎化。其二是當干擾足夠強大時，將導致景觀的均質化而不是景觀的進一步破碎化。這是因為在較大干擾條件下，景觀中現存的各種異質性嵌塊體將會遭到毀滅，整個區域形成一片荒蕪。這種干擾同時也破壞了原來所有景觀系統的特徵和生態功能。干擾所形成的景觀破碎化將直接影響物種在生態系統中的生存和生物多樣性保護。

干擾與生物多樣性

生物多樣性是生物及其與環境形成的生態複合體，以及與此相關的各種生態過程的總稱，包含三個層次的含意。(1)遺傳多樣性，即指所有遺傳信息的總和，它包含在動植物和微生物個體的基因內；(2)物種多樣性，即生命機體的變化和多樣化；(3)生態系統多樣性。干擾對遺傳多樣性的影響主要是使適合生物個體繁殖場所受到影響，繁殖機率的減少、近親繁殖的概率增加。

干擾與景觀異質性

干擾增強，景觀異質性將增加，但在極強干擾下，將會導致更高或更低的景觀異質性。一般認為，低強度的干擾可增加景觀的異質性，而中高強度的干擾則會降低景觀的異質性。如山區的小規模森林火災，可以形成一些新的小斑塊，增加了山地景觀的異質性，若森林火災較大時；可能燒掉山區的森林、灌叢和草地，將大片山地變為均質的荒涼景觀。

干擾對景觀的影響不僅僅決定於干擾的性質，在較大程度上還與景觀性質有關，對於干擾敏感的景觀結構，在受到干擾時，受到的影響較大，而對干擾不敏感的景觀結構，可能受到的影響較小。干擾可能導致景觀異質性的增加或降低，反過來，景觀異質性的變化同樣會增強或減弱干擾在空間上的擴散與傳播。

景觀的異質性是否會促進或延緩干擾在空間的擴散，將決定於下列因素：(1)干擾的類型和尺度；(2)景觀中各種斑塊的空間分布格局；(3)各種景觀元素的性質和對干擾的傳播能力；(4)相鄰斑塊的相似程度。

干擾的一般性質與特點

干擾的性質	含意
分布	空間分布包括地理、地形、環境、群落梯度
頻率	一定時間內干擾發生的次數
重複間隔	頻率的倒數，從本次干擾發生到下一次干擾發生的時間長短
週期	與上述類同
預測性	由干擾的重複間隔的倒數來測定
面積大小	受干擾的面積，每次干擾過後一定時間內景觀被干擾的面積
規劃和強度	干擾事件對格局與過程，或生態系統結構與功能的影響程度
影響度	對生物、群落或生態系統的影響度
協同性	對其他干擾的影響

道路建設對自然生態之衝擊

（資料來源：Cuperus et al, 1999）

道路密度與生物族群關係

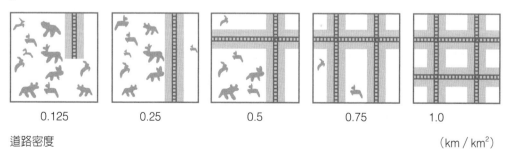

| 0.125 | 0.25 | 0.5 | 0.75 | 1.0 |

道路密度　　　　　　　　　　　　　　　　　　　　　　　　　　（km／km²）

（資料來源：Seiler, 2001）

PART 13
城市生態學

Unit 13-1 城市生態學概述

城市是人類的聚居地，是當地政治、經濟、科學和文化的中心。它是以人類為中心的人工生態系統。城市生態學是研究城市人類活動與城市環境之間相互關係的學科，是以生態學的理論和方法研究城市的結構、功能和動態調控的一門學科。

城市生態學基本內容

城市生態系統的發生、發展、組合與分布、結構（包括社會、經濟和自然三個亞系統）和其物流、能流、資訊流、人口流、資金流等功能，以及這些功能的調控機理、方法和演替過程，城市人口、生態環境、城市災害及防範，城市景觀、城市與區域持續發展和城市生態學原理的社會應用等方面。

城市生態系統研究主要如下：

1. 以城市人口為研究中心，側重於城市社會系統。
2. 以城市能流、物流和資訊流為主線，側重於城市生態經濟系統及以城市為中心的區域生態經濟系統功能的研究。
3. 以城市生物與非生物環境的演變過程為主線，側重於城市的自然生態系統研究。
4. 以複合生態系統的概念、理論為主線，研究該系統中物質、能量的利用，社會和自然的協調，以及系統動態的自身調節等。

城市生態系統指特定地域內人口、資源、環境（包括生物的和物理的、社會的和經濟的、政治的和文化的環境）經由各種相生相剋的關係建立起來的人類聚居地或社會、經濟、自然複合體。

城市生態系統的功能主要表現為系統內外的物質流、能量流、資訊流、貨幣流及人口流的輸入、轉換和輸出。

1. 城市生態系統的生產功能：(1)生物初級生產，是指植物的光合作用過程；(2)生物次級生產，由於城市次級生產者主要是人，故次級生產過程具有明顯的人為可調性；(3)物質的非生物生產，是指滿足人們物質生活所需各類有形產品的生產及服務；(4)非物質的非生物生產，是指滿足人們的精神生活所需要的各種文化藝術產品及相關的服務。
2. 城市生態系統的能源結構與能量流動：能源結構是指能源總生產量和總消費量的構成及其比例關係。能源的生產結構是從總生產量分析能源結構，即各種一次能源如煤炭、石油、天然氣、水能、核能等所占比重；能源的消費結構是從消費量分析能源結構，即能源的使用途徑。
3. 城市生態系統的資訊流：城市是資訊中心。具有現代化的資訊傳播技術、完善的新聞傳播網路和發達的資訊服務設施，它們服務於城市生態系統的各個層次和階段，滿足城市規劃、城市建設、城市管理和城市居民的各種不同需求。

▌城市生態位分類

項目	說明
生產生態位	城市的經濟水準（物質和資訊生產及流通水準）及資源豐盛度（如水、能源、原材料、資金、智力、土地、基礎設施等）
生活生態位	社會環境（物質，精神及社會服務水準等）及自然環境（物理環境品質、生物多樣性、景觀適宜度等）

▌城市化的生態後果與生態問題

項目	說明
生態後果	土地利用與景觀格局發生變化 生態系統結構發生變化、部分生態功能喪失 局地氣候發生變化
生態問題	環境汙染及由此影響到食品安全 部分生態條件惡化 自然資源供應常短缺 城市人口增加導致社會問題

▌城市生態系統的結構

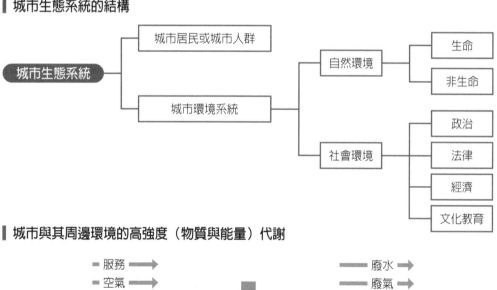

▌城市與其周邊環境的高強度（物質與能量）代謝

Unit 13-2 生態城市

面對城市人口持續增長，人口過度集中城市，而土地資源有限的情況下，在城市土地使用需求上升時，在利益的考量下勢必威脅到原先提供農業所需之土地或是原先未開發的地區，過度的開發行為又將導致交通量的增長並加重對於周遭環境的壓力。聯合國《人類環境宣言》中提出在城市人口快速成長之下，將為環境帶來一些問題，但若採取適當的政策和措施，這些問題是可以解決的。

生態城市（eco-city）源自於對永續發展的實現。1971年啟動的聯合國教科文組織在其《人與生物圈計畫》（the Man and Biosphere Program, the MAB Program）中對生物圈保護區（包含保護的陸地、海岸帶或海洋生態系統等的代表性區域）提出定義，用生態學的方法研究人與環境之間的關係，透過綜合性的研究，為有關資源和生態系統的保護及其合理利用提供規範，透過長期的系統監測，研究人類對生物圈的影響，並提供對生物圈自然資源的有效管理。

生態城市即生態健全的城市，是低汙染、節能源、充滿活力並與自然合諧共存的聚居地。生態城市是一種趨向盡可能降低對於能源、水或是食物等必需品的需求量，也盡可能降低廢熱、二氧化碳、甲烷與廢水排放的城市。一個永續性都市可自行供應自己本身所需要的能源與食物，盡量減少對於周遭鄉村的依賴，並盡量使都市的居民減少製造生態足跡。

生態城市概念的三個層次：第一層為自然地理層，是城市中人類活動的範圍，即城市生態位階趨勢開拓競爭與平衡的發生過程，必須地盡其能，物盡其用；第二層是社會功能層，著重在調整城市的組織結構與功能，改善系統間的衝突，增強城市的共生能力；第三層則為文化意識層，目的在增強人們的生態意識。

永續生態都市的推動，應以生態城市的觀點，依生態城市計畫方法，達到創造生態城市與都市整體環境調和之效果，包括：(1)環境汙染負荷的減輕；(2)省資源；(3)自然環境共生；(4)舒適性；(5)自然淨化作用的強化，環境容量的增大；(6)空間、設施的有效利用，達到相乘效果。

生態城市設計原則

1. 過程：都市顯現出人類與環境之持續性循環過程，屬於動態的過程。
2. 經濟方式：減少資源與能源消耗。
3. 多樣性：多樣性是社會健康環境的基礎。
4. 以家為環境教育之起點：從生活環境接觸自然，學習尊重自然，進而改善生活環境與了解生態議題。
5. 有益環境健全的人類發展：有機廢棄物再利用，可成為土壤養分，增加生態生產能力。

生態設計減少環境危機之策略

1. 保育：提高自然資源使用時間與效能，降低物質惡化速率。
2. 再生：去除老舊的廢物，以擴增自然資源。
3. 管理：對人、生物與景觀三者間同時照顧與呵護，包含監測及維護。

生態城市評估指標示意圖

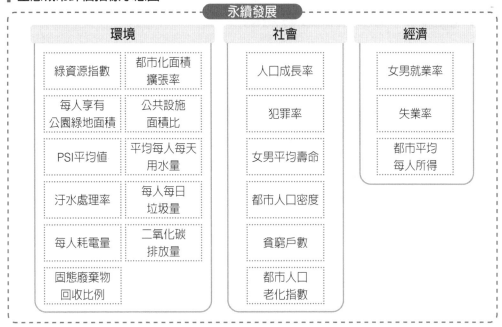

聯合國永續發展委員會永續發展指標建議系統

層面	相關領域	所包含之指標項目	
環境面	確保乾淨水資源的品質與供應	地下水及地表水年抽回率	每人每戶用水量、地下水保育
		水體之生化需氧量	廢水處理範圍
		乾淨水中之糞便大腸菌數	水域網路密度
	海洋及海岸區保護	海岸區域人口成長	各式魚類之最大永續產出量
		沿海區油汙排放量	藻類指標
		沿海區氮磷排放量	
	土地資源整合規劃與管理	土地使用改變	分配區域階層之自然資源管理
		土地條例的改變	
	對抗沙漠化及乾旱	乾地區貧窮人數	衛星偵測植被指標
		全國性月降雨指標	土地被沙漠化的影響
	大氣層的保護	溫室氣體擴散	使臭氧層稀薄物質的消耗
		硫氧化物擴散	城市周圍汙染物濃度
		氮氧化物擴散	空氣汙染減輕支出
	固體廢棄物及相關問題的環境管理	廢棄物管理花費	廢棄物回收與再利用
		家庭廢棄物每人棄置量	都市廢棄物棄置
		化學物造成之急性毒害	
	毒性化學物質的環境管理	化學物造成之急性毒害	制定禁用或嚴格限用的化學品數量
	有害廢棄物的環境管理	有害廢棄物的產生	有害廢棄物造成的土地汙染面積
		有害廢棄物之進出口	有害廢棄物處理花費
	輻射性永棄物安全及環境管理	輻射性廢棄物的產生	

Unit 13-3 城市環境生態規劃

城市長期發展結果是全球普遍出現的環境變遷和汙染問題，其問題根源在於傳統重視經濟成長的都市發展模式，容易忽略城市追求永續發展必要遵守的環境永續管理之行動原則。

城市主要的環境生態問題，如人口壓力、城市水問題、大氣汙染、噪音汙染、固體廢棄物及熱島效應。

生態綠地

改善城市環境過度擁擠、空氣汙染、和生活功能不健全現象，以提升城市生活與工作環境的品質，重視自然環境生態區域與城市地區環境整合的進階環境規劃與管理理念。

以城市設計手法建設融合花園綠地愉悅環境的城鎮與鄰里社區，提供居住者享有明亮日照、健康空氣及公園般生活環境；並保護城市核心地區的綠地開放空間、城市聯外交通動線之間的生態自然區域，以及管制城市周圍地區尚未開發的土地作為生態環境保護區。

綠帶或綠色走廊保護區除了可增進城市環境綠美化，以及提供健康的休憩場所之外，對於整體環境水文系統的平衡、空氣品質提升、地區微氣候調節等方面均有很大之助益。

環境永續管理

重心放在都市環境清潔（如空氣、土地、水等），強調城市發展過程應建立健康人性化生活環境、明智使用環境資源、保護自然環境資產，讓資源再循環利用與降低資源和能源消耗，以及為減少以經濟為強勢發展形態的城市，對於自然資產所有物種與原始環境的破壞衝擊。

宜居城市

宜居城市的基本條件：

1. 宜居城市是一個安全的城市，具備健全的法治社會秩序、完備的防災與預警系統、安全的日常生活環境和交通行車系統。
2. 宜居城市是一個健康的城市，遠離各種有害物質、環境汙染的可能傷害，應具有新鮮的空氣、清潔的水源、安靜的生活環境、乾淨的街區。
3. 宜居城市是一個生活方便的城市，具備完善的、公平的基礎配套設施，人人都能享受到購物、就醫、就學等方便的公共設施服務。
4. 宜居城市是一個出行便利的城市，以公共運輸系統優先發展為核心，能夠為居民日常出行提供便捷的交通方式。
5. 宜居城市有良好的鄰里關係、和諧的社區文化，並能夠傳承城市的歷史和文化，同時具有鮮明的地方特色。

城市熱島效應

熱島效應（heat island effect）指城市中心地區氣溫較高的現象。造成的因素：氣候因素（如濕度、大氣微粒、霧與能見度、輻射、風、降水）、人工環境如建築物吸收較多太陽輻射，建築之間，建築物與地面之間多次的反射與吸收，釋放大量人為熱，空氣汙染吸收地面輻射。

環境經濟系統分析

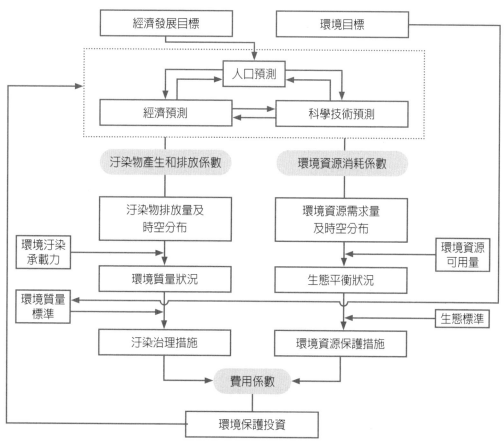

城市熱島效應示意圖

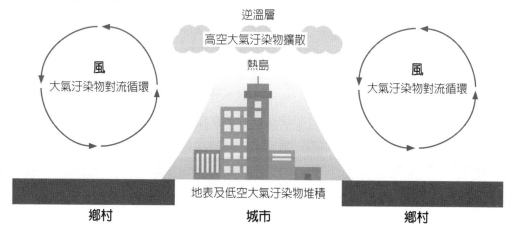

Unit 13-4 城市化發展對區域氣候影響

城市區域內由於自身發熱、環境吸熱能力增強等因素，使溫度圖上城市核心區會出現明顯高於邊緣區域的現象。因人們活動而產生的熱會在城市內聚積不散，使城市氣溫比郊區高，等溫線以封閉的曲線包圍都市中心，使城市猶如一座「熱島」。城市熱島效應的原因為城市下墊面的快速變化、人工熱源及溫室氣體排放等。

建築物的熱島效應，再加上城市的熱島效應，可讓整體的環境溫度上升攝氏8～10度。都市化發展得愈快、愈大，熱島效應就愈顯著。

城市綠地對於都市熱島具有緩解作用，綠化及增加綠地面積是最常用來解決城市熱島效應的途徑。城市綠地具有總體熱量吸收少，兼具本身具有蒸散作用，並能夠吸收人類活動產生的溫室氣體。

城市綠地對於都市熱島效應的影響受到城市綠地格局的影響。在垂直空間上，愈多層次的植物群落可以更為有效，進而更為有效的反射和吸收熱量，並經由生物作用散發掉這些熱量。在減弱熱島效應方面，林地的效果大於複合綠地，而複合綠地又大於草地。

熱負荷

熱負荷量度市區個別位置所儲存或釋放熱量的強度。它會對城市內部氣溫上升帶來影響，而影響程度則視乎建築物體積（建築物體積會影響熱量儲存，並會遮蔽可見天空的範圍，因而減慢城市晚間的降溫）、地形及現有綠化空間而定。

生態微氣候控制

城市的綠、風、水與日照整合就成為微氣候控制的基礎，整體城市舒適健康的風，隨著街道與開放空間進入都市並開始受熱加溫。街道交通流量大的，其汙染物透過建築物前後退縮、開口通道與高度差異，隨著氣流進入街廓內流動。

潔淨的氣流通道，也就是綠的生態通道，從區域外連結入城市中央，透過綠樹導引、降溫、潔淨的作用，以及有效遮蔭配合鋪面處理，達成生物調控性舒適的條件。

多樣的樹種與樹形配合季節進行變化調控，且喬木需要日照、水及好的土壤；街道與街廓內部雨水管理系統強化區域降溫與潔淨作用，同時提供都市暴雨緩衝滯洪能力；進入街廓的風與都市上方的風會隨著開放空間大小造成壓力差及溫差，形成循環與移除的體系，再加上配合建築體受熱及局部溫差調控形成微氣流，讓區域內的生活與住居舒適健康得以確保，並兼顧美觀與調適的機能。這些要素就形成生態微氣候控制的體系。

良好的城市通風是有效地紓緩措施。但由於密集的城市發展增加了地表粗糙度，阻礙了空氣的自然流通，削弱了城市通風及導致較高的城市熱能壓力。

生物氣候學

研究大氣環境與生物─植物、動物和人類之間相互作用的學科。其核心是研究天氣與氣候如何影響生物的生存和健康。

不同鋪面與遮蔭率地表熱顯像溫度的差異

鋪面類型		熱顯像綜合平均溫度（°C）	遮蔭比率50%降溫比	遮蔭比率70%降溫比	遮蔭比率90%降溫比
自然鋪面	草地	39.9	−0.089（36.3°C）	−0.260（29.5°C）	−0.262（29.4°C）
	沙地	45.8	−0.200（36.6°C）	−0.341（30.2°C）	−0.360（29.3°C）
人工鋪面	PU	48.6	−0.139（41.8°C）	−0.209（38.4°C）	−0.263（35.8°C）
	瀝青	55.7	−0.126（48.7°C）	−0.226（43.1°C）	−0.262（41.1°C）
	混凝土	53.0	−0.114（47.0°C）	−0.234（40.6°C）	−0.242（40.2°C）
	連鎖磚	52.3	−0.190（42.4°C）	−0.190（42.4°C）	−0.243（39.6°C）
	植草磚	43.7			

空氣流通的城市設計：街道布局的定向

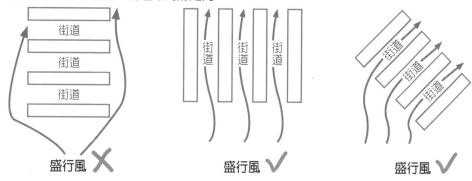

人體熱平衡模型

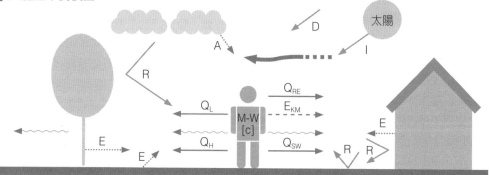

M	新陳代謝率	I	太陽自接輻射
Q_H	顯熱熱通量的波動	D	太陽漫輻射
Q_{SW}	潛熱熱通量的波動	R	太陽輻射反射
Q_L	水分擴散引起的潛熱熱通量	A	大氣輻射
Q_{RE}	呼吸引起的（潛／顯熱）熱通量	E	周邊表面的長波輻射
V	風速	E_{KM}	人體表面的紅外輻射
M-W	能量代謝產生的熱量	[c]	衣服隔熱

Unit 13-5 城市景觀

城市化深深地改變一個地區的自然景觀，並對城市及其周邊地區的自然、生態、社會經濟過程產生影響。從景觀生態學的角度而言，城市化過程中產生各種生態學後果的一個重要原因就是不合理的城市景觀格局。

城市景觀是城市與其周圍環境相互作用形成的人工生態系統。城市化過程中，隨著土地利用方式、結構、權屬的轉移，城郊土地覆蓋發生重大的變化。城市是以人為主體的景觀生態單元，它和其他景觀相較，具有不穩定性、破碎性、梯度性，嵌塊體、廊道、基質等，是構成城市景觀結構的基本要素。

城市景觀生物多樣性

高度人為活動和漫長的發展歷史，使得城市內部的動植物種類組成和群落結構特徵具有明顯的適應性馴化特徵。城市生態環境保護屬於一般的格局合理性建設與維護，包括城市內部生物棲地的碎裂化問題和棲地品質評估；強化公園等城市綠地棲地屬性，提高生物種類對這些棲地的可利用性；利用行道樹系統改善城市棲地的連結度，降低棲地碎裂化程度；在城市土地利用規劃過程中充分考慮野生生物對棲地的需求，緩和城市居民與野生生物之間的生存衝突。

城市動物群落是城市生物多樣性的重點，特別是要注意鳥類的數量時空分布格局，綠地系統設計和棲地特徵對鳥類的影響。

景觀動態變化

城市景觀動態變化研究城市建設用地的膨脹規模，時空分布特徵和景觀格局重建特點；城市景觀與周邊其他景觀類型之間的相互作用和影響，探討其動態變化的過程特點和內在驅動機制，預測未來的發展走向和可能遭遇的問題。

生態修復與生態合理性

城市綠色空間建設是改善城市景觀生態合理性的最佳途徑。尋求合理的城市發展理念，有效地規劃設計和建設措施改善城市結構，提高自然比重，使城市的生態功能健全發展。

尤其是城市中的人工和天然河段，恢復水質和改善河岸生態，使之與其他城市綠地系統共同構成一個整體，提高城市綠色空間的連結，成為現代城市生態調控的重要手段。

土地利用和土地覆被

現代城市發展對於城郊的功能需求愈來愈複雜，除傳統的工業區、倉儲區向城郊擴展外，一些居住區、新經濟開發區和休閒娛樂區也成為城市郊區的重要景觀組成類型。

城市景觀生態規劃遵循的原則：⑴協調人與自然關係，注重環境容量與可持續發展；⑵保護環境敏感區，對不得已的破壞加以補償；⑶在人工環境中努力顯現自然，增加生態多樣性；⑷合理安排城市空間結構，增加生態多樣性；⑸發揮景觀的視覺多樣性；⑹居住環境生活質量城市文化的相互促進；⑺以綠色空間體系為中心的綠化、美化與淨化；⑻環境管理與生態工程相結合。

█ 城市生態空間系統優化的框架圖

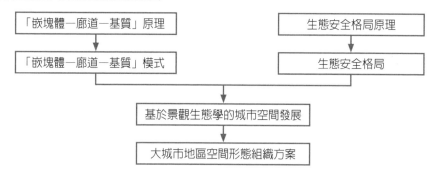

█ 世界城市發展趨勢

年分	世界		已開發國家		開發中國家	
	城市人口 (百萬)	城市化程度	城市人口 (百萬)	城市化程度	城市人口 (百萬)	城市化程度
1950	734	29.2%	447	53.8%	287	17.0%
1960	1032	34.2%	571	60.5%	460	22.2%
1970	1371	37.1%	698	66.6%	673	25.4%
1980	1764	39.6%	798	70.2%	966	29.2%
1990	2234	42.6%	877	72.5%	1357	33.6%
2000	2854	46.6%	950	74.4%	1904	39.3%
2010	3623	51.8%	1011	76.0%	2612	46.2%
2020	448	57.4%	1063	77.2%	3425	53.1%

█ 城市生態基礎設施的構成示意圖

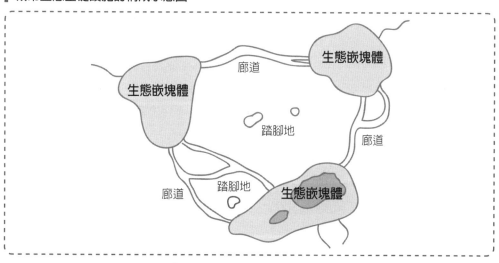

Unit 13-6 環境承載力

自1960年代開始，環境規劃師即以環境涵容能力或承載力（environmental carrying capacity）的觀點出發，探討城市及區域在不危及環境體系之前提下，所能容納的人口成長與城市發展。

人類在土地使用形態與使用強度若超過自然資源的承載力，將會破壞人與資源體系間之平衡發展，降低地區的環境品質。

環境承載力（environmental load capacity）是指某一環境狀態和結構在不發生對人類生存發展有害變化的前提下，所能承受的人類社會作用。表現在規模、強度和速度上。三者的限制，是環境本身具有的有限性自我調節能力的量度。

環境承載力係生態系統所能承受的最大壓力，這些壓力來自於人類社會、經濟與文化等活動，以直接或間接的方式加諸於生態上，所造成環境退化、多樣性物種減少等現象。

環境承載力包括：⑴資源承載力：自然資源，如淡水、土地、礦藏、生物等；社會資源，如勞動力資源、交通工具與道路系統、市場因數、經濟發展實力等。包含在現有技術條件下，某一區域範圍內的資源承載能力，以及因潛在的技術進步，資源利用程度提高或外部條件改善而提高本區的資源承載力。⑵技術承載力：勞動力素質、文化程度與技術水準所能承受的人類社會作用強度。包括現實的與潛在的兩種類型。⑶汙染承載力：反映本地自然環境的自淨能力大小的指標。

環境承載力原理

1. 環境承載力會隨城市外部環境條件的變化而變化。
2. 環境承載力的改變引起系統結構和功能的變化，從而推動系統的正向演替或逆向演替。
3. 生態演替：一種更新過程，指一個群落被另一個群落，或一個生態系統被另一個生態系統代替的過程。正向演替指生態系統向結構複雜、能量最優利用、生產力最高的方向演化稱之；反之，稱為逆向演替。
4. 演替方向：當城市活動強度小於環境承載力時，城市生態系統可表現為正向演替；反之，則相反。

衡量環境承載力的眾多指標中，以生態足跡的應用層面最為廣泛。生態足跡的特色是以環境承載力為理論基礎，假設每一種能源、物質消費與廢棄物產量，皆需某特定土地或水域所涵容的生產力或吸收力，將區域人口的消費行為及產生的汙染物轉換為每人消耗的土地面積，藉以評估永續發展。

生態環境容量

由於生態環境系統的開放性，加上城市規模和規劃範圍的不盡一致，很難確定或成為城市人口規模的限制。對於一個城市，在規劃期末或者最終該保持多大比例的非建設用地或生態用地，該選擇什麼樣的人均生態用地標準，都是規劃應該研究和回答的問題。不同類型和處於不同發展階段的城市，選擇的比例和標準可能有很大的不同。

正向演替與逆向演替比較

正向演替	逆向演替
1.結構的複雜化	1.結構的簡單化
2.以低級小型植物為主朝著高級大型植物發展	2.從大型植物為主趨向於小型植物占優勢
3.物種多樣性有增加趨勢	3.物種多樣性有減少趨勢
4.生活型多樣化	4.生活型的簡化
5. 窄生態幅種增加	5.生態幅較寬的種增加
6.群落趨向中生化	6.群落趨向於旱生化或濕生化
7.群落生物量趨向增加	7.群落生物量趨向減少
8.土地生產力利用趨於增加	8.土地生產力利用趨於減少
9.土壤剖面的發育成熟	9.土壤剖面弱化
10. 群落生境的優化	10.群落生境的惡化

資源環境承載力示意圖

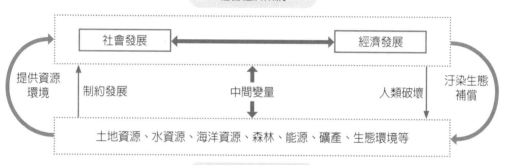

環境人口承載力模型

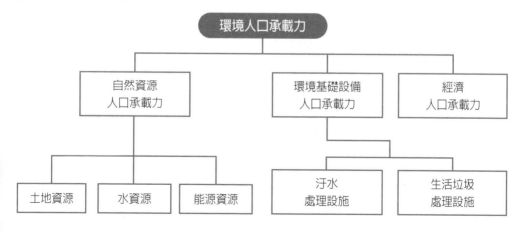

Unit 13-7 生態足跡

衡量人類對地球生態系與自然資源需求的分析方法，稱爲生態足跡（ecological footprint），此方法可計算出人類加諸於地球的壓力。生態足跡的主要概念在說明人類生活所需的所有物質或是人類所產生的廢棄物，皆需依賴土地或水域面積加以涵容。

因此，計算某地區人口所消費或處理廢棄物所需的土地或水域面積，即可換算出這些人的生態足跡。生態足跡的大小，也可說明人類加諸於環境的負荷壓力。

生態足跡的計算

計算生態足跡時會先區分出六大類的生態性生產區：林地、牧草地、耕地、建成地、海洋及化石能源地。所謂化石能源地是指人類經燃燒化石能量時所釋放的二氧化碳，需要多少植物才能吸收而轉換計算得出。將地球上所有人所需的生態性生產區加總之後，再除以全球的總人口數，便可得到地球上每一個人生態足跡的面積。依照上述的方式，也可算出不同國家或都市地區人民的生態足跡。

目前地球上生態足跡的概況

根據世界自然基金會2010年在《地球生命力報告》中指出，熱帶物種的種群數量正在急劇下降，人類對自然資源的需求已超出了地球生態承載力的50%。自1970年代，人類每年消耗掉的資源，遠遠超過地球所能再生補充的速度。

據估計，人類在一年中所花掉的資源，地球約需花費1.5年的時間才能再生補充完成。由於全球化的緣故，一個地區所消耗的資源，未必都在當地生產，有很多資源都來自其他地方，亦即人們使用的土地與水域面積是分散在全球的各個角落。

由統計數字顯示，生態足跡高的國家對地球資源和環境的惡化影響極大，如果全球的人口皆以阿拉伯聯合大公國或是美國等生態足跡很大的國家的人民生活方式生活，則需要五個以上的地球才能滿足所有人的需要；反之，若以第三世界或貧困國家人民的生活方式生活，一個地球便足以提供人類所需的所有資源。

降低生態足跡的原則

生態足跡愈大，對環境的衝擊也愈大，降低生態足跡，將有利於地球的永續經營。要降低生態足跡，可遵循以下四項原則：

1. 更有效率使用土地，土地開發時應兼顧環境保育，降低農業土地及濕地的損失。
2. 更有效率使用能源，利用太陽能、風力、水力等發電，減少溫室氣體排放，降低空氣汙染。
3. 設計資源回收系統，盡量減少製造需要依賴大自然處理的各種廢棄物。
4. 降低生態足跡高的建材及物品之生產及使用量，重視綠建築，居住環境的設計應朝更貼近自然生態的方向而努力。

▍糧食消費之生態足跡

糧食項目	總消費量（kg）/ 總人口數 / 轉換值（kg / ha）	生態足跡（gha / per）
穀類	7,682,900,000 / 22,689,122 / 1,558.24	0.217
薯類	1,686,300,000 / 22,689,122 / 365.92	0.203
糖及蜂蜜	90,200,000 / 22,689,122 / 1,082.24	0.004
子仁及油籽類	2,272,300,000 / 22,689,122 / 261.89	0.382
果品類	3,478,600,000 / 22,689,122 / 949.65	0.161
肉類	1,895,700,000 / 22,689,122 / 75.07	1.113
油脂類	689,300,000 / 22,689,122 / 35.50	0.856
水產類	808,100,000 / 22,689,122 / 697.37	0.051
總計		3.204

▍生態足跡計算的範圍示意圖

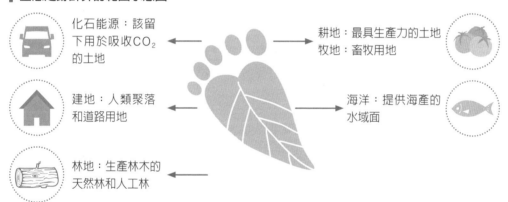

化石能源：該留下用於吸收CO$_2$的土地

耕地：最具生產力的土地
牧地：畜牧用地

建地：人類聚落和道路用地

海洋：提供海產的水域面

林地：生產林木的天然林和人工林

▍我們需要多少個地球來支持人類發展

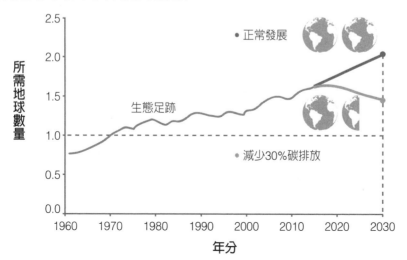

正常發展

生態足跡

減少30%碳排放

所需地球數量

年分

Unit 13-8 低碳城市

全球約有五分之一的人口居住在城市，且城市被認為是主要溫室氣體排放來源，根據《2008 World Energy Outlook》估計，城市因能源消費產生的二氧化碳，占全球70%的排放量。

低碳城市（low carbon city）來自於永續發展的概念，在1987年《我們共同的未來》（Our Common Future）一書出版後，永續發展漸成為人類社會發展與環境互利共生的共識，而後經濟發展合作組織（OECD）出版《1990都市環境政策》（Environment Policies for Cities in the 1990）報告書，永續都市、生態城市、低碳城市等永續發展下的城市規劃概念逐漸受到重視。

這些概念的共同理念是在資源有限的狀況下，發展與環境在轉換上必須有永續發展規劃之思維，才能讓兩者達到平衡與整合，才能以投入最少的資源、環境犧牲代價而得到最適的經濟發展與生活品質。

低碳城市是指城市在經濟高速發展的前提下，保持二氧化碳排放處於較低的水準；氣候組織（The Climate Group）的定義是在城市內推行「低碳經濟」，實現城市的低碳排放，甚至是零碳排放。

因應全球氣候變遷的問題在國際間漸受重視，1997年通過的《京都議定書》中就明定了各國的溫室氣體排放減量目標。

低碳城市的衡量常以能源消耗角度切入，提高能源效率被視為是促進低碳經濟發展的有效措施之一，且能源效率是低碳策略的核心，並可以很低的成本達成。

能源效率的計算有單要素、總要素能源效率兩類，單要素能源效率為僅考量能源投入與產出的關係，最常使用的即是能源使用強度的指標，能源使用強度的定義為單位GDP的能耗量，它代表了支持經濟和社會活動所使用的總能源量，亦即廣泛地生產和消費活動造成的能源消費總量，能源使用強度是不同經濟部門間效率測量的性能指標；而總要素能源效率為同時考量能源及其他投入如勞動力、資本與產出的關係。

低碳城市建構時，應包括以下要素：
1. 完整的願景規劃，為創造低碳研究的投資環境，需有長期的確定性，包括明確的指導原則及遵循的依據，如法規或計畫等。
2. 明確的減碳目標。
3. 低碳策略措施，包括低碳交通建構、再生能源使用、現有資源利用、環境綠化與改造以及稅制鼓勵或獎懲措施等。
4. 民間支持與民間參與。
5. 民間與官方的推動組織。
6 成效評估與持續檢討改善機制。

環境效率

環境效率（eco-efficiency）的概念，為增加的價值與增加的環境衝擊的比值關係。OECD定義為生態資源滿足人類需求的效率。世界企業永續發展委員會定義為透過提供具有價格優勢的服務和商品，在滿足人類高品質生活需求的同時，把整個生命週期中對環境的影響降到至少與地球的估計承載力一致的水準。

▌歐洲綠色城市指標

指標	因子	權重	說明
CO_2	CO_2排放量	33%	每人CO_2總排放量（噸／人）
	CO_2強度	33%	每GDP的CO_2排放量（g／GDP），2000為基準年
	CO_2減量策略	33%	評估間少CO_2政策野心
能源	能源使用量	25%	終極能源總使用量（GJ／人） （final total energy consumptiion）
	能源強度	25%	終極能源總使用量（MJ／GDP），2000為基準年
	再生能源使用量	25%	再生能源使用百分率
	清潔及有效能源政策	25%	評估促進使用清潔、高效能源政策的全面性
建築	住宅建築能源使用量	33%	住宅部門每平方公尺樓地板面積能源消耗
	建築能效標準	33%	評估城市的建築物能源效率的全面性
	建築能效倡議	33%	評估推動建築能源效率的努力程度的全面性

▌環境效率的重要理念發展

1990年

Schaltegger and Sturm提出環境效率（eco-efficiency）概念：價值與環境衝擊的比值關係

1992年

環境效率被廣泛地認識和接受於企業

1996年

Daly環境效率之計算：「生活價值」與「環境耗損」的比值

2001年

開始有研究將環境效率概念應用於都市
- Whitford et al. (2001); De Koeijer et al. (2003)

2009年

開始有研究將環境效率概念應用於低碳與永續都市發展
ESCAP以環境效率對東北亞六個國家進行效率評估比較

都市綠色成長過程的一種評估方式

2011年

歐盟將環境效率作為2020年策略之七大旗艦計畫之一

更有效率地使用資源是因應氣候變遷和達成歐盟溫室氣體減量目標之關鍵因素，藉以支持低碳經濟和永續成長的目標

PART 14

人類生態學

Unit 14-1 人類生態學概述

人類生態學是研究人與生物圈相互作用，人與環境、人與自然協調發展的科學。

從20世紀1970年代開始，人類生態學研究轉向以生態學為主的多學科的綜合研究，焦點是人與自然的關係。1972年在瑞典斯德哥爾摩召開的人類環境會議，通過第一個人類環境宣言。1982年通過的《奈洛比宣言》，使人類生態學進一步得到了世界科學界和社會各界的高度重視。

人既具有生物生態屬性又具有社會生態屬性。作為生物人，人對環境的生物生態適應使人類形成了不同的人種和不同的體質形態；作為社會人，人對環境的社會生態適應形成了不同的文化。

人類生態學既要研究作為生物的人，又要研究作為社會的人；既要研究人與環境的關係，又要研究人類文化與環境的關係。

人類生態系統

人類生態系統是人類及其環境相互作用的網路結構，是人類對自然環境的適應、改造、開發和利用而建造起來的人工生態系統。在人類生態系統中，人類在同地球環境進行物質、能量、資訊的交換過程中存在和發展；人類構成了食物網中最重要的一環，是人類生態系統中最活躍的因素；地球環境支持並限制著人類社會的存在和發展。人類必須同地球環境協同發展、和諧共進。

人類生態學的任務

揭示人與自然環境和社會環境的關係，研究生命的演化與環境的關係，人種及人的體質形態的形成與環境的關係，人類健康與環境的關係，人類文化和文明與環境的關係，人類種群與環境的關係以及生態文化的內涵，用生態文化創造生態文明，實現永續發展。

人類生態位

人類族群的生態位可定義為人類在生物圈中的地位與功能和人類在生物圈中的文化生態適應度。人類作為一個物種，在生物圈中，只是生命大家庭中的一員，人類又是整個生物圈中的唯一調控者。人類對地球既是建設者，又是破壞者。人類的生態位被人為地擴大，同時受到自然法則的約束。

人類已成為生物圈中的絕對優勢種。如何經由調節人類的生態位，使其生活在最適合的環境、位置，發揮他們的聰明才智和創造能力，而不是人與人的生態位重疊，造成人才的積壓和浪費，是一個非常複雜的社會學問題。

人類生態學的發展方向

1. 人類生態學應發展成以生態學原理為基礎，與多種自然、社會科學相結合，以人類及環境生態系統為對象，以協調人口、社會、經濟、資源、環境相互關係為目標的現代科學。
2. 人類生態學應橫跨社會、自然、技術學科。
3. 人類生態學應探索將來可能出現的生態問題，預測人類及環境生態系統動態演化趨勢，規劃人類社會發展藍圖。

人類生態體系的三個層面

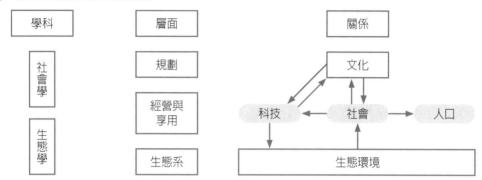

人類生態學的主要問題

項目	說明
人口問題	有限的資源與過多的人口增長將造成資源超載，造成貧窮
城市化	人口的集中帶來了一系列的問題，汙染嚴重，資源消耗過度
農村工業化	農村生態的破壞
旅遊與休閒	帶來了大量汙染廢品，包括有機的和無機的
土地開墾	土地的開墾是以犧牲邊際土地的生態環境為代價的。且土地的承載能力是有限的，過度開墾使得土地質量急劇下降

生態系與人類的關係

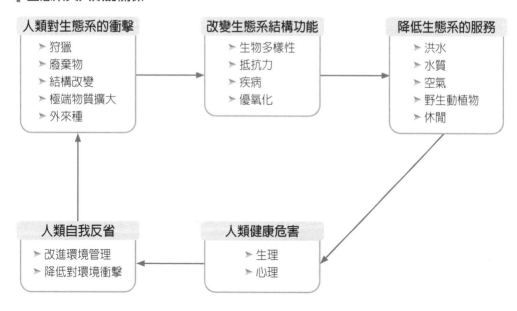

Unit 14-2 人口理論

人口問題是全球所面臨的共同問題，它是經濟問題，更是社會問題，之所以會形成「人口問題」也是由於各國的經濟、社會問題所造成。當今世界人口仍迅速增長，加劇了全球人口問題的嚴重性。而人口老化現象則使人口問題更加複雜。

人口理論探討三大類有關人口的問題和現象：⑴討論人口對生產和經濟的影響；⑵討論人口本身的問題；⑶討論人口現象。

馬爾薩斯的《人口論》

馬爾薩斯（Thomas Robert Malthus）於1798年出版《人口論》（Essay on the Principle of Population）一書，《人口論》有兩大前提：⑴糧食是人類生存的必須品；⑵兩性之間的情愛永遠存在且不可避免。在這兩個前提下，馬爾薩斯認為「糧食成算術級數成長，但人口數卻以幾何級數增加」，這樣的結果將引發人口過剩、食物缺乏、戰爭四起的悲劇，他歸納出三個「人口法則」（law of population）：⑴人口增加受生活物資的限制；⑵人口數將隨生活的物資增加而增加；⑶人口的繁殖勢必受到抑制。

埃利希的《人口爆炸》

埃利希（Paul R. Ehrich）於1970年出版《人口爆炸》（The Population Explosion）一書，「人口爆炸論」的主要觀點：⑴人口加倍成長年數愈趨縮短；⑵人口爆炸現象主要來自開發中國家；⑶擁護馬爾薩斯的「人口論」觀，認為應發動戰爭協助解決世界人口問題。

人口轉型理論

其發展過程即是「人口成長的階段期」，布雷克爾（C. P. Blacker）將其分為五個階段：⑴靜止階段：高出生率與高死亡率；⑵早期擴張階段：高出生率、高死亡率，但死亡率開始下降；⑶晚期擴張階段：出生率開始下降，但死亡率陡降；⑷低度靜止階段：低出生率、低死亡率；⑸衰退階段：出生率與死亡率均低，可是出生率低於死亡率。

「人口增加的類型」，即快速成長、緩慢成長、衰退成長、負成長、穩定成長和零成長。

西歐諸國約用了200年的時間，緩慢地由高出生率，轉變為低生率，完成人口革命；但第二次世界大戰之後，一些開發中國家卻經歷不一的人口轉變，在短短數十年期間，因醫藥衛生的進步大幅降低死亡率，是造成今日全球人口快速增長的主因。

「人口老化」可說是上述三個理論的驗證：人口增加非單只是增加新生人口，主要是由於死亡率下降，是為人口老化的基礎；也由於人口留在世界上的時間增長，人口數極易因少數的新生人口而攀升，同時人口高齡化現象明顯；隨著人口類型的轉變，人口老化的結果是可以預期的。

▌臺灣理想人口結構發展之金字塔

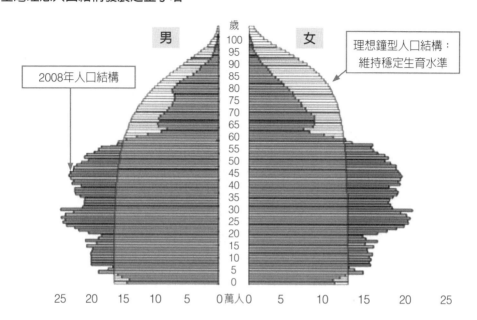

▌臺灣人口結構變動趨勢

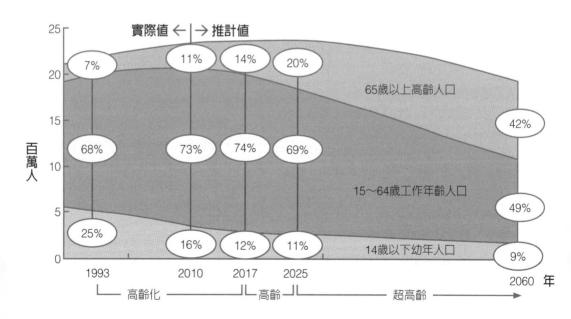

Unit 14-3 良性的人口轉型

「人口轉型」，係探究人口自然增加率中自高出生率與高死亡率均衡狀態轉變為低出生率與低死亡率均衡狀態的過程。

人口的轉型過程分為五階段：第一階段為靜止階段，此階段的人口型態為高出生率與高死亡率；第二階段為早期擴張型，雖仍呈現高出生率與高死亡率，但死亡率已逐漸下降；第三階段為晚期擴張階段，出生率與死亡率都已逐漸下降，但死亡率下降的情形更為明顯；第四階段呈現靜止情形，為低度靜止階段，呈現低出生率與低死亡率；第五階段為衰退階段，出生率與死亡率皆低，但出生率相較於死亡率更低，人口呈現負成長。

人口轉型可從國家的年齡組成得知其發展型態。一般而言，出生率高及死亡率高的地區，幼年人口較多，人口形成「年輕化」。相反的，出生率與死亡率皆低的地區，老年人口所占的比例提高，人口形成「老年化」。

人口轉型的相關因素

人口轉型為人口自然增加率之變化，自然增加率之成分包含出生率及死亡率。

1. 出生率：又稱粗出生率，係指在一定時期內（通常為一年）一定地區的出生人數與同期內平均人數（或期中人數）之比。一般用千分率表示。

• 社會、經濟與文化因素

考量因素包括：(1)家庭結構：核心式的家庭因負擔較重的子女教養責任，生育率較其他家庭型態來得低；(2)死亡率：高死亡率會導致較高的出生率；(3)成本效益與生活水準：生活水準愈高之家庭，對於生活愈講求享受，相對地生育興趣較低；(4)教育水準：教育水準與生育水準呈現負相關；(5)都市化與工業化：兩者主要是經濟型態的改變，通常都市化與工業化程度愈高，其整體的生育率愈低；(6)醫療技術：醫療水準的提升，有助於降低死亡率，同時有助於控制生育；(7)社會價值與宗教觀念：文化與社會規範的影響，對於個人會產生不同的生育觀點，進而影響生育率的高低；(8)制度推行：家庭計畫對於生育率的高低也有相當程度的影響。

• 個人的生理與行為因素

(1)生理因素：指生殖能力，包括先天的遺傳、後天的身體健康情形與結紮的避孕措施；(2)行為因素：影響性交的因素、影響受孕或節育的因素和影響分娩之因素。

2. 死亡率：又稱粗死亡率，係指在一定時期內（通常為一年）一定地區的死亡人數與同期內平均人數（或期中人數）之比，一般用千分率表示。

• 社會、經濟與環境因素：社會因素係指法律制度與醫療的品質，愈完善愈能有助於降低死亡率。經濟因素包括糧食需求、收入水準、工作型態、生活品質等，環境因素則泛指天然災害及人為災害（如戰爭）。

• 個人的生理與行為因素：生理方面係指先天遺傳因素及後天的體質調養，而行為方面是指個人的生活作息、壓力的排解與生活習慣等。

▌弗里德曼（**Milton Friedman**）生育模型圖

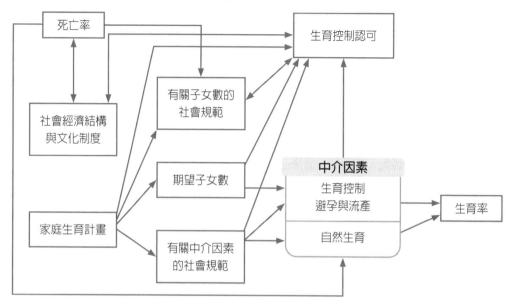

▌人口轉型歷程之人口金字塔圖

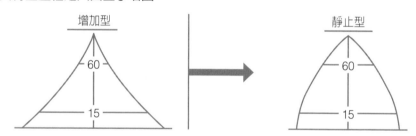

▌開發中及工業化國家人口趨勢變化圖

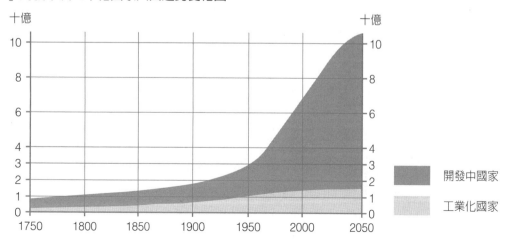

Unit 14-4 人口遷移

遷移（migration）是指任何居住地的永久變更，包括「脫離一個地方的所有活動，轉移其所有活動到另一個地方」。以遷移的距離和時間來區分遷移者與非遷移者，一般而言，遷移定義強調較永久且長距離的遷移，暫時性的地域移動，如通勤、通學、出差、旅遊，皆不被視為遷移。同時，短距離的遷移，如同村甚至同鄉內的遷居亦不能視為遷移。

遷移法則

此學說的目的在於解釋鄉村人口遷移至都市的遷移現象，認為勞動力人口的移動主要取決於兩地之間的推力與拉力效果，而拉力對遷移的影響力較大，並以經濟誘因為人口遷移主因。

遷移法則的規律：

1. 遷移與距離：人口遷移受距離影響。一般傾向於短距離的遷移，至於長距離的遷移則只是移往工商業都市中心，且離中心愈遠，遷移人數愈少。
2. 遷移成階段性：人口遷移常成階段性，大工商業中心吸引周圍鄉鎮人口遷入。此城市郊區出現空缺，再由偏遠地區的鄉村遷往大商業中心城市的人口來填補，這是人口向心遷移的階段性。
3. 流向與反流向：每一人口遷移的流向同時也有反流向存在。
4. 城鄉遷移傾向之差異，城鎮居民比鄉村居民較少遷移。
5. 短距離的遷移以女性居多。
6. 遷移與技術：運輸、交通工具改進克服遷移的障礙，縮短距離的影響，而工商業的發展增加了選擇的機會，也會促使遷移量增加。
7. 遷移以經濟動機為主：受歧視壓迫、沉重的稅負、氣候不佳、生活條件不適合等因素也是人口遷移的原因之一。

人口選擇性理論

人口選擇性理論（The Selectivity of People Approach）從區域經濟的角度解釋人口遷移的原因，認為就性別、年齡、教育程度、種族等而言，遷移者來自特定選擇的團體，他們富冒險性，有能力把自己與以前的環境割捨，並適應陌生的環境，他們會受到經濟機會較佳地區的吸引而遷移，而造成人口遷移的主要原因是區域不均衡發展所致，同時人口遷移可調節區域之間人力資源的供需，進而促進整體經濟的發展。

人力資本投資理論

遷移的淨利潤是移動與否的主要因素，預期報酬包括遷移者預期遷移後所能增加之收入，成本包括現金成本、住宅成本、交通成本等，如果遷移目的地的遷移成本與預期報酬比現居地更經濟，則產生遷移。

影響人口遷移的主要因素

一般而言，影響跨地區人口遷移的因素，包含地區社會經濟的情況、誘發個體遷移的因素（求學、就業、結婚等），以及影響個體遷移的因素（移動的成本、社會風氣等），其中經濟情況是最主要也是最常見的原因。

▌Iowa State Un. 學派之家庭行為與住宅模型

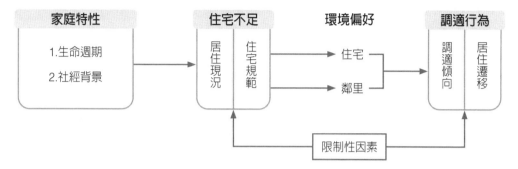

▌影響人口遷移的因素

「＋」為正性心理評價（即拉的因素），「0」表示無所謂，「－」為負性心理評價（即推的因素）。

▌Mobogumje的城鄉遷移系統模式圖

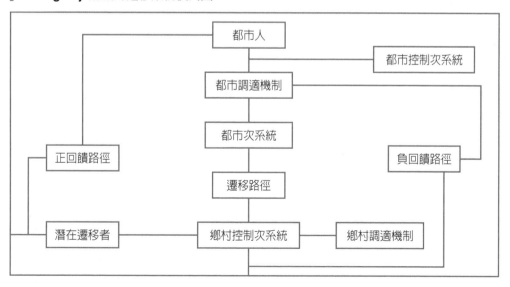

Unit 14-5 人類與環境

人類所生存的環境包括自然環境與社會環境，人類與環境之間是交互作用、互相影響。環境對人類有制約性，制約或決定人類的生存與發展，人類對於環境有依賴性，依靠環境才能生存與發展，而惡化的環境也將威脅或危害人類的生存與發展。

環境問題的產生，主要是人類生活方式、經濟發展對地球所造成的影響，導致生態遭到破壞、物種毀滅、生物多樣性消失、形成各類汙染公害、氣候變遷異常、環境品質惡化等。

1974年聯合國環境規劃署與聯合國貿易和發展會議（UNCTAD）召開了「資源利用、環境與發展策略專題討論會議」（Patterns of Resource Use, Environment and Development Strategies），會議中即達成共識，認為：協調環境與發展目標的方法就是透過環境管理。

環境問題的產生及人類與環境之間的交互作用與影響的諸事務，都直接或間接地導因於人類活動。所以，環境管理本身除了管理環境外，就是管理人類本身活動。

環境倫理

環境倫理是人類與自然環境間的道德關係，也可以說是人類與自然環境的倫理責任。人類的活動與行為，應該考慮到與自然環境的和諧關係；跳脫以人類為中心的思考邏輯，把環境觀考慮到生態學的原則，即是環境倫理。

環境教育概念的基本要素

1. 互動與互賴：組成環境的生物與非生物之間總是相互作用與互相依賴，生物體、人類，甚至人類社會裡的其他不同的部分，也彼此之間交互作用、彼此依賴。
2. 自然資源保育：人類社會及其文化發展與天然資源息息相關。在地球上的天然資源是有限的，人類要小心使用，且要考慮到它的永續性。
3. 環境倫理：要有積極的態度、適當的行為，以及責任感來重視地球上及其他一切的生物體。
4. 環境管理：人類生活的福利，有賴於我們適當地管理及保護環境。
5. 生態原理：了解生態的本質與原則是必要的，藉此可培養人們積極的態度與行動，以維持生態系統的平衡、穩定與完整。
6. 承載量與生活品質：人類人口及其行為的多寡，對於自然資源、環境品質，以及生活品質都有直接的影響。因此，我們必須要適當地調整人類人口及控制人類行為對環境的影響。

永續發展

從人類社會內部看，永續發展說明了在發展問題上，國家之間、地區之間的密切關係，展現人類社會的整體發展觀；從人與自然的關係看，永續發展說明了人類與其他物種、人類與非生物之間的密切關係，展現了人與自然界的協調發展觀。人類未來的倫理學應賦予植物、動物、非生物甚至地球上的所有生存物與人類相同的權利。

生態社區綜合評價指標體系

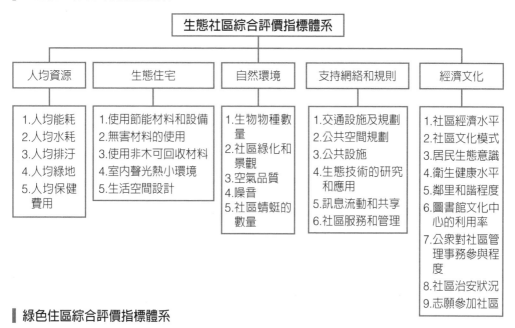

綠色住區綜合評價指標體系

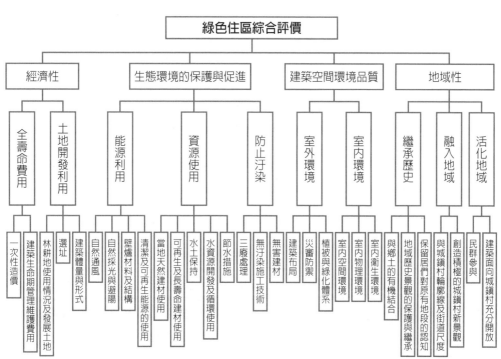

Unit 14-6 適度人口

1994年聯合國開發計畫署提出的「人類安全」概念即是意味著能夠安全的實現人類永續的發展。聯合國人口基金會於2011年10月在倫敦發布「2011世界人口狀況報告」，宣布全球人口突破70億大關，呼籲全球共同應對人口增長的挑戰。

適度人口（optimum population）就是能夠達到一個特定或一系列目標的「最佳」或「最理想」的人口規模，這樣的人口數可獲得最大的經濟利益和社會福利。

Edwin Cannan最早系統地分析了適度人口，他把產業最大收益作為達到適度人口的標準，「在任何一定時期，或者在任何特定的條件下，或其他條件都保持不變，總有一個可以稱之為獲得產業最大收益的時點，此時人口數量剛好如此恰當地適應環境，以致無論人口是多於或少於此時的人口，其收益（或勞動生產率）都會下降（遞減）。這種人口即被定名為適度人口」。

人口數量或密度和環境的關係，依照提高人的生活福祉為追求目標，就成為適度人口的概念，自18世紀以來就有人提出。然而，其操作化有無法克服的難題，適度人口不僅指生產的問題，也考慮軍事力量、生活水準、就業率等，甚至將指標可擴大至社會福利、健康、壽命、資源保存，甚至文化及精神層次的因素。

就一個國家而言，適度人口的確具有政治的含意，不過很難決定多少人口才是最適人口。加上經濟和社會都處於動態的特性，靜態的適度人口規模不易計算，亦即並不存在一個絕對的、精確的適度人口。

控制人口的規模和增長速度，是利用科學發展觀指導下適度人口的重要手段。目前世界人口正以前所未有的速度和規模增長，特別是許多發展中國家的人口增長速度和規模已超過了適度人口，甚至超過了資源、環境人口容量。

人口優化狀態不僅僅是人口數量和人口增長速度的適度，還包括人口結構的優化。合理的人口結構是穩定人口增長、協調人地關係、公平分配生產成果的需要。

適度人口密度

一個國家的人口在所支配範圍內，達到居民獲得最好生活水準的人口密度，或獲得最高生活水準的密度，即為適度人口密度。

適度人口的九個目標：個人福利、福利總和、財富增加、就業、實力、健康長壽、壽命總和、文化知識、居民人數等，可以根據不同的標準確定目標。

適度人口規模

指一定國土範圍內的人口數量，對於獲得一定的最先進目標（如最大人均收入），有可能太少，也可能太多，在太少和太多之間，總有一個既不太少又不太多的適度人口數量。

最優人口

過剩人口和過少人口之間臨界點上的人口，超過此臨界點即是過剩人口，低於此臨界點便是過少人口，且此臨界點是動態的、有彈性的、有幅度的。

北京市適度人口示意圖

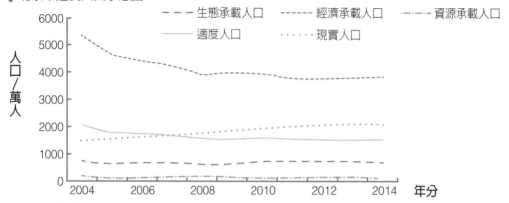

①生態承載人口：規模在波動中有增長的趨勢，一直處於人口超載狀態。

②經濟承載人口：一直處於富餘狀態。

③資源承載人口：規模處於波動狀態，超載率逐年增加。土地資源承載力對資源承載人口的貢獻大於水資源。

④北京市適度人口：規模從2008年開始出現人口赤字，且人口超載率逐年攀升。資源約束已成為阻礙城市發展的主要因素，經濟承載力是維持適度人口規模緩慢減小的主要動力。

人口安全研究概念圖

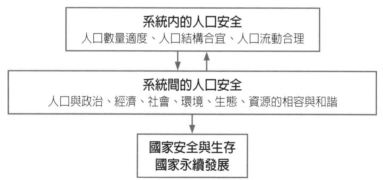

世界及亞洲兩千年來人口趨勢

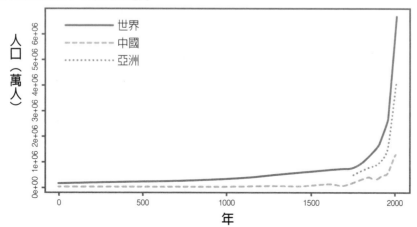

Unit 14-7 臺灣人口變遷

企管大師杜拉克（P. F. Drucker）認為，影響未來50年全球經濟最重要的三項因素為：⑴全球人口結構重大變遷；⑵經濟全球化；⑶知識經濟的發展；且三者之間存有密切關係。

少子女化

有關少子女化的社會趨勢，最客觀的衡量指標，當是人口統計中的總生育率之變化。我國的總生育率自1950年後，即呈現一路下降的趨勢。從1984年起，總生育率下跌到不及2.1的替代水準，警示未來人口將會衰退的訊息。1986～1997年之間，總生育率平均維持在1.75左右。但從1998年起，總生育率又繼續明顯下降，至2003年總生育率僅為1.23，使得我國成為世界上所謂「超低生育率」的地區。

由於結婚年齡延後、結婚率降低及離婚率的增加，因此，有偶人口占所有人口的比例，歷年來不斷地減低。初婚年齡的變化，過去30年來男女皆處上升趨勢。

少子女化幾乎與低生育率畫上等號，生育行為的改變與工業化和現代化的社會經濟變遷有關。

婦女勞動參與引發的工作與家庭兩難壓力，當經濟成長減緩之後，失業率上升以及實質所得未明顯成長，許多家庭感受到經濟風險的增高，而子女養教成本上漲，亦是導致少子女化現象的主要原因。

人口老化

老年人口比從1993年的7%，到2017年爬升至13.33%。人口老化較歐美各國快速，對於社會經濟的衝擊亦較嚴重，也意涵著臺灣為高齡社會作準備的時間超短。

因第二次世界大戰後嬰兒潮人口進入老年期，老人人口將更加急速增加，到了2026年，我國人口中將有五分之一是老人；又到了2051年，每3位國民中就有一位是65歲以上的老人。

人口老化的重要原因除了壽命的延長外，就是人口增加率趨緩。這與死亡率和出生率均低的狀態有關。當一個國家生育率持續低於人口替換水準，將導致人口負成長現象，而幼年人口減少，促使老人人口比率相對上升，增加人口老化之嚴重性。

在人口逐漸老化的過程中，勞動力不足的情況會愈加明顯，中高齡勞工的就業率偏低，以及提早退休也是各國關切的課題。

移民

我國移出人口的數量並不大，近年更是顯著地降低。自1990年代初期以來，我國面臨非常明顯的一波移入人口，主要是以婚姻關係而來到臺灣並試圖長期居留的外籍女性，此群體主要來自中國大陸與東南亞國家。

在臺灣，外籍勞工不被視為是經濟移民的一部分，主要因素是其居留的期間受到法律上的限制。

在婚姻移民中，目前雖以中國大陸與東南亞籍的配偶占多數，但其他國籍者亦有相當的比例。婚姻移民的國籍來源，實際上相當多元。外籍與中國大陸配偶的平均教育成就較低，但其生育率則頗高。大部分均處生育年齡。

▌臺灣未來三階段人口年齡結構圖

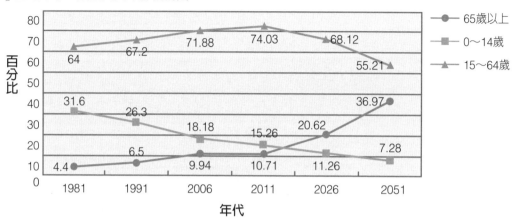

▌老人人口比率與總生育之國際比較

國家或地區	65歲以上人口占總人口比率（%）	人口數（百萬）	自然增加率（%）	總生育率（人）	出生預期壽命（歲）	
					男	女
義大利	19	59	0	1.3	78	83
日本	20	127.8	0	1.3 ·	79	86
瑞典	17	9.1	0.1	1.8	78	83
英國	16	60.5	0.2	1.8	76	81
法國	16	61.2	0.4	1.9	77	84
美國	12	299.1	0.6	2	75	80
香港	11	6.8	0.2	0.9	78	85
臺灣	10	22.9	0.14	1.12	74.6	80.8
南韓	10	48.5	0.4	1.1	74	81
新加坡	8	4.5	0.6	1.2	78	82

（資料來源：US.Population Reference Bureau. 2006 World Population Date Sheet）

PART 15
建築生態學

Unit 15-1 生態環境建設

生態環境是指影響人類生存與發展的自然資源與環境因素的總稱（即生態系統），包含水資源（水環境）、土地資源（土地環境）、生物資源（生物環境）及氣候資源（氣候環境）。

自然資源與自然環境具有同一性質。自然資源是對人類生存與發展能夠創造財富的自然環境要素。環境具有資源性，隨著人類科學技術的發展，越來越多的自然環境要素將成為人類創造財富的資源。因此，保護生態環境就是保護生產力，建設生態環境就是發展生產力。

生態環境問題

可分為兩大類，一是生態破壞，如濫伐森林、陡坡開墾、超載放牧等引起的水土流失、土地退化、物種消失等；二是環境汙染，如工農業廢棄物對大氣、水源、土壤的汙染。有的地區生態環境問題可能以某一類為主，但在更多的地區兩類問題同時存在。

生態環境建設實際上就是生態環境的保育（conservation）。保育指保護、改良與合理利用。因此，生態環境建設是指水、土、氣、生等自然資源（或再生自然資源）的保護、改良與合理利用。正確認識生態環境建設的內涵，有助於避免從某個地區或部門的利益出發。

依臺灣國家發展委員會《民國101年國家建設計畫》第三章生態環境建設之3項規劃：

1. 國土復育與利用：為確保國土永續利用，因應全球氣候變遷所致之極端氣候，消除天然災害侵襲，落實國土分級、分類使用之管理機制，規劃防洪治水等相關計畫，保障人民生命財產安全。

2. 環境保護：推動組織建制倡永續、節能減碳酷地球、資源循環零廢棄、去汙保育護生態及清淨家園樂活化等五大施政主軸，以保護環境資源，追求永續發展。

3. 生態保育：推動森林保育，落實水土保持，強化國家公園及重要溼地的經營管理與保育功能，以維護生態系完整與物種的多樣性，並提供民眾休閒遊憩、環境教育場所。

《國家發展計畫──106至109年四年計畫暨106年計畫》第三章區域均衡與永續環境規劃：

1. 健全國土規劃及災防：將健全《國土計畫法》、《海岸管理法》，以復育環境敏感與國土破壞地區，防治海岸災害與環境破壞，保護與復育海岸資源。

2. 推動溫減與防制空汙：健全我國面對氣候變遷的調適能力，以降低脆弱度並強化韌性。分階段逐步達成139年溫室氣體排放量，降為94年溫室氣體排放量50%以下之國家溫室氣體長期減量目標。

3. 開發及保育水資源：針對河川、水庫進行汙染防治，以改善水質；推動河川環境營造。對重點河川進行整治，改善各汙染河段，塑造多元之棲地環境，強化既有現地汙水處理設施功能、優養化水庫水質改善及建立海洋汙染緊急應變能力。

4. 親近及運用海洋資源：強化海洋資源的維護與復育，並積極防制汙染事件發生。

▍區域生態環境建設規劃設計過程

準備工作
包括確定目標和計畫、組建班子、蒐集資料。主要資料有：生物、土地、水、氣候和社會環境等

現狀診斷分析
包括生態狀況變更調整與分析，生態資源評鑑，潛力分析

確定戰略目標
確定整個區域及各部門生態建設的策略目標，以及實現目標的主要途徑

制定規劃
定性與定量相結合，制定整體與各部門的生態建設任務

編製規劃報告與用表

規劃報告審議和批准

▍生態環境建設規劃工作流程圖

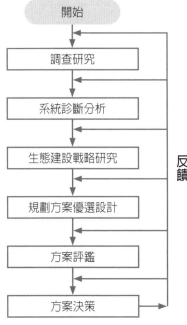

▍前瞻基礎建設計畫──水環境建設

水綠融合、優質環境

目標

推動至少一縣市一亮點之河川環境景觀及棲地營造

策略

- 水量、水質兼顧，提升水體與水域生態健康度
- 營造水域及水岸環境，建立親水、生態友善之永續美質環境

Unit 15-2 生態工程

生態工程的概念

在過去，工程師常常自豪「人定勝天」，逢山開路，遇水架橋。然而，隨著氣候變遷和環境資源的破壞，科學家已發現，就生態學的角度而言，生態系其實一直處於動態平衡，且在這個平衡機制中，無論是個體、群體和物種之間都相互關聯。當面臨天然或人為干擾時，生物有可能因環境品質的不穩定或惡化而產生致死（急性）或非致死（慢性）的反應，進而表現在族群數量的增減中。

為了達成人類與自然永續共存的目標，最早由德國學者提出生態工程的概念，認為在整治河流時，應以較經濟的方式減少人工建構物的介入，且盡量接近自然，保持天然景觀。

生態工程的概念，主張自然環境的整治應維護生態環境，注重人為環境與自然環境相互依存的關係。

生態工程就是盡可能在不破壞原有生態和環境景觀的原則下，就地取材，利用工程或保育方法進行環境的開發、整治、復育和改良的工作，使結構安全和當地的自然生態都能獲得保障，並讓生物能在人為擾動後的空間中繁衍和成長。

最重要的是，生態工程是一種系統性的設計。而傳統工程的施作，常是為了處理單一的課題或危機，於是當河川氾濫時，工程師馬上築堤防洪；當山坡地出現土石流時，馬上修築防沙壩。這種單線式思考的問題處理模式，已證明並無法真正地解決問題。

棲地切割

棲地削減是公共工程建設中無法避免的事實，道路、軌道的構築必然會侵占棲地環境中的土地，然後隨之而來的干擾與障礙效應的影響範圍更深更廣，適合野生物種生活的空間與土地將受到壓縮。

運輸網路之分割使景觀破碎，將自然生態環境切割呈孤立的塊狀，造成生態環境區域化，使生長在其中的生物只能在更小的範圍內求偶和覓食，生存條件因此下降。如果隔離延續若干世代以後，則有可能發生種內分化，不利於生物多樣性的維護。

生態工程的設計原則

1. 最少干擾原則：除非必要不要破壞既有生態、景觀，盡量保全所有的生態結構與功能並維持其多樣性。
2. 工程規模最小化原則：人為的構造設施愈少愈好，
3. 生物多樣性原則：營造棲地的多樣性與生態過程多樣性。
4. 自然環境自我設計原則：運用自然演替、物質循環與河川自淨能力，工程行為不應超過生態系之涵容能力。
5. 生態景觀連續性原則：將人造環境和諧漸變地融入自然環境中。
6. 能源使用最小化原則：使用綠色材料，善用太陽能。
7. 汙染物與廢棄物最少化原則：不要增加環境壓力。
8. 循環再利用原則：建構循環型工程營建系統。
9. 在地原則：地方特色、地方觀點、地方智慧、社區參與。
10. 避免二次傷害原則。

▌生態工程應用的分類

▌生態工程原則示意圖

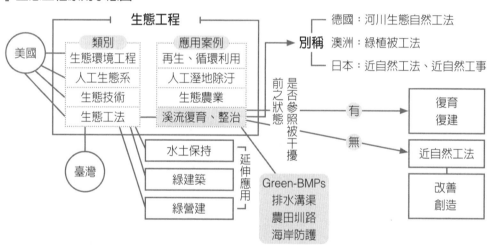

▌生態工程與傳統工程的區別

類別	傳統工程	生態工程
能源類型	石化燃料、非再生性資源	太陽能為主，非再生性資源為輔
構造物之組成	鋼筋水泥、人工材質	自然界取得
人類社會之定位	與自然區隔	為大自然的一部分
型態及組成	硬性、單一化	柔性、多元化
與其他物種之互動	排斥	共榮
生物多樣性	減少	增加、保護
永續性	低	高

Unit 15-3 生態建築

生態建築（arcology）的概念，是將生態（ecology）與建築（architecture）二辭合為一。意指建築物配置於基地上時要順應自然，不要隨意改變地形地貌。為了建築物而改變地形地貌，直接就改變了生態平衡，是不負責任的設計。

生態建築是指能夠符合生態學原理，與環境能夠和諧統一，同時又有著完善的各項設施的建築，不僅僅是生態學思想與建築學的完美結合，還應嚴格遵循可持續發展原則。其表現形式如下：

1. 生態建築是構造適合人類健康、舒適的生存環境的建築。
2. 生態建築是在對原有環境加以利用建造的，同時也能夠對原有環境加以保護的一種現代建築形式。
3. 生態建築是按生態學要求實現生態完整、延續，遵循生態平衡的原則。做到資源的合理開發利用，實現資源的良性循環，尤其是不可再生資源的使用，不過度開發使用，不破壞生態平衡。
4. 生態建築是以生態學為指導，分析當地的地理、自然生態環境、充分利用當地自然資源優勢，在自然生態延續和保護的基礎上合理開發，科學發展建築業。

生態建築的特性

1. 與自然環境的和諧統一性：生態建築取向於生態環境，就是合理利用自然地理、氣候條件，建造出適宜人類居住的建築。
2. 內容的複雜性：以不破壞生態平衡為出發點，做到建築和生態環境和諧發展。為達

到此需求，需要各種學科的分析整合，創造出既有完善功能又有高層次文化品味，既能繼承傳統建築的優點。又有高科技的新型生態建築。

3. 可持續發展性：與周邊自然生態環境系統融為一體的一種建築形式，其出發點在於減少建築對環境所造成的影響，做到建築與自然環境的平衡。建築設計中需要綜合分析建築生命週期的各個環節，結合環境效應、社會效益、經濟效益的綜合評價，做到建築設計優化、能源設計優化、材料節約及環境設計優化及經濟平衡。

建築環境模擬評估方法

1. 評估：在實際進行作業前，評估目標（真實）系統的設計，利用模擬方法加以分析，可及早發現執行時可能發生問題與作業瓶頸所在，而能防範改善於未然。
2. 比較：比較替代方案下的功能或比較不同作業策略及過程。模擬可用以分析系統的不確定變數，表現真實作業動態狀況。
3. 預測：預測各種情況下的績效與發展，預先了解可能產生的結果，降低錯誤判斷造成的風險。
4. 敏感性分析：調節、分析和比較各因素對系統個別或綜合的影響。
5. 最適化：確定何種因素組合最有利於整個系統。
6. 功能性相關：建立相對的關係，分析一個或多個原因對於系統的影響。

▋各種生態建築的比較

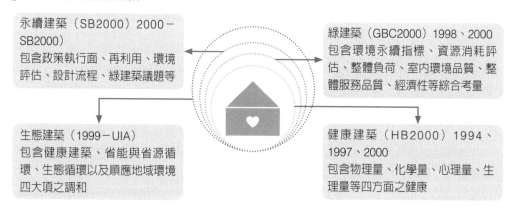

永續建築（SB2000）2000－SB2000）
包含政策執行面、再利用、環境評估、設計流程、綠建築議題等

綠建築（GBC2000）1998、2000
包含環境永續指標、資源消耗評估、整體負荷、室內環境品質、整體服務品質、經濟性等綜合考量

生態建築（1999－UIA）
包含健康建築、省能與省源循環、生態循環以及順應地域環境四大項之調和

健康建築（HB2000）1994、1997、2000
包含物理量、化學量、心理量、生理量等四方面之健康

▋永續發展中的建築相關性

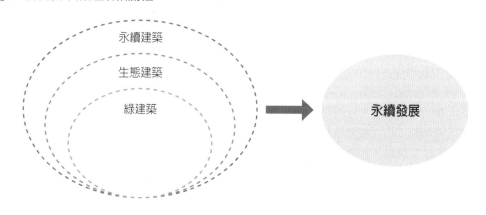

永續建築
生態建築
綠建築

永續發展

▋技術演進過程

技術層面	低技術	中技術	高技術
建築層面	遮蔽物	建築物	建築
功能	無安全性，依賴地域特點	具有安全性的建築物，結合地方氣候特點，引用了一些新技術	注重藝術性、技術性、安全性、具有生態化、智慧化的高技術生態建築
典型實例	半坡村遺址（遠）生土（窯洞）建築（近）	四合院	生態高技術建築如：法蘭克福商業銀行大廈、蒙特利爾國際博覽會美國館、仙台運動館等
技術指標	無	傳統技術與新技術共存	數字化、智能化、生態化

Unit 15-4 生態節能

建築節能技術規範的核心就是從控制單項建築維護結構（如外牆、外窗、屋頂等）的最低保溫隔熱指標，轉化爲對建築物眞正能量消耗量的控制，達到嚴格有效的能耗控制。

生態節能是建築設計的一個重要目的，人類花費財力和物力建立人類居件的空間，重視使用功能，必須在滿足、達到使用功能要求的前提下注重節約能源、生態環保。

建築對能源的消耗表現在建築施工過程中的能源消耗、建築使用過程中的能源消耗及其報廢拆除時的能源消耗。

一棟建築在其50年壽命週期內各種費用的支出中基建費占13.7%（包括土建和設備）、能源費34%。如果採用被動式太陽輻射供熱、供冷、蓄能與晝光照明結合措施，可節省大量能源，約占整體建築壽命週期內20〜40%的能源費用，即能源節約一項可占到總支出的6.8〜13.6%，同時能源的節約可連帶諸如減少廢物排放、降低熱島效應、降低使用成本、改善環境等諸多好處。

住宅建築節能設計

1. 通過複合牆體可大大增加外牆的保溫標準，提高室內製冷或採暖設備的效率。
2. 太陽能的採集使用不僅可提高室內溫度，供應熱水，還可提高自然採光從而減少人工採光所耗費的能源。
3. 採用緊湊的結構，以使相鄰的牆壁、地板和屋頂可最大限度共用。
4. 創建自我遮蔽的分布形式。
5. 有效控制自然通風。

建築節能技術與手法運用，應包含建築物開口部的遮陽、建築皮層隔熱保溫、室內空間空氣流通，以及室內空間照明採光，均應由設計階段配合基地氣候條件規劃完成，減少設備使用量以達到建築耗能降低、室內空間舒適度增加，以及有效降低二氧化碳排放等。

建築能耗，即建築物使用過程中用於暖氣、通風、空調、照明、家用電器、輸送、動力、烹飪、給排水和熱水供應等的能耗。據統計，全球能量的50%消耗於建築的建造和使用過程。

建築節能外圍護結構的隔熱保溫，主要包括外牆體、門窗、屋頂、樓地面和戶隔牆等建築部位的隔熱保溫。其中，外牆體隔熱保溫的技術模式對節能建築的節能投資和耐久性影響最大。

增強建築結構的保溫隔熱性能

1. 外牆的節能措施：採用新型牆體材料與複合牆體圍護結構，可有效減少通過圍護結構的傳熱，從而減少各主要設備的容量，達到顯著的節能效果。對垂直牆面可採用外廊、陽臺等遮陽設施和淺色牆面、反射幕牆、植物覆蓋綠化等。
2. 門窗的節能技術措施：設置遮陽設施，考慮空調設備的位置。減少陽光直接輻射屋頂、牆、窗及透過窗戶進入室內，可採用外廊、陽臺、遮陽板、熱反射窗簾等遮陽措施。
3. 提高門窗的氣密性：改進門窗產品結構（如加裝密封條），提高門窗氣密性，防止空氣對流傳熱。

節能技術組成概念圖

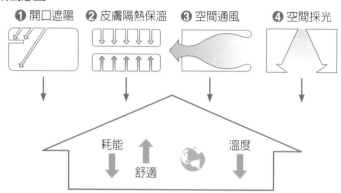

能耗、建築演進、人與自然的關係

建築類型	能耗狀況（階級）	人與自然的環境關係
掩蔽式	低能耗、無能耗	均為自然界的客體，人基本上處於被動適應狀態
舒適建築	高耗能	向自然界大肆索取能源，追求舒適、高消耗，造成高能耗、自然資源銳減。強調人是自然界的主體
健康建築	高耗能	強調人是自然界的主體，主張人類要征服自然。但也開始注意到人與自然的矛盾所帶來的危害，人類住不追求與自然的和諧、健康發展，但仍處於高能耗、低效率的階段
綠色建築	高能量效率	大量利用可再生能源和未利用能源，親近自然和保護環境，從天然自發的生態環境向人工與自然共存的自決的生態環境回歸

太陽能利用體系

生態技術述評及經濟性比較分析

主要技術類型	節約能源資源減少汙染	前期投入費用	使用維護費用	技術發展程度	施工與管理程度	經濟回收期
誘導式構造措施	較好	低	低	成熟	低	短
被動式太陽能採暖	較好	低	較低	成熟	低	較短
太陽能熱水技術	好	低	較低	成熟	低	較短
太陽能發電技術	很好	很高	較高	不成熟	很高	很長
其他清潔能源（風能、潮汐、地熱等）	好	高	較高	不成熟	較高	較長
機械恆溫換氣	較好	較高	較高	較成熟	一般	較長
廢物處理技術（垃圾處理、重水回收利用）	較好	較高	較低	較成熟	較高	較長
生態建材	較好	高	較低	較成熟	很高	較長
智能控制	好	很高	高	不成熟	很高	很長
綠化技術	一般	較低	較低	成熟	低	較短

Unit 15-5 綠建築

綠建築定義

　　消極定義係指在建築生命週期中，消耗最少地球資源，使用最少能源及製造最少廢棄物的建築物；積極定義為生態（ecology）、節能（energy saving）、減廢（waste reduction）、健康（health）的建築物，其評估系統簡稱為「EEWH系統」。綠建築在歐美稱為「生態建築」（ecological building）及「永續建築」（sustainable building），日本稱為「環境共生建築」，美國、加拿大稱為「綠建築」（green building）。

　　日本關於環境共生住宅的定義為：(1)低環境衝擊：節能、減廢；(2)與自然調和：富地方特色的設計、與地形地物調和、人性尺度、良好的人際交流空間、良好的管理組織、生物多樣；(3)舒適性：空氣品質、隔音性能、無障礙空間、舒適溫溼環境、充足採光、視覺等，三大範疇。

綠建築標章

　　內政部建築研究所為鼓勵興建省能源、省資源、低汙染的綠建築，建立舒適、健康、環保之居住環境，發展以「舒適性」、「自然調和健康」及環保等三大設計理念，創設「綠建築標章」申請，標章之核給需進行綠建築九大指標評估系統之評估，包括「生物多樣性指標」、「綠化指標」、「基地保水指標」、「日常節能指標」、「CO_2減量指標」、「廢棄物減量指標」、「室內環境指標」、「水資源指標」、「汙水垃圾改善指標」，經綠建築標章審查委員會審查通過，始可發給「候選綠建築證書」或「綠建築標章」，有「綠建築標章」之建築物，評定為綠建築。

1. 基地綠化指標：利用建築基地內自然土層及屋頂、陽臺、外牆、人工地盤上之覆土層來栽種各類植物的方式。

2. 基地保水指標：指建築基地內自然土層及人工土層涵養水分及貯留雨水的能力。

3. 水資源指標：係指建築物實際使用自來水的用水量與一般平均用水量的比率，又稱「節水率」。

4. 生物多樣性指標：顧全「生態金字塔」最基層的生物生存環境。

5. 日常節能指標：空調及照明耗電為主要評估對象。

6. 二氧化碳減量指標：建築產業的耗能則包括空調、照明、電機等「日常使用能源」，以及使用於建築物上的鋼筋、水泥、紅磚、磁磚、玻璃等建材的「生產能源」。

7. 廢棄物減量指標：建築施工及日後拆除過程所產生的工程不平衡土方、棄土、廢棄建材、逸散揚塵等足以破壞周遭環境衛生及人體健康者。

8. 汙染垃圾改善指標：環境衛生上具體控制及改善的評估指標。

9. 室內環境指標：室內環境中，隔音、採光、通風換氣、室內裝修、室內空氣品質等，影響居住健康與舒適的環境因素。

綠色建築九大評估指標系統、排序與地球環境關係表

大指標群	指標名稱	與地球環境關係						排序關係		
		氣候	水	土壤	生物	能源	資材	尺度	空間	操作次序
生態	1.生物多樣性指標	*	*	*	*			大↑	外	先
	2.綠化量指標	*	*	*	*					
	3.基地保水指標	*	*	*	*					
節能	4.日常節能指標	*				*				
減廢	5.CO_2減量指標			*		*	*			
	6.廢棄物減量指標			*			*			
健康	7.室內環境指標			*		*	*			
	8.水資源指標	*	*					↓小	內	後
	9.汙水垃圾改善指標		*		*		*			

（資料來源：內政部建築研究所「綠建築解說與評估手冊2007年更新版」p.8表1-2-1）

臺灣各種植栽單位面積四十年CO_2固定量Gi（kg／m²）

植栽種類		CO_2固定量
生態複層綠化	大小喬木、灌木、花草密植混種區（喬木平均種植間距3.0m以下、土壤深度1.0m以上	1100
密植喬木	大小喬木密植混種區（喬木平均種植間距3.0m以下，土壤深度0.9m以下）	900
疏種喬木	闊葉大喬木（土壤深度1.0m以上）	808
	闊葉小喬木、針葉木或疏葉型喬木（土壤深度1.0m以上）	537
	大棕櫚類（土壤深度1.0m以上）	410
密植灌木叢	高約1.3m，土壤深度0.5m以上	438
	高約0.9m，土壤深度0.5m以上	326
	高約0.45m，土壤深度0.5m以上	205（灌木叢標準值）
多年生蔓藤	以立體攀附面積計量，土壤深度0.5m以上	103
高草花花圃或高經野草地（高約1m，土壤深度0.3m以上）		46
人工修剪草坪		0

（資料來源：內政部建築研究所，2002，p.48）

綠建材的類別

項目	說明
生態性	運用自然材料，無匱乏疑慮，減少對於能源、資源之使用及對地球環境影響之性能
再生性	符合建材基本材料性能及有害事業廢棄物限用規定，由廢棄材料回收再生產之性能
環保性	具備可回收、再利用、低汙染、省資源等性能
健康性	對人體健康不會造成危害，具低甲醛及低揮發性有機物質逸散量之性能
高性能	在整體性能上具有高度物化性能表現，包括安全性、功能性、防音性、透水性等特殊性能

PART 16

產業生態學

Unit 16-1 產業生態學概述

產業生態學（industrial ecology）的理論是以類比法，透過循環、多樣性、地緣性及循序漸進之生態系統的原則，將產業生產供需鏈視同自然界的食物鏈，達到環環相扣的結果。強調以整合性方式，將產業活動融入生態系統之中。定義為「產業與經濟系統透過多門學科的整合性方式，與生態系統聯結所形成的目標。它強調各個不同系統的合作機制。研究的範圍包括能源供需、原料、技術與科技系統、科學、經濟學、法律、管理學及社會科學」。

產業生態學近年漸受重視的關鍵，主要為相關自然資源匱乏，國際環境公約無形或有形的壓力漸增，各國開始關注全球環境議題；甚至透過國際環境政治遂行經貿等國際環境政治。此時，產業生態學觀念正提供一個邁向永續發展的理論架構。

產業生態學的目標是為了了解自然生態系後，將其應用至人類與產業系統設計。達到一個不只是較有效率，且本質上可調適至生態系承載與特質的工業化模式。

產業生態學一如生物上的生態學，將焦點置於資源循環。事實上，地球的永續發展靠的是達到如循環、合作及顧客、政府等由「管末」思考模式轉變成「循環」、「有遠見」的方法以處理產業與環境的關係。

產業生態學原則

要同時達到永續的整體利益，產業的生產方法必須重新設計以便能與自然系統相互調和。

1. 連結個別廠商進入產業生態系中：透過再利用與循環回收形成封閉迴路；尋求物質與能源使用的最大效益；產生最少廢棄物；將所有廢棄物定位為具潛力產品並尋求其市場。

2. 投入產出至生態系承載量的平衡：減輕能源和物質釋放入自然環境所產生的環境負荷；利用自然容納環境特質與敏感度，設計自然世界與產業間的介面；避免產生或運送毒性危害物質。

3. 重新策劃產業使用的能源和物質：重新設計製程以減少能源使用；以替代技術及產品設計，減少可能超出回收範圍外的物質；以少生多。

產業生態學連結了跨設計的層次，評估永續環境績效至少需由下列層面考量設計：產品、服務、製程、物質及能量流、設備、企業組織／使命／策略、公司間的關係、社區及區域基盤設施、社會制度及政策等。而符合產業生態學概念的方法與操作工具至少需顧及上述範圍。

產業生態學的量測工具計有物資流向分析（material flow analysis）、生命週期評估（life cycles assessment）、為環境設計（design for environment）、清潔生產與汙染預防策略、環境績效量測系統及資訊系統。

自然生態與產業生態化系統之原則類比方法

原則　　　　　　系統	生態	產業生態
循環	◆ 物質再利用 ◆ 能源的連串	◆ 物質再利用 ◆ 能源的連串
多樣性	◆ 生物多向性 ◆ 物種、多機體多樣化 ◆ 多樣化的相互性及共同合作 ◆ 資訊的多樣性	◆ 角色多樣化，且相互性及共同合作 ◆ 多樣化的產業投入與產出量
地緣性	◆ 利用地方上的資源 ◆ 入鄉隨俗 ◆ 限制因子 ◆ 地緣上的相互性及共同合作	◆ 利用地方上的資源及廢棄物 ◆ 限制因子 ◆ 地緣上的角色進行共同的合作
循序漸進	◆ 依靠太陽能生長 ◆ 依靠繁殖生長 ◆ 週期循環性、季節性 ◆ 在多樣性的系統中緩慢地成長	◆ 利用廢棄物資源及能源 ◆ 在多樣性的系統中緩慢地成長

一級生態系統

投入產出物質單向流動的生態系統

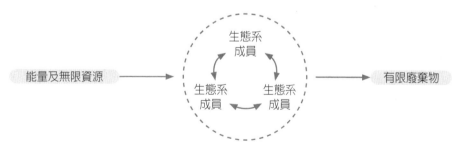

理想閉路循環之生態系統

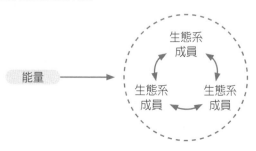

Unit 16-2 產業生態學的關鍵問題

去物質化

去物質化（de-materialization）指絕對或相對的在每單位產品產出中減少原料的使用量及廢棄物量。去物質化有利於永續發展的目的，對當前的經濟體系可提供永續性的可能。去物質化是將產業生態學觀念，推展至社會層面時最重要的策略。

環境力

指生態與環境資源的發展狀態或承載能力，爲構成綜合國力之物質基礎與限制條件。環境力惡化，會逼使經濟與社會支付龐大的代價，其中包括對人民健康的損害、生產力的降低，以及整體生活品質的下降，並損及未來世代享用生態與環境資源的權利。

循環經濟

按照生態規律利用自然資源和環境容量，使經濟活動轉向生態化，本質上是一種生態經濟，就是把清潔生產和廢棄物的綜合利用融爲一體，倡導在物質不斷循環利用的基礎上發展經濟。自然資源的低投入、高利用和廢棄物的低排放，將從根本上解決長期以來環境與發展之間的衝突。

循環經濟是透過設計具備可恢復性及再生性的產業系統，以循環再生取代生命週期結束的概念，重新定義產品和服務，同時最大幅度地減少廢棄物對環境帶來的負面影響。透過低消耗、低排放、高效率的利用，從搖籃到搖籃的循環方式，衍生研發、製造、服務等機會，創造額外的經濟附加價值。

1. 循環資源供應模式：指整個生產和消費系統的循環，設計爲完全可再生、可回收或可恢復性的產品系統。企業可透過此模式取代線性消耗資源的方式，降低對稀有資源的使用，減少資源浪費，提升資源使用效益。

2. 資源回收再造模式：指當一個產品歷經生命週期至尾端，再藉由創新回收或升級的方式把廢棄物重新創造新價值。傳統的資源回收市場以回收產品廢棄物獲取同等收益或更高的價值，現階段的資源回收不只是最終物品的回收，範圍甚至可擴及產業共生、資源整合等。

3. 產品生命延伸模式：透過維修、升級、再製造、再銷售的方式，延長產品或資產的生命週期，促使企業可維持長時間的經濟效益，並針對產品特定的功能及零件升級，使產品效能提升。

環境規範

美國環境規範的概念發展，自1970年地球日後分爲三階段。第一階段是1970年代「管末控制期」：原物料以線性、單向流動，主要規定「管末」控制與限制廢棄物排放，此時尚無再利用及修復概念；第二時期是「汙染預防期」：焦點在政府對減輕產業原料來源的汙染防治成效，主要源自1990年制定的《汙染預防法》（the Pollution Prevention Act）；第三時期是「循環再利用期」，引入「再利用」概念於環境規範中，並透過產業界與政府的協力合作共同推動之。

環境經濟學（生態經濟）之沿革

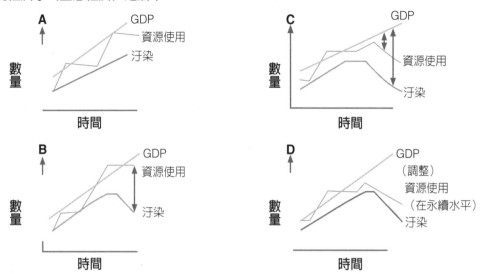

傳統線形生產模式

零排放模式

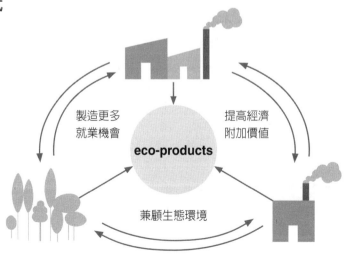

Unit 16-3 貿易與環境

工業革命以來，經濟快速地發展。所得增加與技術進步雖大幅地改善了人類的生活品質，但在此同時商品產量的增加與化石燃料的大量使用，也逐漸對自然環境產生影響。過去政府與廠商以追求經濟利益作為首要目標，忽視經濟活動對環境資源造成的破壞。如今全球暖化、氣候變遷加劇、生物種類銳減，以及以汙染為肇因之疾病的增加，都在顯示了過去未適當管制的汙染排放已對整個自然環境、生態系統與人類健康等各層面造成了不小的衝擊。

貿易自由化對環境品質的影響有三：(1)自由貿易使得商品產量增加，汙染排放也隨之成長（規模效果）；(2)所得增加促使技術進步，技術傳播的速度也變快，商品變得更環保（技術效果）；(3)產業結構改變帶來的綜合影響（產業組成效果）。

各國為解決環境問題所採取的對策，主要有行政管制、補貼、對汙染物課稅或收費、汙染排放權交易、責任保險及防汙保證金制度等。其中課徵汙染稅或收費，因符合排放者付費的原則，且能提供經濟誘因與增加財政收入，所以成為各國普遍使用的環境保護措施之一。

近代以來，各國為減輕商業活動對自然環境的影響，開始採取「貿易措施」（trade-related environmental measures）限制部分生態資源與自然環境之開發，由於自然環境為貿易提供豐富資源，人類對資源進行加工獲得各種消費與生產之利得，同時貿易的迅速擴展也促使自然資源得到充分的配置與利用，使資源獲得最大的社會效益與經濟效益。

「貿易措施」與「貿易自由化」為兩個截然不同的概念，「貿易措施」對於貿易採取限制之態度，「貿易自由化」則對貿易不加干涉，放任市場機制自然發展，當國家為保護環境而採取「貿易措施」時，環境保護與「貿易自由化」之衝突即逐漸浮現。

貿易措施係指為達到環境保護目的所採取的貿易限制措施。其終極目標乃為達到保護環境的目的。

透過禁止貿易《華盛頓公約》（Convention on International Trade in Endangered Species of Wild Fauna and Flora, CITES）附錄一的瀕危物種，避免瀕臨滅絕危機的物種因人類貿易行為之蓬勃而遭受過度開發，以維護生態資源的多樣性。

由於環境成本的計算與評估十分困難，汙染者常無法將動態的環境成本列入其生產成本，環境成本外部化的問題遂由此而生，即生產中所造成汙染之環境成本並未納入消費價格，該成本由環境吸收，全人類共同承擔，違背國際環境法中「汙染者負擔原則」；「市場失靈」也表現於未考慮社會從環境系統的結構和環境作用中所得到的總體經濟價值時，將導致「市場失靈」的結果。

▌CITES與野生動物保育法之動物物種關係圖

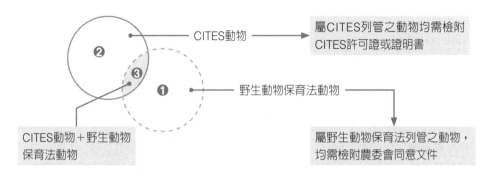

屬CITES列管之動物均需檢附CITES許可證或證明書

CITES動物

野生動物保育法動物

CITES動物＋野生動物保育法動物

屬野生動物保育法列管之動物，均需檢附農委會同意文件

▌貿易對於環境的影響彙整

效果	正面	負面
生產效果	增加有益於環境的產品之生產 例如：生物可分解之容器	增加有害於環境的產品之生產 例如：危險廢棄物
技術效果	減少每單位產出之汙染量	散播汙染性之技術
規模效果	經濟成長的過程中，增加了環境保護的相關措施	增加了生產，但是卻未改善環境保護
結構效果	改善生產的效率及模式	
管制效果	由於國際間的協定，改善了相關的政策	由於為了提高競爭力，降低了相關的環保標準

（資料來源：OECD, 1994）

▌收錄在《華盛頓公約》中的物種（2023年）

項目	瀕絕狀況	貿易限制	數量
附錄一	族群正面臨滅絕危險之物種，應包括所有受到和可能受到貿易影響而有滅絕危險的物種	通常是禁止在國際間交易，除非有特別的必要性，若是以學術研究或科學研究為目的之非商業性買賣，則應先取得合法輸入出許可證	1,099種
附錄二	沒有立即的滅絕危機，但需要管制交易情況以避免影響到其存續的物種	其貿易需先申請輸出入許可證，並由輸出國家專門機構證明該物種買賣不至於對該物種生存產生危害，才發給許可證	39,230種
附錄三	目前無滅絕的危險，包含了所有至少在某個國家或地區被列為保育生物的物種	區域性貿易管制的物種，由該物種之原產地國自行決定是否將該物種列入保護	506種

Unit 16-4 永續生產與消費

1992年6月，在里約熱內盧聯合國環境與發展會議上提出「永續消費」、並在之後的20餘年中不斷地修訂。許多國家（尤其是在歐洲）已制定了永續消費行動計畫，並確定了經濟政策和家庭層面的干預措施。各國政府積極推動永續消費主要出於以下動機：減少溫室氣體排放、限制對資源密集型產品和服務的依賴以提升產業競爭力、打破消費主義和福利觀念之間的關聯，以提高生活品質。

聯合國環境規劃署於2013年推出了《永續消費和生產十年行動框架》，各區域國家集團一直在努力謀劃適合該地區的永續消費策略。

永續消費包括以經濟、社會和環境永續的方式滿足今世後代對商品和服務的需求。政府應制定和執行永續消費政策，以及將這些政策同其他公共政策相結合。

高生態足跡、高收入和高消費模式之間的關係是顯而易見的。在工業化國家，人均國民總收入高，消費者具有強大的消費能力。相對完善的社會福利制度和信貸可用性讓富裕國家的消費者感覺到社會安定、財產安全，反而鼓勵了消費者支出，有時甚至讓消費達到了不永續的水準。

從消費或需求方的角度來看這些問題，有三大消費領域產生的影響最大，即住房、交通和食品領域。如在歐盟27國中，個人消費是公共消費的2～3倍，其中食品、交通和住房成為個人消費對環境產生影響最大的三個領域，共產生了74%的溫室氣體排放量、74%的酸性物質排放量、72%的消耗臭氧層物質，以及70%直接和間接的原材料投入。

2008年歐盟制定並頒布了《永續消費、生產和產業行動計畫》，以改善產品的環境績效，以及增加對永續產品的需求。該行動計畫主要包括八個關鍵方面：(1)對更多產品提出生態化設計要求；(2)強化能源和環境標籤體系；(3)對高能效產品進行獎勵並實施政府採購；(4)實施綠色公共採購；(5)產品資料和方法的一致性；(6)與零售商和消費者合作；(7)支持產業部門提高能源效率、生態創新和環境潛力；(8)在國際範圍內促進永續消費和生產。

不同成員國使用的策略由相似類型的工具或活動構成，包括生態標籤、綠色公共採購、為消費者提供有關環境、汙染與垃圾的資訊和教育。在歐洲，自願性資訊工具已被廣泛使用，包括產品的生態標誌（ISO I 級）、環境產品聲明（EPD，ISO III類）、有機食品標籤、提供給消費者的建議和教育材料。

永續消費的主要概念

1. 貧窮與環境退化是密切關聯的。貧窮促成了某些種類的環境壓力，它使貧窮和失調現象加劇。
2. 應特別注意不永續的消費所產生的對自然資源的需求，以及配合盡量降低耗損和減少汙染的目標，有效率地使用這些資源。
3. 要達到環境品質和永續發展的目標，就需要提高生產效率和改變消費模式，以便妥善地利用資源和盡量減少浪費。

永續發展階梯圖

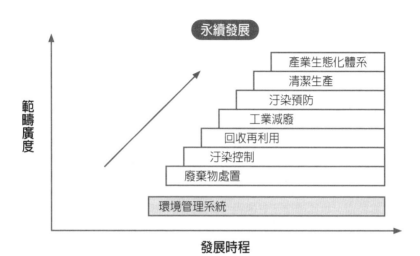

邁向永續性之可行性方案

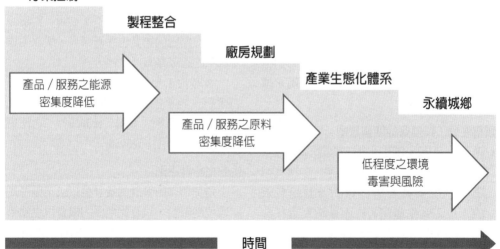

Unit 16-5 生態工業園區

生態工業園區（eco-industrial park）是以產業生態學為基礎，效法自然生態系，並在產業系統間尋求最佳物質流、能量流與資訊流，同時藉廠商、開發經營單位及其他相關公私部門角色的合作，使整體生產系統形成封閉的物質、能量流，期能減輕環境衝擊，並改善經濟效能。

生態工業園區為工業生態學的展現，並為生態建築、生態社區、生態產業及其他相同觀念的驗證，生態工業園區的主要目標，在於透過工業園區產業之間彼此分享公共建設、副產品交換及環境管理系統，來實現工業園區之環境與經濟利益。

生態工業園區係透過產業共生合作的集體效益，來提高其經濟與環境績效，並注重與當地社區的互動與合作，涵蓋之層面包含社會面向、環境面向與經濟面向，同時追求工業園區內三重盈餘的目標。而生態工業園區除三重盈餘外，尚尋求形成園區的封閉循環系統，模擬自然生態系統以達到園區永續經營的目標。

建構生態工業園區的四個原則

1. 循環性原則。這是生態工業園區的最重要原則，包括三方面的內容：(1)物質循環——工業發展所依賴的資源是有限的，但工業生產總是在不斷消耗這些資源，同時經過生產和消費等環節後又大量地產生廢物，解決的關鍵就是要達成廢物資源化和工業體系內的物質循環；(2)合理用能——能量雖然不能循環使用，但可根據能量品質的不同實現梯級用能、回收生產過程的廢熱或利用廢棄物充當能源，合理用能是節約能源的重要途徑；(3)資訊共享與反饋——資訊的傳播將部分減少物質和能量的流動，是生態工業穩定發展的有力保證。

2. 多樣性原則。多樣性原則是建設生態工業園區生態鏈網結構的基礎。在生態工業園區建設中，可引進不同的產品、不同的生產過程和不同的企業，利用它們對資源和能量需求的差異，達到優勢互補，形成靈活、高效的合作關係。

3. 地域性原則。生態工業園區要根據當地實際情況，合理地選擇和調整產業結構，以獲得最大經濟效益，同時保持良好的生態環境。

4. 進化性原則。生態工業園區的發展是一個動態的發展過程，觀念不斷更新，對資源和環境問題的認識也逐漸深入，所以生態工業的達成具有進化性。

園區內主要制度的建構在於工業園區的規劃、內部的運轉機制。制度的建構，主要依據3R原則：減量（reduce）、再使用（reuse）、再生（recycle）。

生態化設計原則

是把環境影響評估及計畫以工業園區周圍環境的限制，以及此地區的機會以生態足跡（footprint）的方法做下一階段的設計。這些過程可包括實際建築物的生態足跡、物質的使用、能源的需求、運輸及工業的需求。這些程序利用生命週期評估，利用已確知的方法或物質來算出成本及效益。

▍卡倫堡產業生態圖

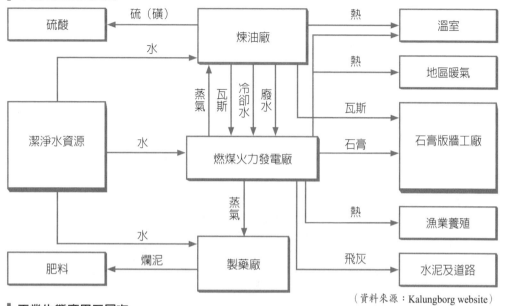

（資料來源：Kalungborg website）

▍工業生態應用三層次

層次深度	主要應用	
第一層次	產業內部之工業生態	從產業整體之各種角度，尋求產業內部能增加經濟及環境績效之方法與手段，包含各種資源使用效率最大化及廢棄物產生最小化等，而所使用之方法策略如生命週期分析、為環境而設計及生態效率等
第二層次	工業系統內之產業相互合作	透過各種產業共同管理環境事宜與經濟事宜，獲取更大環境效益、經濟效益與社會效益，這種集體效益比各單獨產業最佳化績效之總和，更具效益
第三層次	生態工業網絡或生態城鄉	於一個地區、一個城市、一個國家或更廣範圍內，建立生態工業網絡，此需考量到不同之工業系統、產業群落之間，如何透過有效的合作來最佳化資源之使用及經濟之發展，改善整體環境與經濟績效，達到永續發展之目的

▍生態系統與工業循環系統之關聯示意圖

PART 17
農業生態學

Unit 17-1 農業生態學概述

農業生態學是運用生態學的原理及系統論的方法，研究農業領域中生物與非生物環境之間，生物與生物之間相互關係及其規律的應用性學科。

農業生態學的任務是運用農業生態學的理論和方法，分析研究農業領域中的生態問題，揭示農業生態系統各種內外因子相互關係的規律，協調農業生態系統組成結構及其功能，探討最佳農業生態系統或生態農業模式，促進農業生產的永續高效發展。

基本原理

1.生態學原理

⑴相生相剋與互補原理：相生相剋即指自然界（生態系統中）各個要素之間的相互依賴、相互促進或相互制約。互補即指自然界（生態系統中）各個要素之間的相互補充，使系統的組成成分及其數量比例趨於合理、優化、完善。

⑵循環與再生原理：物質在循環中再生，在再生中循環。農業生態系統各要素按照自組織原理自發形成、自由組合在一起，形成高效體系。系統的結構合理、功能健全、物質流和資訊流正常流動、運轉，系統最穩定，淨生產量最大，並能永久維持，周而復始。

⑶平衡與補償原理：包括系統內部生物與其生存環境之間的平衡關係，組成要素之間的平衡關係，系統之間的回饋關係，社會經濟、技術與系統的生產力之間的協調關係。

2.生態經濟學原理

⑴生態經濟結構合理性原理：人類為滿足自身需要，在長期生產中改造原有的自然生態系統而逐步形成的一種農業生態結構和農業經濟結構的複合體。

⑵農業系統的功能原理：物質循環、能量流動、價值增值和資訊傳遞是農業生態系統的四大功能。物質循環包括自然物質循環和農業物質循環及兩者間物質的轉化。能量流動包括自然能流和經濟能流及兩者的結合、轉化。

⑶農業系統的綜合效應原理：最終目標是生態效益、經濟效益和社會效益同步提高。生態效益是經濟效益的基礎，經濟效益是生態效益的表現，社會效益又是生態效益和經濟效益的目標。

農業生態學的特點

1. 應用性：研究成果在農業區劃、區域綜合開發和治理、農業資源利用、生態工程建設等方面廣泛應用。

2. 綜合性：從知識內容方面，涉及土壤學、作物學、植物學、動物學、微生物學、經濟學、林學、水產學、園藝學等；從研究物件方面，包括自然生態、人工生態。

3. 統一性：適用於生態系統不同組成的通用方法。

農業生態系統的組成

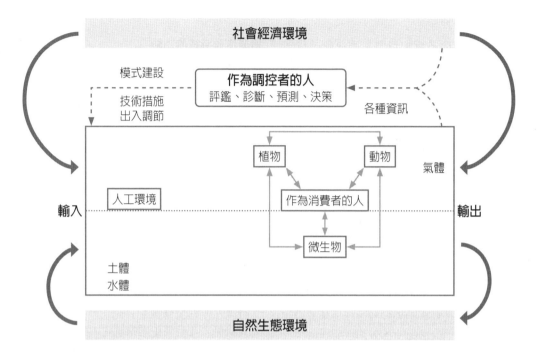

農業生態系統與自然生態系統結構及功能比較

特徵	農業生態系統	自然生態系統
淨生產力	高	中等
營養變化	簡單	複雜
品種多樣性	少	多
物種多樣性	少	多
礦物質循環	開放式	封閉式
熵	高	低
人為調控	明顯需要	不需要
時間	短	長
生境	簡單	複雜
物候	同時發生	季節性發生
成熟程度	未成熟的（為早期演替）	成熟的

Unit 17-2 農業生態系統結構與功能

農業生態系統和自然生態系統一樣，由生物與環境兩大部分組成。農業生態系統的生物部分，是以人工馴化栽培的農作物、家畜、家禽為主的生物。在農業生態系統的生物部分，還加了人類這個大型消費者，同時，又是環境的調控者。

農業生態系統的結構

1. 農業生物族群結構：指農業生物（植物、動物、微生物）族群的組成結構。不同生物種類的組成與數量關係構成生態系統的物種結構。

2. 農業生態系統的空間結構：生物群落在空間上的垂直和水平格局變化，構成空間三維結構，包括生物的配置與環境相互安排與搭配，因而形成了垂直和平面結構。

3. 農業生態系統的時間結構：指生態區域與特定的環境條件下，各種生物族群生長發育及生物量的累積，與當地自然資源協調吻合，而形成在時間分配上的格局。

4. 農業生態系統的營養結構：生態系統中生物間構成的食物鏈及食物網結構，是生物之間借助能量、物質流動經由營養關係而連結起來的結構。食物網是生態系統中物質循環，能量流動和資訊傳遞的主要途徑。食物鏈結構是農業生態系統中最主要的營養結構，建立合理有效的食物鏈結構，可以減少營養物質的損耗、提高能量、物質的轉化利用率，從而提高系統的生產力和經濟效益。

農業生態系統的功能

1. 能量流：農業生態系統如自然生態系統，利用太陽能，藉由植物、草食動物、肉食動物在生物間傳遞，形成能量流。農業生態系統還利用煤、石油、天然氣、風力、水力、人力、畜力為動力，進行農機生產、農藥生產、化肥生產、田間排灌、栽培操作、加工運輸等為提高生物生產力，而出現輔助能量流。

2. 物質流：氮、碳、氧、磷、鉀等元素，可被生態系統中的生物吸收並傳遞，在生物與環境之間，以及在生物之間形成物質流。水和其他穩定化合物也被生物吸收和傳遞而形成物質流。

3. 資訊流：在自然生態系統中，生物產生的資訊以形、色、聲、香、味、電、磁、壓等形式，在環境的氣體、水體、土體等輸送媒介中傳輸，且被其他的生物體藉由視覺、觸覺、嗅覺、味覺、激素系統等接收，形成一個無形的資訊網。農業生態系統還利用電話、電視、廣播、報刊、雜誌、教育、網路、電腦等方式傳遞資訊。

4. 價值流：價值轉化反應出農作物生態系統經濟在生產過程的功能狀態。

農業生態系統的能量流、物質流、資訊流、價值流相互交織。能量、資訊、價值依附在一定的物質形態。物質、資訊、價值依賴能量的驅動，與人類利益或需求發生關係的能量流、物質流、資訊流都與價值變化和轉移相關聯。

農業生態系統物質循環研究的內容框架

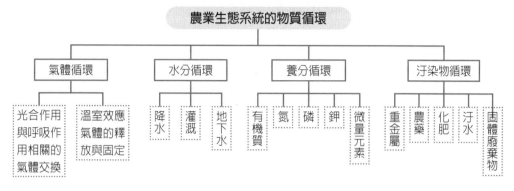

農業生態系統輸入能量流的類型

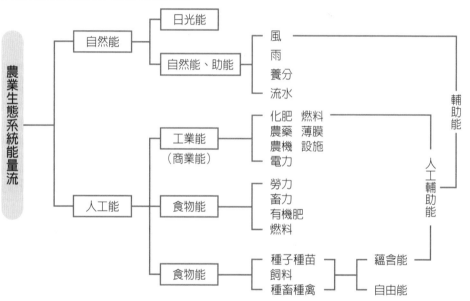

全球農業面臨的變遷

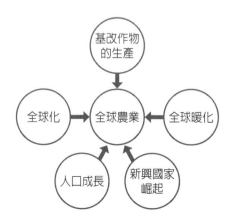

Unit 17-3 農業生態系統的調控

農業生態系統是人類改造、馴化自然業生態系統而建立的人工生態系統。

農業生態系統的自然調控

1. 程序調控：生物的個體發育、群落演替都有一定的先後順序，不會顛倒。群落的演替和物種間的營養關係有關。
2. 隨動調控：如向日葵的向光性、植物根的向溼性。
3. 最優調控：生態系統歷經長期的演化壓力，優勝劣汰，現存的結構與功能都是最優或接近最優的。
4. 穩態調控：自然生態系統形成一種發展過程中趨於穩定、干擾中維持不變、受破壞後迅速恢復的穩定性。

農業生態系統的人為調控

1. 利用調控技術，對系統、結構和功能進行直接調控：包括生態環境調控（如土壤、氣象因子、水分因子的調控）、輸入輸出調控、生物結構調控及系統綜合調控。
2. 利用社會系統因素進行間接調控：利用投資、稅收、價格等金融措施，交通運輸、儲藏等工業手段，宣傳、研究、推廣、教育等教育手段，政策、法規、制度等法政管理進行間接調控。

農業生態系統的調控原則

1. 人為調控與自然調控並存：兩者互用是農業生態系統的基本特點。
2. 重視農業生態系統的整體性：可提高農業生態系統的生產力。
3. 維持輸入輸出平衡和能量的正常代謝：物質循環及能量交換正常進行，達到生物資源有效再生及良性循環。
4. 農業生態系統與自然環境和社會經濟並行：農業生態系統有明顯的地區性，與自然環境和社會環境相互影響、相互作用，三者應協調發展。

直接調控方式

1. 選擇及調整生物種類：發揮產品的優勢和滿足社會對農產品的需求。
2. 系統輸出的調控：提高物質、能量的轉化效率。
3. 生物環境的調控：光、熱、水氣、土壤等因子及其組合。
4. 區域系統的調控：根據自然資源及社會資源特點，實施不同程度、不同方式的綜合調控。
5. 族群的調控：族群密度、族群組成、季節搭配等調控。

間接調控方式

1. 商品交換系統的調控。
2. 工業、交通及資訊系統的調控：工業提供機具、化肥、農藥，交通運輸影響商品的集散和流通，資訊系統提供市場資訊、資源供應情形、天氣變化等。
3. 科學技術系統的調控：農業品種改良、機械化、技術成果的推廣等，提高生產效率。
4. 經營管理的調控：利用生產政策、法規、有計畫的科學管理，調控生態系統的類型、結構及生產力。

有機產業鏈對生態環境的影響

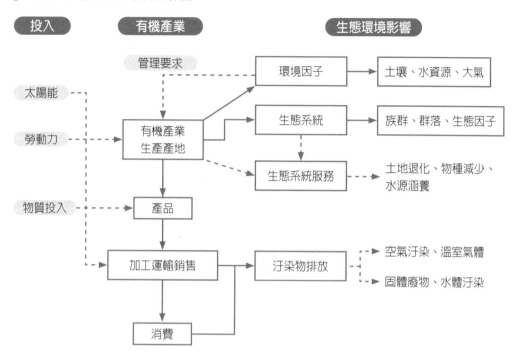

農業生態系統結構模式

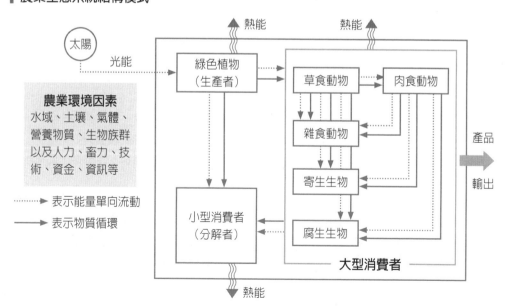

Unit 17-4 城市型生態農業

城市型農業（agriculture in city countryside）本意是指城市圈中的農地作業。指在城市化地區，利用田園景觀、自然生態及環境資源，結合農林牧漁生產、農業經營活動、農村文化及農家生活，為休閒旅遊、體驗農業、了解農村提供場所的農業模式。換言之，城市農業是將農業的生產、生活、生態等功能結合於一體的產業。

生態農業是一種多層次、多內涵的農業，它以環境科學理論為基礎，遵循生態學、生態經濟學原理，運用系統工程的方法，藉由經濟與生態良性循環，達到農村經濟高效、持續、協調發展的現代化、集約化的農業生產體系。

生態農業與觀光農業、休閒農業、旅遊農業、立體農業等替代農業有一定程度的重疊。

城市型生態農業的主要特點

1. 城市型生態農業要求社會、經濟、生態三大效益的統一，達成經濟與生態良性循環。

2. 城市型生態農業的生產、流通和消費，農業的空間布局和結構安排，農業與其他產業的關係等，必須符合城市的需要。

3. 城市型生態農業生產經營方式明顯地表現為高度集約化的經營方式和高效的生態農業模式，實現生產、加工、銷售一體化發展，並進而達到高度的現代農業發展形態和為城市服務的特殊功能。

城市型生態農業的發展目標是以達成城市農業的生產、生活、生態功能為基本方向，對農業布局結構、產業結構和產品結構作調整，建立高效生態農業，發揮農業自然生態的城市景觀作用，提高城市綠地覆蓋率，建立人與自然的和諧關係，發揮小區域、大農業的作用。

城市型生態農業的功能

平衡生態功能：發展城市型生態農業不僅是改善城市生態環境的需要，也是建設生態城市的必經之路。發揮城市型生態農業潔、淨、綠的特點，建立人與自然，城市與農業和諧發展的生態環境，以城市型生態農業進一步淨化城市的水質、土壤和空氣，使城市型生態農業成為城市的花園、綠色生態屏障和「城市之肺」。

1. 經濟生產功能：可利用現代工業、科技的裝備，大幅提高農業的生產力水準，提高農業的經濟效益，利用外資和開拓國外市場，使城市型生態農業成為高產、優質、綠色、高效的產業。

2. 社會文化功能：具有農業教育、評賞農村、農業文化的社會功能。建立融合教育、娛樂、生產於一體的農業公園。

3. 示範功能：利用城市的科技、資金、人才、先進管理的優勢，作為推進農業現代化的模範。

4. 美化環境功能：城市型生態農業是多功能性的大農業，城市農業不僅生產食物，且成為美化環境、綠化市容，以及觀光、休閒的重要產業。

▌都市型現代農業的產業設計

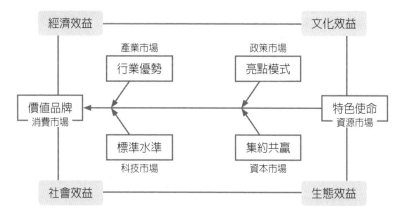

▌現代農業發展角度示意圖

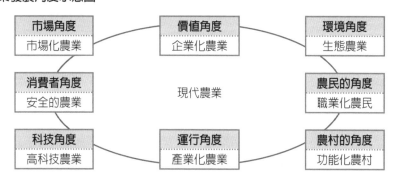

▌休閒農業的類型

項目	說明
觀光農園	由農民自行經營之農場，種植農作物，供遊客體驗耕種與收獲者
市民農園	由都市近郊之農民自營或提供農民地出租與附近居民，享受親自植栽農作物樂趣，並利用附帶休閒設施所構成之園地
休閒農場	從事農、林、漁、牧生產與生活體驗，並提供休憩設施與服務
森林遊樂	從事山地林區內賞景、遊戲、教育展示、野外活動等服務
娛樂漁業	包括從事漁業相關之觀光娛樂業服務之經營，如觀光漁港、海釣、賞鯨豚、巡滬、陸上釣魚蝦及捕魚體驗等
農業公園	以農業及特有生態為主題之公園，包括動物、植物、花卉、藥草、森林、海洋及生態等
教育農園	以農業或休閒體驗為主軸，設置有休閒教育設施，包括主題示範區、技術與才藝教育區、休閒活動區及植物栽培出租區
農村民宿	利用自有住宅房間，結合當地人文、自然景觀，生態、環境資源及農林漁牧生產活動，以家庭副業方式經營，提供旅客鄉野生活之住宿處所

Unit 17-5 農業生態工程

生態工程是應用生態系統中物種共生與物質循環再生原理，結合系統工程中的優化方法，設計的分層、多級利用物質的工程系統。生態工程的目標是在促進自然界良性循環的前提下，充分發揮物質的生產潛力，防止環境汙染，達到經濟效益與生態效益同步發展。

農業生態工程將生態工程原理應用於農業建設，也就是達成農業生態化的生態農業。農業生態工程就是有效地運用生態系統中各生物種充分利用空間和資源的生物群落共生原理，以及物質和能量多層次、多途徑利用和轉化的原理，從而建立能合理利用自然資源，保持生態穩定和持續高效功能的農業生態系統。

20世紀1930、1940年代起，大型農業機械出現、化學工業及農業生物技術飛速發展，尤其是新品種不斷湧現，使西方開發國家的農業勞動生產率大大提高。但這種常規農業普遍推行後，產生的問題包括：常規農業能量消耗過高，能量投入的邊際效益過低；導致或加劇土地資源的衰竭，特別是水土流失、風蝕和地下水過量開採等；由於常規農業動植物品種單一和結構單調，加重病蟲害和雜草的發生與蔓延；大量化學物質的投入造成土壤、水體和農產品的嚴重汙染。

1970年代初期，西方開發國家發展了多種形式的替代農業。主要包括綜合農業、再生農業、有機農業、持久農業、生物農業、生物動力農業和自然農業等類型，其出發點都是為了保護生態環境，合理利用自然資源，達成農業生態系統生產力的永續發展。

農業生態工程的原則

1. 維持農業生態系統的整體觀：農業是一個多因子相互作用的複雜生產系統，要達到預期目標，必須使這些因子在質及量上相互協調，組成一個不可分割的整體。
2. 維持物質及能量的正常代謝：物質循環及能量交換正常進行，才可達到生物資源的有效再生和良性循環。
3. 維持輸入及輸出的生態平衡：生物的生長發育及繁殖，不斷地從周圍環境吸收營養物質的過程，不能受到環境的限制，同時，它們又不斷影響環境。生物從生活環境獲取所需的營養元素，需及時補充環境中失去的物質，並根據生物體內所需增加物質及能量的投入，以維持系統的輸入及輸出平衡。
4. 經濟效益及生態效益同步發展：經濟效益及生態效益同步發展，才能形成高產、優質、高效和持續發展的農業。

農業生態工程技術

1. 立體種養生態工程技術：借助物種生理及生態的差異，達到營養需求上對資源利用的種間互補。
2. 庭院生態工程技術：小範圍內人類與生物共存、共生、多級生產、物質能量高度密集的特點。
3. 有機物多層次生態工程技術：加速系統的物質轉化、分解、富集，提高生產效率。

農業生態工程評鑑指標體系

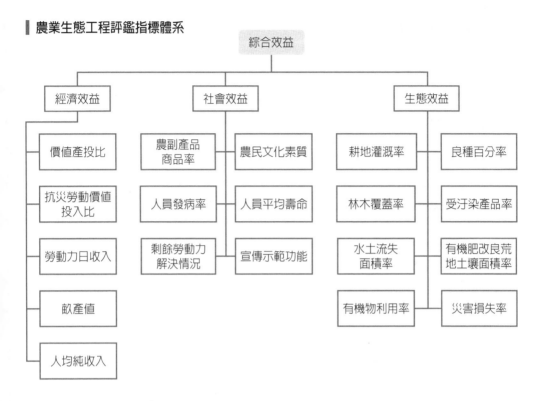

農業生態工程資訊系統分層分解示意圖

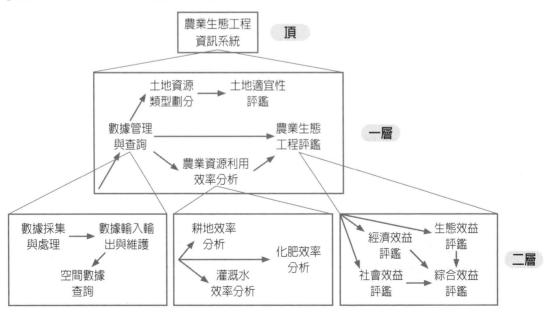

Unit 17-6 永續農業

第二次世界大戰後，已開發國家先後進入農業現代化階段，為了進一步擴大財富，更加瘋狂地征服自然、掠奪自然，以實現其高水準的農業現代化，逐步發展了「高投入、高產出、高能耗、高汙染」的經濟發展模式。開發中國家為了生存和發展，仿效發達國家，也大規模地毀林開荒、亂墾濫伐、廣種薄收，致使出現大面積水土流失、土地沙化、耕地鹽鹼化和荒漠化。

經半個多世紀的實踐與反思，人類終於悟到了不珍惜自然、不保護環境、一味地征服改造，反受其自然之力報復的真諦。

農業永續發展是指管理和保護自然資源措施，調整技術和機制變化方向，以便確保獲得並持續滿足目前和今後世世代代人們的需要。

農業的內涵是自然再生產與經濟再生產相結合的一種產業。它具備了自然性和經濟性兩個特性。

永續農業發展的內涵

永續農業發展是一個複雜的、系統性的概念，主要包括：
1. 永續農業發展首先是加快發展。
2. 農業綜合生產能力持續穩定增長。
3. 農業可持續發展要以保護自然資源為基礎。
4. 農村人口得到有效控制和人口素質明顯提高。
5. 農業效益和農民收入水準不斷提高。

永續農業發展的特徵

1. 人與自然的協調性：永續農業發展認為人是自然界的一部分，人們的農業生產經營活動和農民生活以人與自然和諧共存為最高準則。遵循自然生態規律，在開發、利用、保護和重新培植資源與環境的動態過程中來實現，決不能以犧牲資源、環境為代價。
2. 農業發展的持續性：解決長期性的、未來的發展條件，使現在和未來農業經濟和農村社會具有長期、穩定、持續增長和發展的能力。
3. 農業資源利用的永續性：重視保護與合理開發利用農業賴以發展的自然資源。有效控制農業環境汙染、水土流失、土壤沙化等環境惡化問題。
4. 農村人口規模的適度性：提高人口素質，增加人力資本存量。
5. 各種因素的互聯性：以整體的、全域的觀點，統籌考慮，協調解決各種因素造成的當前和長遠發展的問題，展現良性循環。
6. 發展目標的多元性：提高農業產出率和產品品質、經濟效益、保護資源和環境，追求農業經濟、生態和社會效益。

永續農業發展的目標

《丹波宣言》提出了三大戰略目標：
1. 吃飽和穿暖的溫飽目標：要積極發展穀物生產，增加穀物產出。
2. 促進農村綜合發展的致富目標：促進農業與農村各種產業綜合發展，以便增加農民收入。
3. 保護資源和環境的良性循環目標：採取各種實際有效措施，合理利用、保護和改善資源與環境條件。

農村循環經濟的層次與結構團

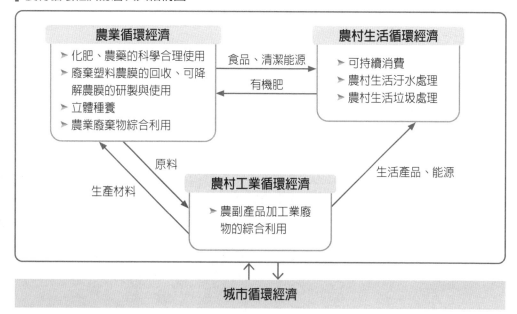

傳統經濟與循環經濟流程圖

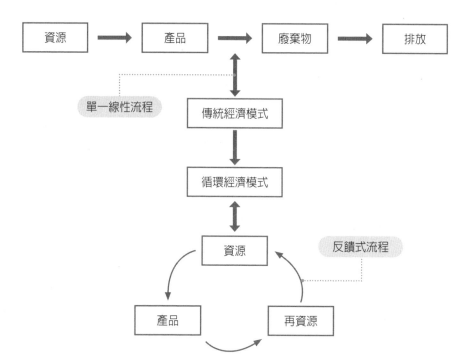

PART 復育生態學 18

Unit 18-1 退化生態系統

生態退化（ecological degradation）是與生態進化相反的生態演化過程，指在一定的時空背景下，在自然因素、人為因素或二者共同作用下，導致生態要素和生態系統發生不利於人類和生物生存的過程或結果。

與自然系統相較，退化生態系的種類組成、群落或系統結構改變、生物多樣性減少、生物生產力降低、土壤和微環境惡化、生物間相互關係改變。退化生態系統形成的直接原因是人類活動，部分來自自然災害，有時兩者相加發生作用。

生態系統退化的過程由干擾的強度、持續時間和規模所決定。人類過度開發（含直接破壞和環境汙染等）占35%、毀林占30%、農業活動占28%、過度收穫薪材占7%、生物工業占1%。自然干擾中，外來種入侵、火災及水災是最重要的因素。

生態系統退化的原因是多方面的，自然干擾和人為干擾是生態系統退化的兩大觸發因素。自然干擾主要包括一些天文因素變異而引起的全球環境變化（如冰期、間冰期的氣候冷暖波動），以及地球自身的地質地貌過程（如火山爆發、地震、滑坡、泥石流等自然災害）和區域氣候變異（如大氣環境、洋流及水分模式的改變等）；人為因素主要包括人類社會中所發生一系列的社會、經濟、文化活動或過程（如工農業活動、城市化、商業、旅遊、戰爭等）。

人為干擾往往疊加在自然干擾之上，共同加速生態系統的退化，干擾對生態系統的影響，表現在生態系統動態的各個方面。

某些干擾（如人口過度成長、人口流動等）對生態系統或環境不僅會形成靜態壓力，且會產生動態壓力。同時，干擾經由對個體的綜合影響，進而引起種群的年齡結構、大小和遺傳結構，以及群落的豐度、優勢度與結構的改變；另一方面，干擾可直接破壞或毀滅環境和生態系統中的某些組成，造成系統資源短缺和某些生態學過程或生態鏈的斷裂，最終導致整個生態系統的崩潰。

干擾的類型、強度和頻度決定生態系統退化的方向與程度，自然干擾總是使生態系統返回到生態演替的早期狀態。某些週期性的自然干擾在生態系統演替過程中起著正負反饋作用，使生態系統處於一種穩態平衡狀態，但一些劇變或突變性的自然干擾（火山爆發、洪水等）往往會導致生態系統的徹底毀壞。

人為干擾可直接或間接地加速、減緩和改變生態系統退化的方向與過程。在某些地區，人為干擾對生態退化起著主要貢獻，且常造成生態系統的逆向演替，以及不可逆變化和不可預料的生態後果，如土地荒漠化、生物多樣性喪失和全球氣候變化等。

對於一般退化生態系統而言，需要思考以下幾類基本體系的復原：

1. 非生物或環境要素（包括土壤、水體、大氣）。
2. 生物因素（包括物種、族群和群落）。
3. 生態系統（包括結構與功能）。

▌退化生態系統恢復與重建應遵循的基本原則

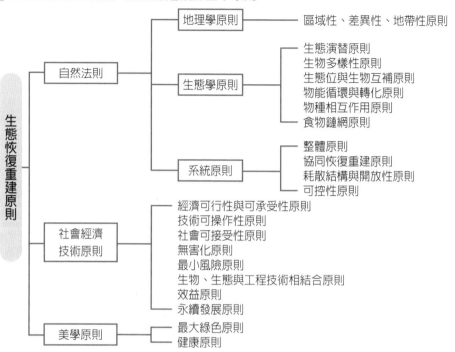

▌退化生態系統恢復與重建的一般操作程序與內容

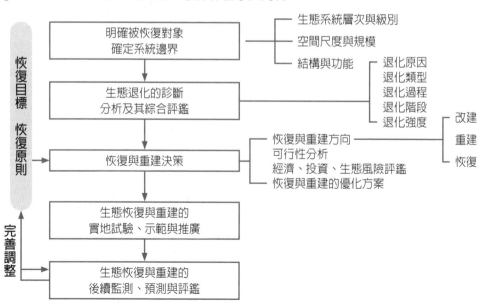

Unit 18-2 生態系統復育

全球變遷、土地荒漠化、生物多樣性喪失、資源枯竭和生態環境惡化使人類陷於自身導演的生態困境之中，並嚴重地威脅了生存環境乃至人類社會經濟的可持續發展。因此，如何保護現有的自然生態系統，綜合整治和恢復已退化的生態系統，以及重建可持續的人工生態系統，已成為擺在人類面前亟待解決的重要課題。在此背景之下，復育生態學（restoration ecology）應運而生。

復育生態學是研究如何修復由於人類活動引起的原生生態系統生物多樣性和動態損害的學科。生態復育是研究生態整合性的恢復和管理過程的科學，生態整合性包括生物多樣性、生態過程和結構、區域及歷史情況、永續的社會實踐等廣泛的範圍。

復育生態學的研究內容

基礎理論研究包括：

1. 重建生態系統的族群動態、外來種與鄉土種的競爭關係，以及群落結構變化。
2. 生態系統結構、功能及生態系統內在的生態學過程與相互作用機制。
3. 生態系統的穩定性、多樣性、抗逆性、生產力、恢復力與可持續性研究。
4. 先鋒與頂級生態系統發生、發展機理與演替規律研究。
5. 不同干擾條件下生態系統的受損過程及其回應機制研究。
6. 生態系統退化的景觀診斷及其評價指標體系研究。
7. 生態系統健康研究。

應用技術研究包括：

1. 生物生境重建，主要是鄉土植物棲地復育的程序與方法。
2. 土壤復育、地表固定、重金屬汙染土地生物修補等。
3. 植物自然重新定植調控技術，包括雜草的生物控制、生物入侵控制等技術。
4. 退化生態系統復育與重建的關鍵技術體系研究，其中包括生態評價與規劃技術。
5. 物種與生物多樣性的復育與維持技術等。
6. 生態系統結構與功能的優化配置與重構及其調控技術研究。

生態演替、干擾與生態復育三者間密切相關。自然干擾作用總是使生態系統返回到生態演替的早期階段。一些週期性的自然干擾使生態系統呈現出週期性的演替現象，成為生態演替不可缺少的動因。

人為活動的干擾與自然干擾所發生的演替類型明顯不同。嚴重的干擾會使環境發生很大變化，以致生態演替朝向新的方向進行，則原來的頂極群落永遠都不能得以重建；當干擾持續至生態系統接近死亡階段時，復育與重建可使系統在某些方面得到一定程度的復育，但距原來的健康狀態相去甚遠，如極度破壞的熱帶雨林區，生態學家對其替代性植被能否復育普遍持悲觀態度。

自然狀態下的復育過程往往需要很長時間，對於由嚴重干擾而引起的生態系統消亡區，其自然復育也許永遠都不可能實現，如沙漠腹地，幾十年後可能還是寸草不生。

復育是藉由對地點造型、改進土壤、種植植被等促進次生演替，其目標是促進演替，但結果有時是改變了演替方向。

▌退化與復育

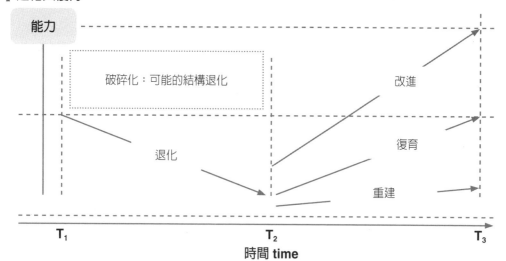

▌生態復育成功的標準

生態復育評鑑	成功復育的評價準則
生態的成功	生態系統物理化學和生態組分的提高 具有參考系統 生態系統的彈性增加 沒有持續的損害 評鑑的完整性
利益相關者的成功	美學 經濟利益 娛樂休憩 教育
學習的成功	科學貢獻 管理經驗 方法的提高

▌影響生態功能的關鍵生態過程

生態功能	關鍵生態過程
洪蓄調控	水文循環過程的維持
水體淨化	水文循環過程的維持
害蟲控制	捕食者及被捕食者間的關係等
生物多樣性維持	種間關係、資源利用異質性等
水源涵養	降雨截流、產流過程、水文循環過程等
防風固沙	風沙運移過程、風蝕過程等
土壤保持	養分循環過程、土壤侵蝕過程、泥沙輪移等

▌與生態復育相關的概念

項目	說明
重建	去除干擾並使生態系統回復原有的利用方式
改良	一般指原有景觀徹底破壞後的復育
改進	對原有的受損系統進行改進，提高某方面的結構與功能
修補	修復部分受損的結構
更新	生態系統發育及更新
再植	復育生態系統的部分結構和功能，或先前土地利用方式

Unit 18-3 生物入侵

外來種（exotic species）是指那些借助人為作用而越過不可自然逾越的空間障礙，在新棲息地生長繁殖，並建立穩定族群的物種。外來種中有一些種類在新棲息地發生爆發性的生長，往往失去控制，這些外來種被稱為入侵種（invasive species）。

隨著人類活動對自然界影響的日益加劇，生物入侵已成為全球關注的問題。生物入侵改變了原有的生物地理分布和自然生態系統的結構與功能，對環境產生了很大的影響。入侵種經常形成廣泛地生物汙染，危及土著群落的生物多樣性並影響農業生產，造成了巨大的經濟損失。

世界國際保育聯盟（IUCN）定義入侵種為已於自然或半自然生態環境中建立一穩定族群，並可能進而威脅原生生物多樣性者。在1992年地球高峰會議通過的《生物多樣性公約》（Convention on Biological Diversity）之協商中，外來入侵種會對本土生物多樣性造成危害已被高度認定，大多數生態學家認為外來種是僅次於「棲地破壞」之危害因子。

外來種入侵可分為幾個階段：引入、逃逸、族群建立和危害，相鄰兩個階段間的成功率約為10%，但有些有目的引入的群體如引種作物等，其成功率要高得多，此外，受干擾明顯的地區兩階段間的成功率也高於10%。

外來入侵種的引入管道

1. 農業或貿易：為了農業、林業、景觀及經濟需求，以大規模及計畫性的飼養、繁殖，作為人類食物來源及進行品種改良。養殖戶的棄養，使得這些繁殖力強、適應力高的外來種，一旦進入野外，很可能成為入侵種。

2. 娛樂與觀賞：許多引進動植物逃離飼養環境，散播至野外或被飼養者棄養於野外。

3. 生物防治：這些天敵與有害生物不具種別性（species-specific）的關係，則日後極有可能轉而攻擊其他原生物種，導致入侵的問題。

4. 偷渡：外來種由飛機、輪船、火車等人類交通工具，搭便車擴散至世界各地新環境的機會越來越大。

5. 科學研究：因科學研究所需，引進飼養或栽培於實驗室的生物，逃脫或不慎溢出後，而入侵當地生態系。

6. 棲地改變與放生：自然環境開發而造成物種擴散至原先無法分布的區域。

外來入侵種的影響

外來入侵種在進入新的環境後，會在遺傳、物種、生態及健康等層面上引起顯著不可逆的影響，形成公共衛生、生態與經濟三方面的諸多問題，間接造成生態服務的降低或消失。外來入侵種常會與原生物種競爭，造成生態的改變。全球因入侵種所造成的破壞，每年總計損失就超過1.4兆美元，相當全球經濟的5%，衝擊遍及農業、林業、水產養殖、交通運輸、貿易、發電與休閒娛樂等部門。

▍外來種演變為入侵種過程圖

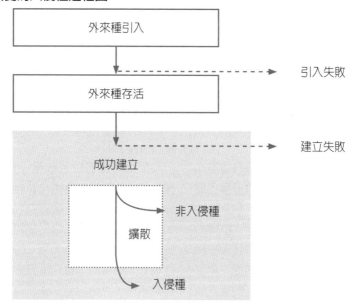

▍外來植物入侵概念模型　　　▍外來植物入侵層級系統

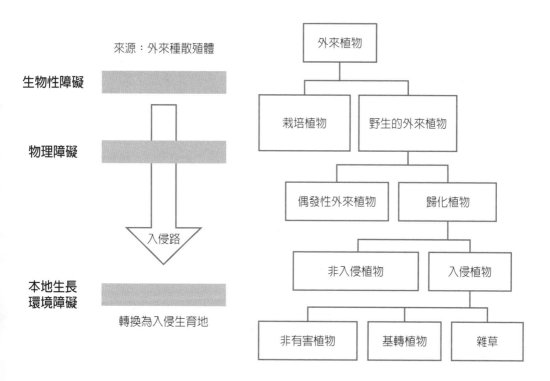

Unit 18-4 生物多樣性保護

生物多樣性是人類賴以生存和發展的基礎。然而，人類活動改變世界，導致了生物多樣性的大量快速喪失，以及嚴重的生態環境安全問題正在威脅著人類社會自身的生存和可持續發展。

生物多樣性概念包含大氣、陸域與海洋等的全球生物圈各層級（基因、物種與生態系）內的所有生命的形式。

基因多樣性的價值建立在同一物種的種間基因變異度。維持了某物種的基因多樣性，則該物種對環境有較強的調適度，與其他物種的競爭性及互惠性上有較好的適應能力，因而有助於該物種的生存、繁殖與演化。某物種基因多樣性的維持可使得該物種的族群更容易維持，而生態系內其他族群的基因多樣性能更易維持，則整個生態系的群落多樣性才能維持。

保育生態學（conservation ecology）是指利用生態學的理論和方法對自然環境及生物多樣性進行保護，並使之能夠永續發展的科學。它的研究目的就是維持基本的生態過程和生物的多樣性，以確保生態系統和物種的永續發展。其主要研究內容包括物種滅絕、進化潛能、群落和生態系統、生境的復育及相關生物技術等。

當前，有關生物多樣性維持機制、棲地破碎化對物種存活的影響是保育生態學研究的重點，是從棲地或生態系統的角度來保護生物多樣性。

生物多樣性的維護包括對野生物種的保育、生物資源的永續利用、生態系的復育與自然環境的改善。保育生物多樣性，永續使用其組成部分，並公平、合理分享利用遺傳資源所產生的利益。

生物多樣性保育政策之重點應在於維護生命自然棲境的範圍及其內的自然環境特質。應朝著以所有生命為中心的思考方向，保育與使用所有的生命。任何會造成地景系統變遷（尤其是因為人類土地利用等活動所造成者）的舉動，應在事先考慮生物多樣性的問題。

保育政策

國家保育政策應至少可朝下列數項進行：(1)發展及強化保育相關法律與條文；(2)保育國有的自然生態區域；(3)經濟政策鼓勵保育；(4)支持生態教育與研究。

《生物多樣性公約》簽署國的工作（IUCN－WCU 1998）包括：(1)採取國家生物多樣性策略與行動計畫；(2)建立全國的保護區系統；(3)採取各種有誘因的措施，促進保育與生物資源的永續利用；(4)復舊降解的棲境；(5)保育受威脅物種與生態系；(6)使用生物資源時，要降低或避免對生物多樣性的有害衝擊；(7)應尊重、保存與維繫當地或原住民社會的知識、創見與生活習俗；(8)確保安全使用與應用生物科技的產物。

愛知生物多樣性目標

策略目標1

將生物多樣性納入政府和社會的主流
解決生物多樣性喪失的主因

1 主流化　**2** 整合價值　**3** 獎勵政策　**4** 永續運用

策略目標2

減輕生物多樣性的直接壓力和促進永續利用

5 棲地流失　**6** 永續漁業　**7** 永續經營　**8** 汙染　**9** 外來種入侵　**10** 脆弱生態系

策略目標3

保護生態系、物種和基因
多樣性改善生物多樣性現況

11 保護區　**12** 物種續存　**13** 基因

策略目標4

提高生物多樣性和生態系
帶來的惠益

14 生態系服務　**15** 生態系復育　**16** 惠益分享

策略目標5

參與性規劃　知識管理
能力建設　強化執行工作

17 行動計畫　**18** 傳統知識　**19** 科學知識　**20** 資金經費

威脅生物多樣化原因

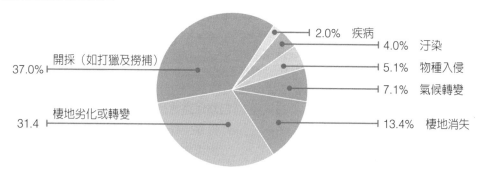

37.0%　開採（如打獵及撈捕）

31.4　棲地劣化或轉變

2.0%　疾病
4.0%　汙染
5.1%　物種入侵
7.1%　氣候轉變
13.4%　棲地消失

影響不同尺度生物多樣性格局的主要因素

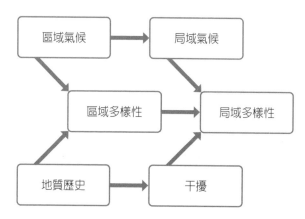

區域氣候 → 局域氣候
區域氣候 → 區域多樣性
區域多樣性 → 局域多樣性
局域氣候 → 局域多樣性
地質歷史 → 區域多樣性
地質歷史 → 干擾
干擾 → 局域多樣性

Unit 18-5 自然保護區

聯合國國際自然及自然資源保育聯合會《世界自然保育方略》中將「自然保育」定義為：「對人類使用生物圈應加以經營管理，使其能對現今人口產生最大且持續的利益，同時保持其潛能，以滿足後代人們的需要與期望」。自然保育（nature conscrvation）是指人類對自然資源與生態環境所採取的保護活動。

自然保育包含了四個面向的價值及功能：⑴倫理道德的價值；⑵美學感官與愉悅的價值；⑶食物質來源、研究與教育上的價值；⑷維持生態平衡與環境穩定的價植。

物種的瀕危機制決定了對生物多樣性進行就地保護的方式，進而也決定了自然保護區規劃設立的方式。棲地的喪失和破碎化是物種退化和生物多樣性衰退的重要原因，自然保護區是保護生物多樣性最有效的方式。

自然保護區之設置旨在保存生態體系完整及珍貴動、植物的繁衍，其設置的目標包括：
1. 提供各種生態體系代表性的例證。
2. 提供生態演替與其他生物及物理現象長期研究的機會。
3. 提供基準值，作為檢定因人類活動所引起自然作用與系統改變程度的依據。
4. 可作為長期保持遺傳複雜性的基因庫。
5. 可作為稀有及有減絕危機的生物種類的保護區。

保護區的經營包括建立生態系各種資源之基本資料，加強評估（範圍、自然度、歧異度、代表性、稀有性、脆弱性、威脅因子）與管理（巡邏、取締、監測），以促進保護區品質的提升，同時亦提供研究、教育的機會。

棲地廊道

「生態孤島」式的自然保護區模式無法避免區域的棲地破碎化，而棲地破碎化阻斷了生物族群間的交流，導致了許多物種消逝的現象，特別是在一些中、小型的自然保護區。因此，要將棲地廊道納入自然保護區體系中。

棲地廊道是位於自然保護區之間的帶狀區域，將被分割的核心區域連通，使分散的棲地成為一個完整的系統，增加被隔離自然生態系統之間物質和能量流動的可能性，促進物種基因交流、族群擴散，以及區域生態系統平衡。

自然保護區合理布局方法

1. 保護空缺分析：強調對區域內每一物種或植被類型在保護區系統內均得到保護，而在保護區系統內未出現的物種或植被類型的分布區，就是人們所要關注的對象。
2. 保護優先區分析：是以現有生物多樣性數據為基礎，運用數學計算方法量化表示需要保護的優先序列的過程。
3. 生態區保護規劃：是保護區域生態系統的重要途徑，其以生物地理區劃研究為基礎進行相關保護規劃。

國際相關重要公約

時間	地點	公約名稱	主要內容
1933年	倫敦	《保護自然環境中動植物公約》	要求締約國在其境內建立國家公園,和嚴格管制保留地狩獵,禁止非法獵殺行為
1946年	華盛頓	《國際捕鯨管制公約》	設立國際捕鯨委員會,防止所有種類鯨魚之過度捕撈
1950年	巴黎	《國際鳥類保護公約》	保護野生狀態中之鳥類,禁止奪取鳥蛋及幼鳥,以及非法獵鳥之行為
1958年	日內瓦	《公海生物資源捕撈及養護公約》	要求世界各國均有責任與其他國家合作,採取措施,養護公海生物資源
1971年	伊朗蘭姆薩	《國際重要溼地公約》	要求締約國至少指定一處國立溼地列入國際重要溼地名單,同時設立溼地保留區加以保護
1973年	華盛頓	《瀕臨絕種野生動植物國際貿易公約》	管制野生動植物之貿易並年度報告,以及設立常設組織

臺灣各類型保護流區總覽

類別	劃設法規	個數	總面積(公頃)
自然保留區	《文化資產保存法》	22	65,457.79
野生動物保護區	《野生動物保育法》	20	27,439.73
野生動物重要棲息環境	《野生動物保育法》	37	326,281.17
國家公園	《國家公園法》	9	748,949.30
國家自然公園	《國家公園法》	1	1,122.65
自然保護區	《森林法》	6	21,171.43

臺灣野生動物收容中心

Unit 18-6 汙染環境修復與治理

環境汙染

人類活動使環境要素或其狀態發生了變化，從而使環境品質惡化，擾亂和破壞了生態系統的穩定性以及人類正常生活條件的現象。常見的環境汙染有：空氣汙染、酸雨、水汙染、土壤汙染。

汙染環境的基本特點

1. 汙染發生的普遍性：全球每個角落的局部和區域汙染，都是在多種汙染物聯合作用下發生。
2. 汙染機制的多樣性：表現在兩個方面，其一是環境中的各種汙染物在作用於生命組分之前，其汙染物之間發生著交互作用，導致其生物毒性發生改變。這種交互作用包括拮抗、協同、競爭、加合、抑制等；其二，表現在汙染物作用於生命組分所表現出的生物有效性，包括毒害作用（吸收、合成、滯留、聯合、富集等）和解毒作用（排斥、固定、分泌、排泄、酶變、擴散等）。
3. 汙染研究的複雜性：由於汙染物種類的繁多和數量的不同，研究其複合作用的實驗方法和技術，變得十分重要和複雜。

汙染生態過程呈現在生態系統各個等級（包括個體、族群、群落、景觀、流域和全球）水準上不同時空尺度的複雜過程。在空間尺度上可以分為微觀汙染生態過程和宏觀汙染生態過程。通常微觀汙染生態過程涉及汙染物在環境中的物理、化學和生物過程，如吸附／脫附過程、固定／釋放過程、氧化／還原過程、螯合／去螯合過程、酸／鹼反應過程、揮發／凝結過程、溶解／沉澱過程，以及水解、降解、去氧和共代謝過程等。

汙染生態效應評估的主要類型

1. 短期效應評估：汙染物對生物個體毒害作用的評估，包括生物生理、生化過程受阻、生長發育停滯，最後可能導致死亡。
2. 長期效應評估：汙染物對群落和生態系統影響的評估，包括遺傳多樣性的喪失、物種多樣性的喪失、生態系統結構的簡單化等。

生態監測

生態監測（ecological monitoring）是利用生命系統各層次對自然或人為因素引起環境變化的反應，來判定環境品質。

指示生物法

是指用指示生物來監測環境狀況的一種方法。指示生物（indicator organism）是一些對環境中的某些物質，包括汙染物的作用或環境條件的改變能較敏感和快速地產生明顯反應的生物。藉由其反應可了解環境的現狀和變化，達到預警功能。

指示生物的基本特徵：(1)對干擾作用反應敏感且健康；(2)具有代表性；(3)對干擾作用反應個體間的差異小、重現性高；(4)具有多功能。常用的指示生物：紫花苜蓿、地衣和苔蘚。

汙染生態學的主要內涵與基本原則

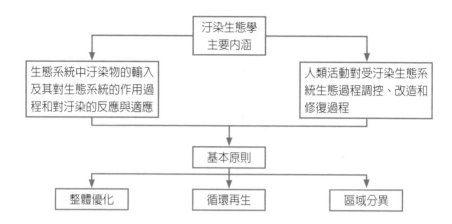

生態風險評估步驟

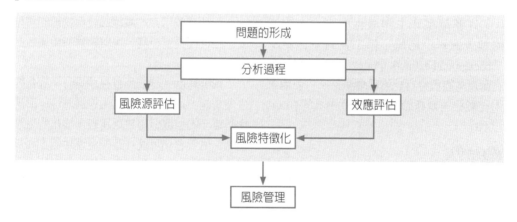

汙染生態修復的技術類型

項目	說明
土壤和地下水的生物修復技術	指利用生物強化物質或有特異功能的生物(包括微生物和植物) 消減、淨化汙染環境中的汙染物的替代技術，包括對重金屬具有超富集功能的植物篩選，和對有機汙染物具有特異降解功能微生物的篩選與培育
汙染生態修復技術	指經由生物的富集與淨化作用，實現對汙染土壤的淨化
汙染生態工程	如汙水土地處理生態過程技術

Unit 18-7 滅絕

滅絕（extinction）是整個物種從地球上消失的過程。當環境條件發生變化時，物種族群有三種可能的發展：⑴經由天擇適應新的條件；⑵遷徙到更有利生存條件的地區；⑶逐漸消失滅絕。

生物滅絕是演化的自然過程，所有的物種最終免不了會滅絕。物種多樣性是新物種形成和現存物種滅絕之間的平衡。

生態學家Peter H. Raven 於1990年估計：「生物之滅種具有連鎖效應，一種植物的滅絕，往往影響10至30種生物的生存，甚至導致消失」。

背景滅絕率

在整個地球生物演化歷史中，物種的消失速率平均值，稱之為背景滅絕率（background extinction rate）。大約為每年在每百萬物種中有1至5種會滅絕。目前地球物種滅絕速率高於背景率0.0001%的100至1,000倍。

滅絕的狀態

1. 野外滅絕：一種物種僅在圈養或人為控制的條件下存活。
2. 全球滅絕：滅絕及野外滅絕屬之。
3. 地方滅絕：若一種個體曾經生活在某個地區，該地區已不復見，但在世界其他地方仍尚有該種個體存在。
4. 生態滅絕：如果一種物種雖然仍有個體存活，但其數量已少到對同一群落中其他物種的影響可以忽略不計的地步。

棲息地毀壞是導致物種滅絕的首要因素。在瀕臨滅絕的鳥類中，有82%的滅絕危機主要是來自棲息地的喪失。棲息地的毀壞將導致競爭能力強而遷移能力差的物種首先滅絕。

物種滅絕的風險不僅來自棲息地的直接影響，同時也受到棲息地毀壞所帶來的食物網結構的改變。

瀕危物種

可分為進化瀕危種和生態瀕危種。進化瀕危種指物種在進化時間尺度中瀕臨生存危機，進化瀕危種的易滅絕特徵常常與其系統發育年齡、特有性、生活史特徵有關。生態瀕危種指物種是在生態事件尺度中瀕危的，瀕危物種的易滅絕特徵常常與其利用價值、個體大小、繁殖速率、所處的營養級有關。

人類捕殺帶來的滅絕風險與物種的體型大小和世代長度有關，也與經濟利用價值有關。

形態性狀多樣的類群往往具有多樣化的生理功能，以及較完善的生態適應性。形態性狀單一的類群似乎缺乏比較多樣化的生理功能，儘管它們可能在某些生理功能方面具有一定優勢，缺乏對外界干擾的應變能力，這可能是形態性狀單一的類群易滅絕的主要原因。

地方性特有類群，尤其是特有屬類群更容易滅絕。熱帶雨林往往被認為具有相對穩定的群落結構，其物種豐富性以及群落結構的複雜性對滅絕具有更強的抗性，在正常地質時期的確如此。然而，當環境的干擾超出一定範圍時，如全球性氣溫變冷時，熱帶區系中那種似乎很精細的群落結構則顯得十分脆弱。

國際自然保育聯盟（IUCN）紅皮書受脅評估指標

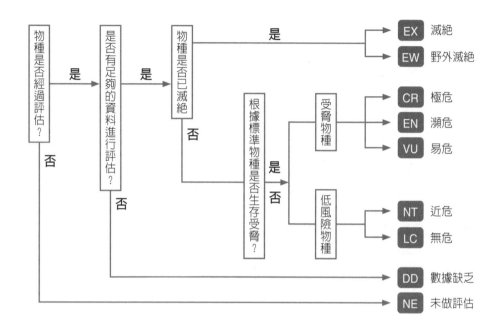

對21世紀生物滅絕的預測及其與20世紀和化石紀錄的比較

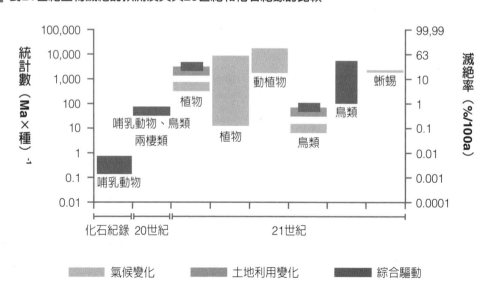

Unit 18-8 生態補償

生態補償（ecological mitigation）的涵義：(1)生物有機體、族群、群落或生態系統受到干擾時，所表現出來的適應能力或恢復能力；(2)對遭受破壞的生態系統實行彌補措施；(3)促進生態保護的經濟手段和制度安排。

自然生態補償定義為：生物、族群、群落或生態系統受到干擾時，所表現出來的緩和干擾、調節自身干擾使生存得以維持的能力，或者可以看作是生態負荷的還原能力。自然生態補償強調的是自然生態系統，對外界壓力的緩衝適應能力，亦即生態系統的自我修復與還原能力。

後來，生態補償被引入社會經濟領域，作為生態環境保護的經濟刺激手段，生態補償被當作生態環境損壞者付出賠償的代名詞。

生態補償的相關概念，包括：生態／環境服務付費（payment for ecological／environmental services）、生態／環境服務市場、生態／環境服務補償。其中以生態／環境服務付費使用最為廣泛，且與目前的生態補償概念最相近。

廣義的生態補償包括汙染環境的補償與生態功能的補償，即對損害資源的行為進行收費或對保護資源環境的行為進行補償，以提高該行為的成本或效益，達到保護環境的目的。狹義的生態補償是指生態功能的補償，即經由制度創新實行生態保護外部性的內部化，讓生態保護成果的受益者支付相應的費用。

生態補償的形式即為補償行為的具體形式，主要是根據需補償主體的多寡及形態，評估後續補償的形式，其可分為政策補償、資金補償、實物補償、技術補償及教育補償等。

美國國家公路研究合作計畫（NCHRP）中，針對溼地補償的定義為「透過復育、強化、創建、保存溼地或其他自然棲地，以取代因開發而造成溼地或自然棲地資源面積及生態功能（biologic function）上的損失」，而復育、強化、創建及保存即為美國溼地補償措施所使用的四種方式。

此四種補償措施之優先使用順序為復育、創建、強化、保存，此順序為根據各補償措施對自然棲地在「資源面積」及「生態功能」的影響程度，復育相對於創建之補償措施對生態環境之潛在衝擊較低，且又相對於強化及保護所獲得之生態功能及資源面積較大，所以為四種補償方式中，最優先之補償方式。

補償程序原則（以興建道路說明）

1. 迴避：道路選線時，面臨可能經過的重要生態棲地或是環境敏感地，首先必須考量到的原則是迴避。
2. 減輕：在道路生命週期各階段（即規劃、施工、營運與維護管理階段），盡可能把造成的衝擊減輕到最低。
3. 補償：當嘗試採用各種減輕措施後，仍有生態品質或棲地損失時，就必須透過復育、改善或創造生態棲地的方法來補償這些無法避免的損失。

▍美國溼地銀行所使用之生態補償的評估方法

評估方法類型	方法簡述	評估模式舉例
簡易指標評估	將溼地中複雜的生態系統簡化	Acreage、Diversity
溼地 狹義功能性評估	預測或評估溼地某一特定的 生態服務功能	Habitat Evaluation Procedure（HEP） HEP Variation、SUPERBOG、Habitat Evaluation System
溼地 廣義功能性評估	評估更廣泛之溼地 可提供的服務功能	Wetland Evaluation Technique（WET）、 Wetland Evaluation Methodology（WEM）， Landscape Level Analysis、WRAM、HGM
專家評估	由專家實際走訪開發及補償基 地，直接給定價值進行評估	
融合式評估	面積結合功能性評估（最後由 專家學者檢視）	
經濟價值評估	以金錢作為量化之標準	機會成本法、市場價值法（生產率法）、影 子工程法、費用分析法、人力資本法、資產 價值法、旅行費用法

▍棲地等價之評估流程

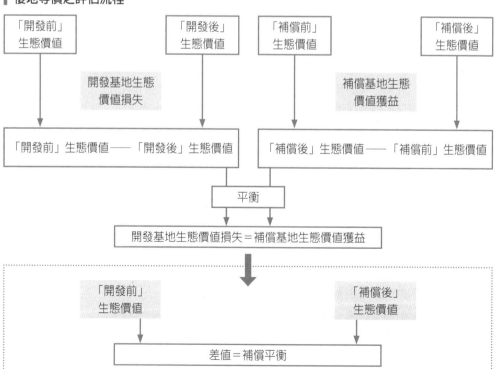

Unit 18-9 汙染與生物復育

土壤是人類及眾多生物賴以生存繁衍發展的物質基礎之一。汙染物經由水體、大氣間接或直接進入土壤中，當其積累到一定程度、超過土壤自淨化能力時，土壤的生態服務功能將降低，進而對土壤動、植物及微生物產生影響。重金屬是土壤重要汙染物之一。

傳統的土壤重金屬汙染修復技術有排土填埋法、稀釋法、淋洗法、物理分離法和化學法等。

植物修復

主要優點是成本低，處理設施簡單，適合大規模的應用，利於土壤生態系統的保持，對環境擾動小，具有美學價值等特點。植物修復是生物修復的一種方式，是以植物忍耐、分解或超量積累某種或某些化學元素的生理功能為基礎，利用植物及其共存微生物體系來吸收、降解、揮發和富集環境中汙染物的一項環境汙染治理技術。

1. 植物的富集作用：篩選超富集植物是植物修復的基礎，土壤重金屬汙染植物修復成功與否的關鍵在於超富集植物的選擇。對於超富集植物而言，即使在外界重金屬濃度很低時，其體內重金屬的含量仍比普通植物高出10倍甚至上百倍。

2. 植物的降解作用：利用植物根際分泌出的一些特殊化學物質，使土壤中的重金屬轉化為毒性較低或無毒物質的理想植物，應是一種能忍耐高濃度重金屬、根系發達的多年生常綠植物。這些植物經由根系分解、沉澱、螯合、氧化還原等多種過程使重金屬惰性化。

微生物復育法

微生物修復是透過重金屬與微生物的作用，改變重金屬在土壤中的化學形態，使重金屬固定或解毒，降低其在土壤環境中的移動性、毒性和生物可利用性或透過微生物吸收吸附作用、代謝對重金屬的削減、淨化與固定作用。可分成：(1)微生物吸附；(2)氧化還原重金屬；(3)微生物礦化固結重金屬離子。微生物復育的優點有符合環保方法、成本低、無二次汙染可在現地進行、經濟效益性高、對場址的擾動較小、可分解汙染物而非做相的轉移。

生物降解

生物降解（biodegradation）是指有機物在微生物酶的作用下，經過一系列的生化反應轉化成簡單化合物的過程。有機物可全部轉化成無機物，也可以發生局部的轉化。後者常稱之為生物的轉化作用。生物降解系統中的碳源、微生物組成、營養和環境條件直接影響生物降解和轉化的過程，以及生物降解的效率。

生物降解技術作為一種重要的水處理手段，與物理化學方法相比有許多優越之處。主要表現在：汙染物的生物降解與轉化過程可在常規環境下高效並相對徹底地完成；微生物具有來源廣、易培養、繁殖快、適應性強和易實現變異等特性；微生物通過有針對性地進行篩選、培養和馴化能很好地適應各種環境，可使大多數的有機物質做到生物降解。

▌重金屬整治技術

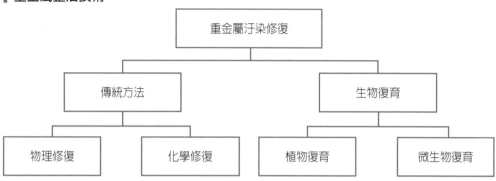

▌原處生物復育法

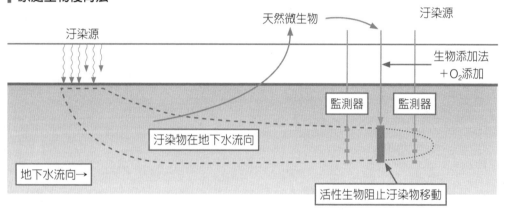

▌生物復育技術

項目	說明
生物促進法	以人為供應氧氣或添加營養源（無機物、有機物）於環境或生物反應器中促進微生物分解作用
生物添加法	直接添加對汙染物具有分解能力的特殊菌種於汙染場址，或利用基因工程技術，發展具特定汙染物分解能力之基因重組微生物
生物處理法	將汙染物經通氣或土壤洗滌後送至特殊生物反應器或是生物濾床、生物洗滌塔去除汙染物，或是採用地耕法、堆肥處理
生物通氣法	生物通氣法利用環境中原有微生物，對吸附於土壤中之有機汙染物進行生物降解的一種現地土壤汙染整治技術
植物復育法	以人為種植植物於環境中吸收汙染物，以減少汙染物及促進汙染物分解作用

PART 19
生態資源管理

Unit 19-1 生態系統服務概述

生態系統服務（ecosystem service）的定義，即自然生態系統及其物種所提供能滿足和維持人類生活需要的條件和過程。它在為人類提供物質資源的同時，還創造與維持了地球生命支援系統，形成了人類生存所必需的環境條件。

生態系統服務指生態系統對人類的功效，是各種生態系統及其物種為人類生產、生活提供的物質、功能和功能性服務。

只要自然生態系統存在，各種生態過程在正常的運行著，不管是否認識其意義和估計了它的價值，它都給居住在地球上的人類，提供著無償的或有償的服務。生態系統服務是與生態過程緊密地結合在一起的。生態系，包括其中各種生物族群，在自然界的運轉中，充滿了各種生態過程，同時也就產生了對人類的種種生態系統服務。另一方面，由於生態系統服務在時間上是從不間斷的，所以從某種意義上而言，其總價值是無限大的。全人類的生存和社會的持續發展，都要依賴於生態系統服務。

最重要的生態系統服務價值多數是沒有進入市場的間接價值，對環境和生命維持系統的許多重大調節功能，如 CO_2 和 O_2 平衡，水土保持、土壤形成、淨化環境等。

生態系統服務中，有不少是跨地區、超越國界的，生物多樣性的生存價值（existence value），其價值不能從本地生物資源直接獲得，而是依附於別的國家、遙遠的生態系統。因為世界開發中國家多數為富有生物多樣性的，而開發國家由於其發達的企業，許多環境汙染物（如燃料消費和化學物生產）的產生往往源自於它們。

生態系統服務的內涵

1. 功能性描述。生態系統服務來自於生態系統的過程或功能，最大的特點是從生態學的角度闡述，生態系統服務屬於生態系統過程和功能，生態系統功能轉化成生態系統最重要的前提就是滿足人類的需求。
2. 收益性描述。從社會經濟學角度闡述，側重點在於人類福祉的增長，即人類可以從生態系統中獲得多少收益。
3. 組成性描述。強調生態系統服務屬於生態組成，是自然的最終產物，而生態系統過程或生態系統功能只是產生服務所必須的，並非服務本身。

生態系統服務價值估計的意義

1. 生態系統服務估價反映了自然資本（natural capital）的價值，它在提高公眾對生物多樣性重要意識和政府作出保護生物多樣性及生態系統決策的決心。
2. 從理論上說明，生態系統的許多服務是人類幾乎無法用其他方式替代的。
3. 各種生態系統服務在各類生態系統上的相對價值，有助於說明其對於人類社會永續發展的相對重要性。

人工生態系統服務體系

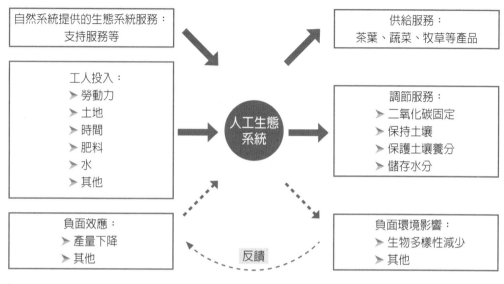

生態系統服務關聯模式圖

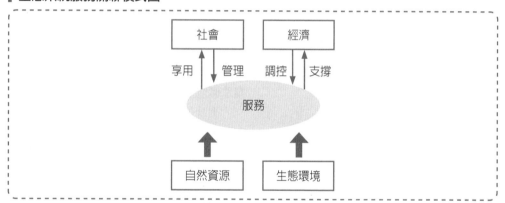

人工草地的生態系統服務價值體系

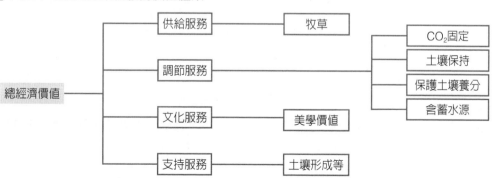

Unit 19-2 生態系統服務的價值評估

生態系統服務功能的價值評估

1. 物質品質價值法：此類評估方法主要是以物質品質的觀點對生態系統所提供服務功能進行整體評估。
2. 價值品質價值法：此類評估方法主要是以價值品質的角度切入，針對生態系統服務功能進行評估。

　　生態系統服務功能的經濟價值評估方法可分為三類：一是實際市場技術，對具有實際市場的生態系統產品和服務，以具體市場價格作為生態系統服務的經濟價值；二是替代市場技術，以「影子價格」和消費者剩餘來表達生態服務功能的經濟價值；三是模擬市場技術（又稱假設市場技術），以支付意願和淨支付意願來表達生態服務功能的經濟價值。

市場價格法

　　此方法適用於有實際市場價格的生態系統服務的價值評估。其優點是有可觀察的市場行為和資料，評估出來的價值具有客觀性，可反映人們的支付意願。

替代成本法

　　替代成本法經由提供替代服務的成本來評估某種生態系統服務的價值。

機會成本法

　　指做出某一決策而不做出另一種決策時所放棄的利益。任何一種資源的使用，都存在許多相互排斥的待選方案，為了做出最有效的選擇，必須找出生態經濟效益或社會淨效益最優方案。

影子工程法

　　當生態系統的某種服務價值難以直接估算時，可採用能提供類似服務的替代工程或影子工程的價值來估算該種服務價值。

防護和恢復費用法

　　防護費用是指人們為了消除或減少生態環境惡化的影響而願意承擔的費用。由於增加了這些措施的費用，即可減少甚至杜絕生態環境惡化及其帶來的消極影響，產生相應的生態效益，避免的損失就相當於獲得的效益。

旅行費用法

　　旅行費用法是最早用來評估環境品質價值的非市場評估方法，旅行費用法用旅行費用（如交通費、門票、旅遊景點的花費、時間的機會成本等）作為替代物來評估旅遊景點或其他娛樂物品的價值。

資產價值法

　　資產價值法是利用生態系統變化對某些產品或生產要素價格的影響，評估生態系統服務的價值。任何資產的價值不僅與本身特性有關，且與周圍環境有關。

條件價值法

　　條件價值法亦稱「調查法」和「權變估值法」，是在假想市場情況下，經過直接調查和詢問人們對於某種生態系統服務的支付意願，或者對某種生態系統服務損失的接受賠償意願，來評估生態系統服務的價值。

選擇試驗法

　　是一種基於隨機效用理論的非市場價值評估的揭示偏好技術，包括聯合分析法和選擇模型法。

▌生態系統功能、服務及其價值和評估方法關係圖

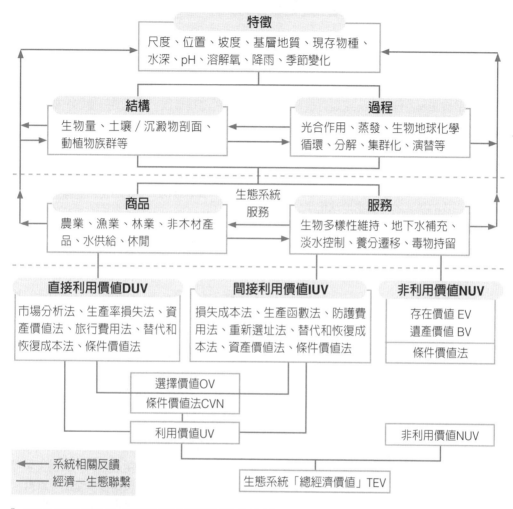

▌8種生態系統生物多樣性單位面積價值的比較

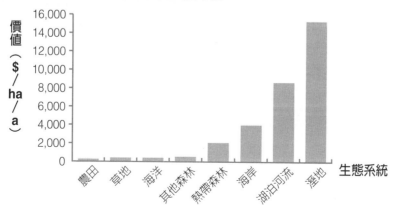

Unit 19-3 生態系統服務的分類

生態系統服務的基礎是生態系統內部各種複雜關係的總和，生態系統提供的服務應該是非常複雜和多樣的，一定還有很多生態系統服務沒有被認識或揭示出來。生態系統提供的某種生態系統服務並非獨立存在，而是與其他服務或功能有著密切的聯繫。

生態系統服務的基礎是生態系統複雜的結構，以及能量流動、生物地球化學迴圈、水文變化等過程，由於生態系統的結構具有複雜性，不同功能的系統組分之間彼此相互作用、相互影響，所以其生態系統服務功能也是複雜的。

為評估生態系統服務價值，必須先將生態系統服務進行分類。一個理想的分類體系應滿足完備性、獨立性要求，也就是該體系要包含所有的服務類型，且各個服務類型之間相互獨立。然而，簡單地將生態系統服務分成互不聯繫的類型可能是不現實的。人類對自然生態系統過程機理了解還不充分，對生態系統服務之間存在的相互聯繫和相互依賴性，或者相互對立的特性尚缺乏足夠的認識，對其進行分類時存在較多的人為因素，容易導致重複計算問題。

生態系統服務並沒有固定的分類模式。由於研究尺度、目的及對生態系統服務內涵的理解不同，生態系統服務可以有多種分類方法，取決於影響福祉變化的因素。同時由於生態系統的複雜性和人類有限的了解，任何分類都可能存在或多或少的不合理性。

生態系統服務強調滿足人類需求和人類福祉，是生態經濟學的概念；生態系統服務不僅可直接獲取，還可間接獲取，如森林植被的水文調節服務。

生態系統服務類別分為三個層級

1. 第一層級將生態系統服務劃分為供給服務、調節服務、文化服務和支援服務四大類。供給服務指的是從生態系統中獲得的實物產品；調節服務指來自於生態系統過程或功能的服務；文化服務指經由享受、感知等精神活動從生態系統中獲得的服務；支持服務則指的是提供其他服務的基礎，包括了更為初級的生態系統過程和功能。

2. 二級分類是在第一層級框架下，根據生態系統過程和功能特點進行分類。

3. 三級分類則是根據生態系統服務的效用表現形式對二級分類的細化。

生態系統產品服務功能

指自然生態系統所產生的，能為人類帶來直接利益的因子，包括提供食品、材料、藥物、燃料等，有的本來就是市場交易的對象，其他的則不容易透過市場手段來補償。

生態系統生命支撐服務功能

包括固定二氧化碳、穩定大氣、調節氣候、水文調節、水土保持、營養元素循環、廢棄物處理、教育、美學、藝術等。

生態系統氣體調節服務價值評估與空間表達框架

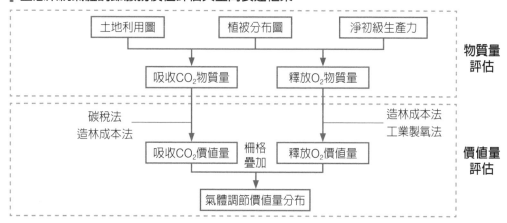

生態系統服務的類型

一級分類	二級分類	三級分類
供給服務	產品提供	食物 燃料（木柴） 原材料（活力木、纖維等） 基因資源（生物醫藥資源等）
	淡水提供	可用的淡水
調節服務	水文調節	攔截降水 蓄積降水
	氣體調節	固定CO_2 釋放O_2
	氣候調節	調節氣溫 調節降水
	環境淨化	吸收汙染物 滯濾粉塵 消滅噪音
	廢物處理	減少病蟲害 減少過剩養分與汙染物
	土壤保持	保護土壤肥力 降低土地廢棄 減輕泥土淤積
	花粉傳授	花粉傳授
文化服務	遊憩體驗 科學教育 精神享受 文化藝術	提供遊憩娛樂的機會 提供科學教育資訊 享受自然、文化、歷史、宗教遺產景觀 提供欣賞文化藝術的機會
支持服務	養分循環 提供棲息地	C／N／S生物地球化學循環 提供棲息地
	土壤形成	根系作用 土壤形成
	維持生物多樣性	生物多樣性 基因來源與進化
	淨第一性生產力	淨第一性生產力

Unit 19-4 生態系統健康

生態系統健康研究是生態系統管理的重要內容。生態系統健康確保生態系統具有良好的服務功能，一個生態系統只有保持了結構和功能的完整性，並具有抵抗干擾和恢復能力，才能長期為人類社會提供服務。生態系統健康是生態系統的狀態，而生態系統管理則是維持這些狀態的主要手段。

生態系統健康的標準

1. 活力（vigor）：即生態系統的能量輸入和營養循環容量，具體指標為生態系統的初級生產力和物質循環圈。在一定範圍內生態系統的能量輸入愈多，物質循環愈快，活力就愈高。但並不意味著能量輸入高和物質循環快，生態系統就更健康，尤其是對於水生生態系統而言，高輸入可導致富營養化效應。

2. 恢復力（resilience）：指系統在外界壓力消失的情況下逐步恢復的能力。具體指標為自然干擾的恢復速率和生態系統對自然干擾的抵抗力。一般認為受脅迫生態系統比不受脅迫生態系統的恢復力更小。

3. 組織（organization）：系統結構的複雜性，一般的趨勢是隨著物種多樣性及其相互作用（如共生、互利共生和競爭）的複雜，而使組織結構趨於複雜。如果在受到干擾的情況下，這些趨勢就會發生逆轉。脅迫生態系統一般表現為物種多樣性減少，共生關係減弱，外來種入侵機會增加等。一般認為，生態系統的組織愈複雜就愈健康。

4. 維持生態系統服務（maintenance of ecosystem services）：指服務於人類社會的功能，如涵養水源、水質淨化、提供娛樂、減少土地侵蝕等，這是人類評估生態系統健康的一條重要標準。不健康的生態系統，上述服務功能的質和量均會減少，而健康的生態系統將更能提供這些生態服務。

5. 管理選擇（management options）：健康生態系統可用於收穫、可更新資源、旅遊、保護水源等各種用途和管理，退化的或不健康的生態系統不再具有多種用途和管理選擇，而僅能發揮某一方面的功能。

6. 外部輸入減少（reduced subsides）：健康的生態系統不需要額外的投入來維持其生產力。因此，生態系統需健康指標之一是減少額外物質和能量的投入來維持自身的生產力。而不健康的生態系統需要依賴於外部輸入。

7. 對鄰近系統的危害（damage to neighboring systems）：健康的生態系統在運行過程中對鄰近系統的破壞為零，而不健康的系統會對相連的系統產生巨大的破壞作用。

8. 對人類健康的影響（human health effects）：生態系統的變化可藉由多種途徑影響人類健康，人類的健康本身可作為生態系統健康的反映。對人類健康有益或者沒有不良影響的生態系統為健康的生態系統。

人類活動會脅迫生態系統健康，導致生態系統結構發生變化，進而影響生態系統的服務功能，對人類健康產生影響，人類不得已又會關注生態系統健康。在外界因子的作用下，在可承受範圍內，生態系統的反應過程分為三個階段：開始時為初期反應，隨後是抵抗與恢復階段，最後是回復階段。生態系統對脅迫的反應結果有四種：一是死亡（即偏離原軌道並消亡），二是退化（偏離原軌道），三是恢復（回復到原狀態及其附近），四是進入更佳狀態。

生態系統健康包含的内容

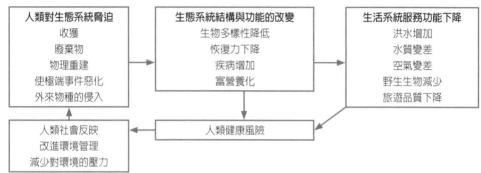

人類活動與生態系統健康間的關係

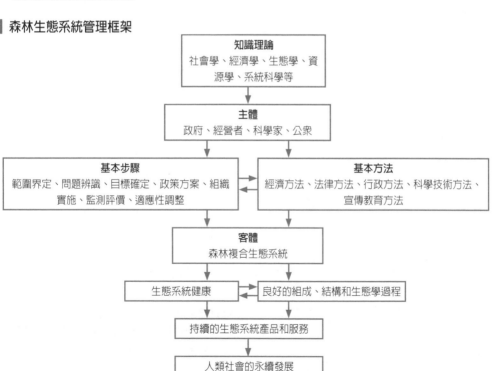

森林生態系統管理框架

Unit 19-5 生態系統管理

生態系統管理（integrated ecosystem management）是對整個生態系統進行管理的方案，其中包括所有相關聯的生命體，這與僅僅管理單個物種的方案完全不同。生態管理是一個將整個環境考慮在內的過程，它要求運用生態學、社會學和管理學的原理來管理生態系統，使之能夠提供、恢復或保持生態系統的完整性及長期的理想狀態、利用、產品、價值和服務。

生態系統管理是生態學的一門新興領域，隨著工業化的推進和經濟的快速發展，各種全球性和區域性的環境問題相應產生，這些都促使人類去尋找有別於傳統自然資源管理的新思路和新方法。

生態系統管理是具有明確且可持續目標驅動的管理活動，由政策、協定和實踐活動保證實施，並在對維持生態系統組成、結構和功能必要的生態相互作用和生態過程的基礎上，從事研究和監測，以不斷改進管理的適切性。

生態系統管理認為人類及他們的社會和經濟需求，是生態系統密不可分的一部分。生態系統管理關注生態系統的狀態，目的在於保持土地生產力、基因保護、生物多樣性、景觀格局及生態過程的組合，生態系統管理主要是隨著《生物多樣性公約》的實施和發展而成熟的。《生物多樣性公約》強調：注意到保護生物多樣性的基本要求，是就地保護生態系統和自然棲地。

生態系統管理的指導原則

(1)管理目標是社會的抉擇；(2)生態系統的管理必須考慮人的因素；(3)生態系統必須在自然的分界內管理；(4)管理必須認識到變化是必然的；(5)生態系統管理必須在適當的尺度內進行，保護必須利用各級保護區；(6)生態系統管理需從全球考慮，從局部著手；(7)生態系統管理必須尋求維持或加強生態系統結構與功能；(8)決策者應以源於科學的適當工具為指導；(9)生態系統管理者必須謹慎行事；(10)多學科運用的途徑是必要的。

重視區域尺度

生態系統管理研究涉及生物細胞、組織、個體、族群、群落、生態系統、區域、陸地／海洋與全球等不同尺度上的對象，主要包括生態系統、區域和全球三大層次。全球尺度的研究，有利於從總體上了解全球生態系統管理的方向、原則、框架和態勢，並可加深和增強公眾對生態系統管理問題的認識和意識。

生態系統管理方法論，一般包括九個步驟：(1)調查確定系統的主要問題；(2)當地居民的認知和參與；(3)政策、法律和經濟分析；(4)確認管理的目標和物件；(5)生態系統管理邊界的確定，尤其是確定等級系統結構，以核心層次為主，適當考慮相鄰層次內容；(6)制訂管理計畫，在一個適宜的模型中，連結社會經濟資料和生態資料；(7)實施和調控；(8)評估、確認管理方案的缺陷和局限性；(9)制訂矯正措施，經由反饋機制進一步促進適應性管理的進行。

▌生態系統管理和傳統的自然資源管理的區別

	生態系統管理	傳統的自然資源管理
目標	所在區域的長期可持續發展	短期的產量和經濟效益
重點	強調生物多樣性保護	強調單個物種的保護
尺度	區域—國家—全球範圍，尺度較大	限於地方—區域層次，一般尺度較小
人類活動	把人類作為系統的一個組分，在一定閾值範圍內，允許和鼓勵人類活動	人與自然是分離的兩個組分，人類活動受限制並在必要時被禁止
價值取向	考慮政治、經濟和社會價值，提出的所有措施必須能被各方面接受	主要考慮經濟價值
敏感性	對公眾的特性和需要更敏感，這些都包括在區域保護、恢復和發展的總體規劃中	典型的商品導向型，對公眾的特性和需要不太敏感

▌生態系統管理術語的發展

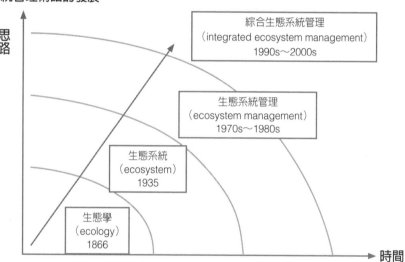

▌綜合生態系統管理框架

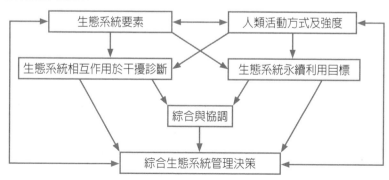

PART 20
生態批評

Unit 20-1　生態批評概述

生態批評（ecocriticism）於20世紀1990年代中期在美國形成，進而又出現在許多國家。美國「生態批評」的主要宣導者和發起人徹麗爾格羅特費爾蒂（Cheryll Burgess Glotfelty）定義生態批評為：「生態批評是探討文學與自然環境關係的批評」。

人與自然關係的問題，是生態批評的理論基礎。生態批評主導思想之一的生態主義，反對人類中心主義，這必然引起既有倫理道德的改變。生態批評建構一種新型的生態倫理。這種倫理以對人生存的憂慮、對人類前途的展望、對人的悲憫為出發點，在深刻的反思中，建立了一個新的基礎，即將危險地凌駕於地球生物族群之上的人，重新放回到堅實而溫暖的大地上，意欲使人在與自然和諧相處中求得生機與發展。

生態批評的主要任務就是經由文學來重審人類文化，來進行文化批評，探索人類思想、文化、社會發展模式如何影響甚至決定人類對自然的態度和行為，如何導致環境的惡化和生態的危機。

著名生態思想研究者唐納德沃斯特（Donald Worster）指出：「我們今天所面臨的全球性生態危機，起因不在於生態系統自身，而是在於我們的文化系統。要度過這一危機，必須盡可能清楚地理解我們的文化對自然的影響。研究生態與文化關係的歷史學家、文學批評家、人類學家和哲學家雖然不能直接推動文化變革，但卻能幫助我們理解，而這種理解恰恰是文化變革的前提」。

生態批評的基本研究模式

1. 探討是否可能把自然科學（如生態學和進化生物學）研究的某些形式，與社會科學（如地理學和社會生態學）研究的某些形式，看作是文學反映的模式。
2. 對以「場所」為基礎的人類經驗，進行文本的、理論的和歷史的分析。
3. 研究文學中所反映的「環境與倫理」的問題。
4. 對模仿和指涉進行新的理論化研究，特別是當這些模仿和指涉在文學文本中用來再現物理環境的時候。
5. 研究任何環境話語模式中的修辭，這些環境話語包括文學寫作，但也擴大到跨學科學術領域，甚至進入公共領域，特別是媒體、政府機構、社團組織和環境宣傳組織的寫作。
6. 探究環境寫作與生活和教育實踐的關係。

生態批評的概念界定

1. 生態批評既是富有美英特色的綠色文學和批評傳統的延續，也具有特定的當代社會文化背景。
2. 生態批評的主流是以「環境問題」為焦點的文化批評。
3. 生態批評有著顯著的跨學科特點。
4. 生態批評的最終目標，不是建立一套分析「文學與環境關係」的方法，而是經由文學批評轉變讀者的世界觀。作為一種以「拯救環境」、「拯救地球」為己任的文學研究。

人類環境倫理信念的演進

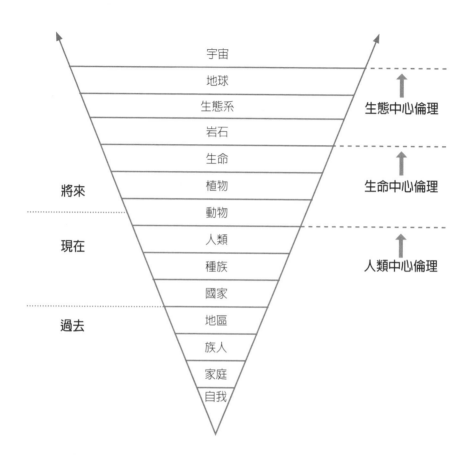

生態中心倫理的主要信念

主要信念	說明
自然世界具有的內在價值 人類應給予道德考慮	自然界的動物、植物和生態系均具有內在價值，不能以對人類是否有價值加以衡量
強調生態系整體的倫理關係	生態系中，生物藉互利的方式與生物及非生物進行互動關係，因此生態中心倫理重視生態系的整體性
重視價值觀的改變	今日環境的危機起於現代人的信念、態度和價值觀，要解決環境危機必須改變人類的信念、態度和價值觀

Unit 20-2 生態審美

1978年「生態批評」提出時，生態批評家即呼籲要「構建出一個生態詩學體系」和「生態美學體系」。隨著生態批評的發展，越來越多的生態批評家意識到：應當對生態批評的審美和藝術特性進行探討，其原因並非是使這類批評更全面、更容易被學界接受，而是他們逐漸認識到，生態批評的審美和藝術性分析的確有一些獨特的訴求。

生態審美原則

1. 生態審美的自然性原則：較之傳統的審美，生態的審美突出的是自然審美對象，而不是突出審美者。審美者感知自然，與審美對象建立的是交互主體性的關係，而不是主體與客體的關係。生態的審美旨在具體地感受和表現自然本身的美。生態的審美是活生生的感受過程。

2. 生態審美的整體性原則：生態批評的核心思想是生態整體主義，生態整體主義思想必然會影響生態批評的審美觀。生態的審美不僅僅關照單個審美對象，還要將它放到自然系統中，考察它對生態系統整體的影響。有利於生態系統和諧穩定的才是美的，干擾破壞了生態整體和諧穩定的就是醜的。

3. 生態審美的交融性原則：建立在生態主義的關聯觀之上。生態的審美不是站在高處遠遠地觀望，而是全心地投入自然，有時候、特別是在審美的初期，甚至需要忘掉自我，與自然融為一體。

人與自然的和解，人與自然的融合，不僅是生態審美的極樂境界，也是生態批評的終極理想。

生態美

係以當代生態理念對審美現象的再認識，把人類歷史上自發的生態審美觀，提高至理性自覺的層次。狹義的「美」是指引起滿足感的對象；廣義的「美」是指具有「審美價值」者。

生態美學

生態美學（ecological aesthetics）是生態學與美學的一種有機結合，運用生態學的理論和方法研究美學，從而形成一種嶄新的美學理論。生態美學的審美，係由以「人與人的利益」轉向以「生態整體」為尺度；以「生態整體」的尺度，是對生態系統的秩序滿懷敬畏之情的「秩序的欣賞」。

杜威的審美生態觀

杜威（J. Dewey）的經驗主義美學首先強調的是身體在場所體驗的連續性。人類與自然之間建立經驗的連續性與整體性，讓身體回歸場所（環境）去發現經驗中所擁有的審美性質。人居於自然世界中，與環境生成參與關係，參與的直接與完滿在杜威看來就是「構成一個經驗的審美性質」。審美經驗則是一種出於完整狀態的經驗，經驗標記著世界的棲居，一個經驗就是棲居在世界中的過程。

生態景觀提升鄉村審美空間途徑示意圖

四種不同的環境主義

生態中心的主義		科技中心的主義	
自然主義 Gainaism	社區主義 Communalism	趨應主義 Accommodation	仲裁主義 Intervention
信仰自然的力量，人類與自然倫理必共同演化	信仰社會的合作能力，以適當的科技和可再生資源形成自給自足的社區	信仰機構的適應力；要求對環境作評估	信仰科學，市場力量，和人類經營管理的能力
民意支持率：0.1～3%	民意支持率：5～10%	民意支持率：55～70%	民意支持率：10～35%
「綠色」支持者、基進的哲學家	基進的社會主義者、奉獻的年輕人、自由主義政治家、學術界的環境主義者	中產階級、環境科學家、白領貿易商、自由主義政治家	商業經營者、金融業者、專業技術員、自營商、右派政治家、專注事業的年輕人
要求權利「去中心化」重新分配，著重於非官僚式的經濟活動和社會變遷式的國家經濟政策，朝向參與的公平性		信仰現存政治力結構的維持，但要求更負責且更可靠的政治、法令、規劃和教育機構	

中國古代美學

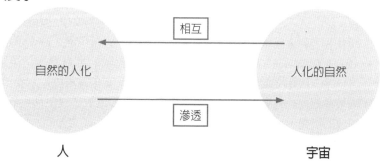

Unit 20-3 生態文學

自20世紀以來，工業文明的高速發展致使全球性生態環境日益惡化，生態危機不斷加劇，人類的生存與安全受到前所未有的威脅與挑戰，作為對人類生活進行審美觀照形態的文學，必然地要求參與到社會生態文明的建構活動中，在此背景下誕生的生態批評，把生態維度納入文學觀照的視野，以人與自然的生態審美關係為基點建構新型的批評理論形態。

把生態批評定義為研究文學乃至整個文化與自然關係的批評，揭示了這種批評最為關鍵的特徵。

1974年，美國學者密克爾（J. W. Meeker）出版專著《生存的悲劇：文學的生態學研究》，提出「文學的生態學」（literary ecology），主張批評應探討文學對「人類與其他物種之間的關係」的揭示，要「細緻並真誠地審視和發掘文學對人類行為和自然環境的影響」。

1978年，魯克爾特（William Rueckert）發表題為《文學與生態學：一次生態批評實驗》的文章，首次使用了「生態批評」（ecocriticism）一詞，提倡「將文學與生態學結合起來」，強調批評家「必須具有生態學視野」，認為文藝理論家應「構建出一個生態詩學體系」。

1985年，現代語言學會出版了弗萊德里克·威奇（Frederick O. Waage）編寫的《環境文學教學：材料，方法和文獻資源》。這本書激發了美國教授們開設有關生態文學的課程並進行該領域的研究。

1991年，利物浦大學教授貝特（Jonathan Bate）出版了他從生態學角度研究浪漫主義文學的專著《浪漫主義的

生態學》。使用了生態批評這個術語，他稱之為「文學的生態批評」（literary ecocriticism）。

1994年，克洛伯爾（Karl Kroeber）出版專著《生態批評：浪漫的想像與生態意識》，提倡「生態學的文學批評」（ecological literary criticism）或「生態學取向的批評」（ecological oriented criticism），並對生態批評的特徵、產生原因、批評標準、目的使命等主要問題進行了論述。

1995年第一本生態批評刊物《文學與環境跨學科研究》（Interdisciplinary Studies in Literature and Environment, ISLE）出版發行。

1996年，第一本生態文學論文集《生態批評讀本》由格羅特費爾蒂（Glotfelty）和弗羅姆（Erich Fromm）主編出版。這一著作被公認為是生態批評入門的首選文獻。全書分成三個部分，分別討論生態學及生態文學理論、文學的生態批評和生態文學的批評。

1998年，由英國批評家克裡治（Richard Kerridge）和塞梅爾斯主編（Neil Sammells）的生態批評論文集《書寫環境：生態批評和文學》在倫敦出版。這是英國的第一本生態批評論文集。區分生態批評理論，生態批評的歷史和當代生態文學三大部分。

2001年，布伊爾（Lawrence Buell）出版了《為危險的世界寫作：美國及其他國家的文學，文化與環境》。麥澤爾（David Mazel）主編出版了《生態批評的世紀》，對生態批評進行了全面的回顧和總結。

2002年年初，維吉尼亞大學出版社隆重推出第一套生態批評叢書：《生態批評探索叢書》。

▌重要的環境倫理

倫理名稱	倫理對象	提倡者	所主張理由或學說
人類中心倫理	人類	Protagoras（約485B.C.～420B.C.）	「人是尺度」理論（home mensura theory）
生命中心倫理	會感受痛苦的動物	JerEmy Bentham	認為動物會感受痛苦（1789）
	有「感知」（sentience）動物	Peter Singer	《動物解放》（1973，出於效益論觀點）
	哺乳類動物	Tom Regan	《動物權的實例》（1983，出於義務論觀點）
	植物	Christopher Stone	《植物是否有地位？》（1972，1974）
	所有生物	Albcrt Schwcitzer	「尊重生命」（Reverence for life）學說（1915）
	所有生物	Paul Taylor	《尊重自然》（Reverence for Nature）（1986）
生態中心倫理	生態系（包括無生命物質）	Aldo Leopold	「大地理論」（The Land Ethic）學說，出自《沙地郡歷誌》（A Sand County Almanac）（1949）
	地球（生態圈）	Arne Naess	《深層生態學》（Deep Ecology）學說（1973，1985，1986）
	地球（生態圈）	J.E.Lovelock	《蓋婭》（GAIA）學說（1969，1979）

▌文化生態系統結構模式圖

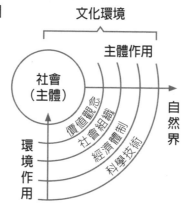

▌臺灣海洋文學簡明發展分期

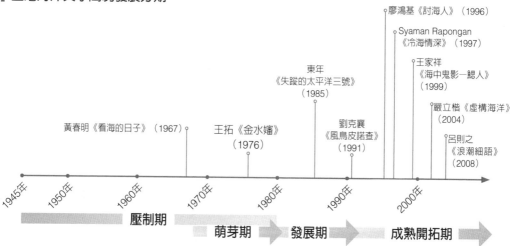

PART 21

生態旅遊

Unit 21-1 生態旅遊概述

負責任的旅遊

　　生態旅遊（ecotourism）一詞最早於1965年，學者赫茲特（C. D. Hetzer）建議對文化、教育以及旅遊再省思，並倡導所謂生態的旅遊，發展至今，生態旅遊已成為國際保育和永續發展的基礎概念。將生態旅遊歸結出三大特點：生態旅遊是一種仰賴當地資源的旅遊、是一種強調當地資源保育的旅遊、是一種維護當地社區概念的旅遊。

　　生態旅遊，單純就字面意義可解釋為一種觀察動植物生態、自然環境的旅遊方式，也可詮釋為具有生態觀念、增進生態保育的遊憩行為。國際保育團體將其定義為：「生態旅遊是一種負責任的旅遊，顧及環境保育，並維護地方住民的福利」，也就是一種在自然地區所進行的旅遊形式，強調生態保育的觀念，並以永續發展為最終目標。

　　生態旅遊可能遭受的負面衝擊，在環境方面，如棲地破壞、汙染；在經濟方面，如土地炒作；在文化方面，如強勢文化入侵、傳統文化滅絕。

資源的適宜性

　　生態旅遊重視資源供給面的開發強度與承載量管制，透過「資源決定型」的決策觀念，進行基地之生態旅遊適宜性評估。評估指標包括自然與人文資源的自然性或傳統性、獨特性、多樣性、代表性、美質性、教育機會性與示範性、資源脆弱性。

　　高規格的生態旅遊活動，其實是包含許多環境使用的限制，諸如應保持地方原始純樸的景觀與生態資源，不因旅遊活動導入而大規模地建設交通與遊憩等相關硬體體設施，或大幅度改變既有產業結構，且需力行在地參與，以小規模的旅遊方式帶領活動團體等。因此，地方居民與業者之接受度與參與力等程度，應優先評估，評估指標包括居民對地方的關懷程度、對生態旅遊的接受度、當地主管機關或民間主導性組織的支持態度、居民與業者的參與程度及民間自願性組織的活力。

消極及積極的旅遊

　　生態旅遊分為簡易型及深入型，建立在一個以「旅遊責任」為基礎的連續體上，一端為簡易型又稱消極的生態旅遊（同意任何型態、強度的活動發生），以滿足一般大眾需求，期望在滿足遊客自然體驗之餘，也能減少環境衝擊；深入型是積極性之旅遊（不允許任何衝擊產生），注重環境倫理，期望維護環境之健康狀態，深入型是負責任之旅遊方式，但也往往伴隨專業取向，通常以特定人士為目標。

　　為能確實推廣生態旅遊活動的成功，提升非消耗行為的生態旅遊意識，透過了解遊客、居民與業者的認知態度及行為模式，提供經營管理者規劃適當的教育推廣策略，以導正參與者正確的環境倫理觀念、行為規範與學習體驗；並藉由生態旅遊基礎面的健全優勢，達到環境資源的保存與滿足遊憩需求的永續目的。

生態旅遊典範連續圖

低度人類責任　　　　　　　　　　　　　　　　　　　高度人類責任

| 所有旅遊活動皆為生態旅遊 | 消極地尋求最小的衝擊 | 積極地對資源保育有所貢獻 | 生態旅遊不存在 |

在序列的右端，生態旅遊是不存在的，因為任何的觀光活動都會帶來衝擊，在序列的左端，則認為所有的觀光活動都可說是生態旅遊。

生態旅遊的典範

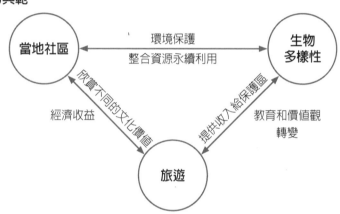

協調旅遊業、生物多樣性及當地社區三者之間相互的關係，居民、自然資源和旅遊之間會相互受益。

傳統大眾旅遊與生態旅遊的差異

項目	傳統大眾旅遊	生態旅遊
遊憩目的	自然與文化環境的破壞，首重經濟效益，普遍泛商業化	自然與文化環境的保護，以永續發展理論為主導，尊重生物多樣性
旅遊型態、特色	傳統消費行為，安排熱門觀光景點	深度體驗欣賞當地原貌和特色，環境生態解說
對環境資源影響	如利用不當，容易被破壞	強調尊重環境倫理，不損耗資源，強調永續利用
對旅遊地居民影響	僅開發單位與遊客受益，對當地社區與居民無回饋	開發單位、遊客、當地社區居民分享利益，即對旅遊地社區提供一定比例的回饋
對旅遊地文化影響	不特別重視，追求新鮮感	尊重當地傳統文化、風俗習慣和價值觀
旅遊後擁有	純粹帶來休閒上的效用，歡愉快樂	希望接觸生態、文化、心靈與知識的提升

Unit 21-2 生態旅遊管理

生態旅遊具有自然保護、旅遊業發展及區域振興等多重目標。現代旅遊展現的是一種進化過程，可持續開發原則一直是生態旅遊的核心。生態旅遊管理的任務是兼顧國家與地方生態保護和環境建設，貫徹永續發展的政策，使生態環境與旅遊經濟間取得平衡，制定生態旅遊發展的政策。

生態旅遊管理基本原則

1. 區域管理與環境承載力：生態旅遊管理不是單純的企業經營管理，也不是單純的地方行政管理，需要規劃、協調與控制。合理的環境負荷量能滿足遊客的舒適、安全、衛生、方便等旅遊需求，又能確保旅遊資源品質不下降、生態環境不退化，可避免對資源的掠奪性利用。
2. 因地制宜與政府介入：政府利用行政政策與資源掌握的經濟資源，可決定發展的先後順序，也可協調社會各關係者。
3. 以生態學原理指導永續性發展：根據生態系統的變化特點，不斷改善旅遊系統的結構，維護生態平衡及環境效益。

生態旅遊區的管理

指對生態旅遊區的自然與文化因素實施計畫、組織與控制等措施，以保持或優於其原有的生態、社會和經濟功能，使生態旅遊活動可能造成的負面影響減少到最低限度。

資源管理與生態旅遊者管理

資源包括旅遊資源與非旅遊資源，它們構成了生態旅遊區的景觀系統，是生態旅遊區產生景觀功能（維持生態平衡、科學研究、農林業生產、生態旅遊與遊憩等）的基礎。

生態旅遊者是生態旅遊活動負面影響和旅遊體驗的產生者，如何合理利用資源，滿足生態旅遊者的需求，考慮資源永續利用與承受能力，促進生態旅遊區環境保護與包含生態旅遊業在內之社區經濟的可持續發展，是生態旅遊區管理的核心問題。

生態旅遊規範

1. 屬於管理者層面的規範：
   (1) 政府組織。以全民福利與強調資源永續發展為前提，而不以旅遊業市場利潤為依歸。可分為公有自然型生態旅遊地點規劃與管理操作規範，以及公有文化型生態旅遊地點規劃與管理操作規範。
   (2) 民間企業。是落實生態旅遊的基礎之一。可朝私有自然型生態旅遊地點規劃與管理操作規範，以及私有文化型生態旅遊地點規劃與管理操作規範等兩個方向發展。
2. 屬於執行者層面之規範：旅行業者操作生態旅遊規範、餐旅館業者操作生態旅遊規範、生態旅遊業市場管理規範、各種生態旅遊活動操作規範、生態旅遊解說者操作規範。
3. 屬於當地居民層面之規範：可分為居民參與過程與機制形成之規範、居民進行地主接待操作之規範，以及居民自我約制之規範。
4. 屬於遊客層面之規範：可分為遊客行為之規範、遊客監督活動帶領者執行活動之規範。

生態旅遊發展精神

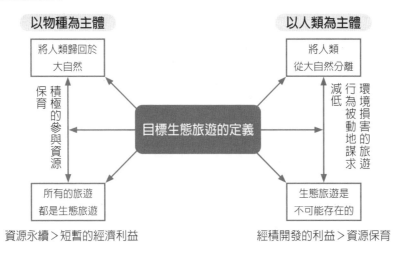

生態旅遊相關經營管理（利益關係者）層級

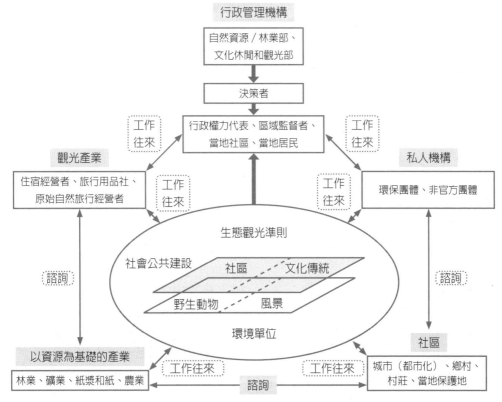

（資料來源：Boyd and Butler, 1996）

Unit 21-3 生態旅遊主體

生態旅遊的主體是人，包括：

1. 有準備的遊客：無準備的遊客可能會對當地的自然和文化環境造成想像不到的負面影響。遊客出遊前應思考幾個問題：如在環境及文化敏感地區旅行時，對環境的負面影響；遊客與當地文化相互影響的方式；是否進行商品交換。

2. 接受訓練的當地居民：當地居民與當地的自然與文化資源關係最為密切，是生態旅遊的核心成員。生態旅遊應從各層面為當地居民提供就業機會，還要提供培訓，提高其溝通能力，對處於敏感的自然與文化環境下遊客的管理能力。

3. 生態旅遊經營者：發布旅遊資訊、提供旅遊文學作品、簡要介紹、引導遊客依循正確的行動、防止環境破壞或干擾當地文化品質、把影響維持在最低的水準、採取小規模的遊客人數以確保旅遊團體對目的地的影響降到最低、避免旅遊地無人管理、解決敏感地區的食宿問題。

4. 研究者：調查及管理旅遊資源，對開發旅遊項目提供建議，提供科學資料以評估當地旅遊資源的價值。

5. 政府部門：對當地資源展開調查、資助保護計畫、從法律角度保障資源和環境不受破壞。

生態旅遊遊客特性

生態遊客一般具有較高之教育程度、收入水準、年齡多在30～50歲間等特點。

生態遊客類型

1. DIY型生態旅遊遊客：具有高度流動性。此類型的遊客占了生態旅遊市場的大部分，他們大多停留在不同的住宿地點，擁有到不同據點的機動力。

2. 旅遊型生態旅遊遊客：在旅程安排上有高度的組織性，且通常到國外旅行。

3. 學校或科學性團體：多半是從事科學探究調查的個人或團體，通常在一特定地區停留較長的時間，且比一般的生態旅遊遊客更樂意忍受當地艱苦的生活條件。

不同利害關係人對發展生態旅遊的主要目的

1. 旅行業及運輸業：責任、產品中有深入的部分、潮流、綠色產品包裝（界面）。

2. 遊客：深度體驗、環境倫理、階層感。

3. 當地居民及當地產業：社區營造、產業轉型、商機與就業。

4. 資源管理者：資源永續經營、顧客滿意。

5. 政府部門：環境原貌與社區意識、地方發展、週休二日、國際知名度。

6. 社會部門：環境保育意識提升、社會健康、學校教育。

7. 傳媒報導：與旅遊業結合、提供流行資訊。

由於「觀光旅遊」的意義易與「休閒」、「遊憩」的活動意義相混淆、「生態」本身字義的模糊性及想藉發展旅遊主體的多重目的性等因素，不同利害關係人對生態旅遊的認知與作法不容易有共識，尤其是，不同地區及利害關係人有不同的社會文化背景與目的，想要統一生態旅遊的定義，不易符合實際的狀況。

以內涵為基礎之生態旅遊架構

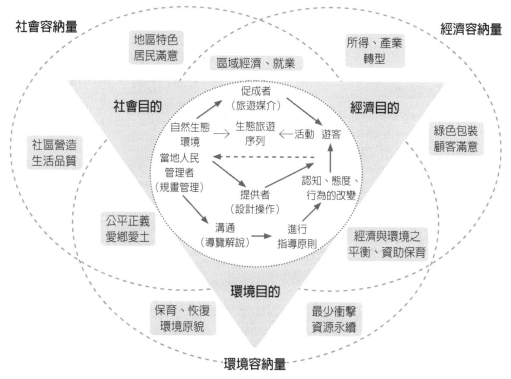

觀光與遊憩發展的新思維

主體	人與自然的關係		人與人的關係	
	現況	新的思維	現況	新的思維
遊客	走馬看花，增廣見聞	深度探訪、改變生活態度與行為	與當地社區無接觸、不受管理規範	了解尊重當地文化、謹守旅遊規範
觀光旅遊相關業者	重視成本考量，不必為當地資源衝擊負責	重視企業環境責任，回饋資源保育	與當地社區無接觸、利潤導向、低價促銷	了解尊重當地文化、規劃特色產品、適當的利益回饋
當地居民	過度使用資源維生、既有生活資源因遊憩使用受限	善用當地資源、成為當地生態環境守護者	缺乏資源參與權利與機制、利益爭奪、漠視、反彈	公眾參與、適當的利益回饋、珍惜自有文化及傳承
資源管理者	遵循既有機關本位目標發展，依既有知識技能嘗試操作，各資源領域機關各自分別發展	容納量與可接受改變限度的觀念，跨資源領域整合管理與發展、監測、科技應用	權利集中、政策、法規未及配合產業需要、管理困難	公眾參與、政策、法規配合、輔導產業升級、賦權協同管理

Unit 21-4　生態旅遊開發

生態旅遊是一種非消耗性、教育性、探險性的新型旅遊。

生態旅遊開發的必要性

保護自然生態環境和文化資源及提高當地居民生活品質，需要開發生態旅遊：生態旅遊區主要包括自然保護區、國家森林公園、歷史文化和文物保護區等。

生態旅遊業的開發，不僅使保護區得以維持其健康發展，且能爲當地居民提供大量的就業機會，促進當地經濟的發展和人民生活水準的提高，還能改善當地居民與保護區的關係，使其成爲自然保護事業的擁護者、支持者和實施者。

生態旅遊開發的五個成功因素，即綜合方法、規劃和不躁進的進行、教育與培訓、當地利益最大化、評估與回饋。

生態旅遊開發的相應策略，如多方籌措資金、建立眞正獨立的組織、進行功能分區、遊覽費的收取與分配方法制度化、制定正式的開發計畫與實施計畫、對當地居民進行職業培訓、環境教育列入學校課程、普及旅遊基礎理論、國家政府提供資金等援助、當地居民優先就業、旅遊開發與建設盡量使用當地材料、開發當地的特長、建立地形地貌、動植物和自然環境其他方面的資料庫、監測旅遊對生物多樣性和環境的影響、進行生態與生物多樣性研究等。

生態旅遊開發必須協調當地社區、生物多樣性與旅遊三者之間的關係，而三者之間關係的協調要靠合理的管理，如制定有效的管理計畫、實施監測（物種、生境、旅遊者數量、社區情況）、制定社區參與規劃、對旅遊者的管理（測定環境容量，控制旅遊者的活動、規模、行爲）、制定有關法規等。

社區參與是生態旅遊成功開發的一個重要因素。當地居民一旦參與生態旅遊開發，他們會按照遊客的期求來主動保護自然資源、環境和當地的傳統文化。在大多數生態旅遊開發中，當地社區很少參與，參與者主要是那些所謂的「傑出人物」，如此則生態旅遊開發的目標很難實現。

當地居民參與模式有兩種，即自主經營和作爲雇員；不同的參與方式對其旅遊收入影響不大，但對環境保護影響很大，自主經營更利於環境的保護生態旅遊開發對環境的影響。

生態旅遊開發與營運在促進經濟增長的同時，對自然環境與生態環境也會產生負面的影響。主要表現在以下幾方面：占用綠地、砍伐樹木、減少植被覆蓋率；影響和破壞野生動物的棲息環境與遷徙路線；使野生生物數量、種類減少；影響和破壞原始生態系統的特徵、結構和功能；對地質、古生物遺跡和文化遺跡造成人爲破壞；干擾和影響當地居民的正常生活、文化及風俗習慣等。

擬開發的生態旅遊剖析是對其中可能影響環境的因素進行定性或定量的分析，以確定主要影響因素，釐清其影響的過程及危害特徵。生態環境剖析的內容包括：生態旅遊區地理位置、旅遊開發的類型、旅遊地的環境特色、旅遊開發規模、旅遊開發的方式、旅遊區的基礎設施和旅遊交通等。

生態旅遊的設定、分級、分類與區別準則

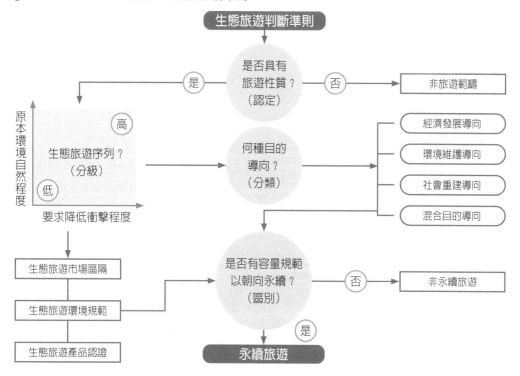

生態旅遊的規劃模式

規劃內容	規劃模式	主要特點
發展規模	嚴格限制旅遊業發展規模	嚴格按照環境容量，控制遊客進入數量
旅遊活動	對環境影響較小的活動	採取徒步等自然旅遊方式
目標市場	生態旅遊者	旅遊者具有較強的環境意識，以小型團體旅遊為主
用地結構	同心圓結構（自然保護區）	旅遊服務設施集中分布於外圍非重點保護地帶內
環境規劃	提供較高的環境質量	旅遊收入的一部分作為環境補償費

生態旅遊功能區劃模型

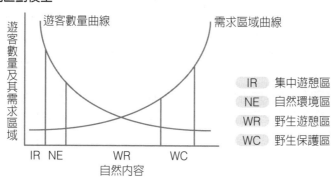

Unit 21-5 生態旅遊承載力

承載力

　　承載力是評估當地環境影響的一個重要指標。生態旅遊承載力用來評估旅遊目的地對人類行為活動的環境承受能力。包括該地區在未受到環境破壞的前提下，所能容納的最多遊客數量，若超過此數量，那麼該地區將難以避免出現資源惡化、遊客滿意度下降等問題，同時還會對當地造成社會與文化方面的負面效應。

　　影響承載力的重要因素就是「人」。在一個原始的生態環境中，各個族群保持著平衡的狀態，因此生態環境處於穩定狀態，承載力保持穩定；當人類進入此環境，情況發生了變化。原有的平衡體系發生變化，隨著越來越多人進入該地區，自然資源受到影響，承載力也就發生變化。

　　承載力衡量存在的問題如下：

1. 承載力對於不同的景區、不同的訪問者存在差異性，因此缺乏一致性的界定。
2. 由於承載力的可變性和不確定性，其衡量標準很多，如從環境承載力的角度分析生態旅遊的承載力，或從旅遊者的角度加以衡量等。
3. 承載力是動態、變化的過程。不能被固定或僵化，而是取決於其本身的變化速度。
4. 由於對承載力的內涵界定不一致，造成了衡量與問題分析的方式和手段缺乏。
5. 對風險和潛在影響作準確的預測非常困難。
6. 由於管理會改變整個事件的過程和結果，因此，管理方法實施前後及過程中都需要做必要的影響評估。

7. 對生態旅遊的發展設施仍存在爭議，在景區的建設和保護中，會出現「無為」與「有所為」，皆會造成環境惡化的尷尬局面。

生態旅遊區含有3個層次

1. 如何控制遊客量，減少遊客對景區生態環境的影響是景區規劃管理中要考慮的重要問題。
2. 控制遊客量，維持生態功能，按照生態學原理，分析服務環境容量和生態環境容量，使景區的環境品質與遊客量之間存在著一個最佳值。
3. 確定各景點合理的旅遊路線和環境容量。

可接受的改變限度

　　生態旅遊與遊憩憩衝擊的監測管理上，國外泛用可接受的改變限度（limits of acceptable change, LAC）觀念，遊憩環境的LAC分為自然變異引起的環境改變、可以接受的衝擊（人為引起的）、不可接受的衝擊，LAC就是將人為衝擊劃分為可接受與不可接受改變的一種經營上之判斷，經營者要設定這條線，並藉由各種經營方法來堅守。

生態旅遊地環境監測機制

　　行政院環保署訂定「生態旅遊環境監測機制」，適用之範圍包括：休閒農漁業區、森林遊樂區、國家公園、農場、原住民地區、實驗林區、國家風景區及直轄市、縣市風景區的生態旅遊地等。環境監測項目包括：陸域生態、水域生態、人文景觀、水文水質、交通、廢棄物清除處理、環境衛生、空氣品質、噪音振動等。

生態旅遊連續體

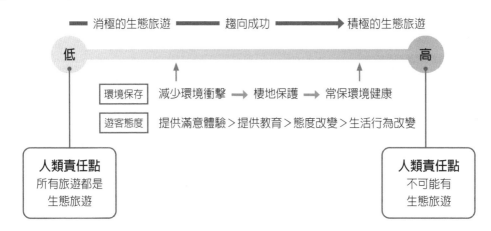

生態旅遊等級示意圖

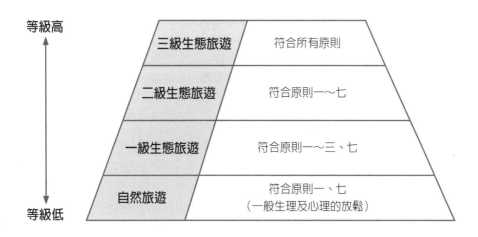

原則一	無干擾或少干擾的自然區域	原則六	尊重和保護目的地傳統文化
原則二	旅遊對環境影響衝擊最小	原則七	充分滿足生態遊客的旅遊需求
原則三	可建立環境意識	原則八	真實且遵循倫理性的經營理念
原則四	直接或間接貢獻於目的地的環境保護	原則九	可實現旅遊發展的永續性
原則五	提高原住民的生活水平		

Unit 21-6 社區生態教育

社區生態教育是以社區為主要範圍及基礎、社區居民為主要成員、以社區自然環境和生態體系的認知與合理經營為核心議題的永續發展推廣教育。社區生態教育的目標，是充實一般社區居民的環境倫理觀念和對大自然的專業知識素養，提升環境意識以及調查、評估、付出保育行動的能力，並養成居民負責任的環境行為，促進社區生態、經濟和精神文化的永續發展。

社區生態教育的必要性

1. 由於人口集中及開發利用的壓力，已開發社區的自然資源受到的破壞，比保護區更嚴重，保育需求更迫切。
2. 保育地方社區生態資源，可提高社區環境品質，提供生態教育功能，有助社區永續發展。
3. 已設置的自然保護區面積受限制，無法有效且全面地保護棲地和物種，而很多珍稀野生動植物皆分布在農村社區中。
4. 如果居民參與調查監測工作，就會知道當地自然資源特色及其對社區的影響，有利於居民的認知、保護行動和自然資源的永續利用。

社區生態教育目標

1. 第1階段：「認知科學基礎」，讓居民認識社區生物多樣性、環境倫理、各類野生動植物、生態系及其演替、保育法令與策略等基本知識。
2. 第2階段：「培養主題意識」，提升居民對各種環境議題、野生動植物及棲地的價值和面臨問題等的感受度與了解。
3. 第3階段：「養成調查、評估能力」，養成居民對各項生態和環境議題的調查、資料蒐集、評估及決策的能力。
4. 第4階段：「付出行動能力」，賦予提出解決方案、研擬行動計畫並採取具體保育、復育或教育行動的能力。

生態教育課程重點

(1)環境倫理及保育基礎知識，如21世紀新環境倫理、生物多樣性保育、自然保育法規、自然保育及永續發展、外來入侵種的危害及防治、生物多樣性保育及產業發展；(2)野生動植物的分類、生態及調查方法；(3)社區環境營造，如生態工程、生態綠化、生態池營造、河川水質監測等；(4)社區生態旅遊，如生態旅遊概論、生態解說技巧、生態遊程規劃、生態攝影、生態創意產業等；(5)社區營造經驗分享；(6)觀摩研習；(7)社區歷史、風俗、地理及文化。

社區與生態旅遊發展

以社區為發展基礎的生態旅遊，主要是結合社區經營及生態旅遊的理念。社區經營是較能推動地區永續發展的策略，強調以社區為核心，發展生態旅遊，除了永續性考量外，同時強調提升社區生活品質及生態資源的保育兩大訴求。

生態旅遊的經營需要多方面的經營，包括生態環境、資源管理、旅遊市場、休閒產業經營、社區組織運作、行銷與區域整合。不斷地培訓以強化社區居民的能力及認知，是社區能否主導及永續經營生態旅遊的必要條件。

以社區為核心之生態旅遊發展模式

生物多樣性社區資源之共管共享

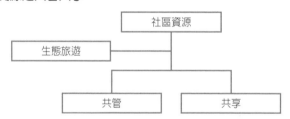

生態旅遊研究的架構

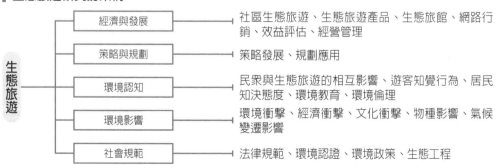

Unit 21-7 綠色旅遊

世界觀光組織（UNWTO）秘書長Taleb Rifai在2009年第三屆聯合國世界旅遊組織會議上提出「綠色旅遊是未來旅遊業的發展趨勢」。

綠色旅遊起源於歐洲鄉村旅遊的概念，在英國稱之為綠色假期。

綠色旅遊強調：保護一個地區的美好景觀，對於舊有建築的再利用，對該地區的發展總量設限，由原有的居民擔任該地區開發者；對於環境觀光發展的經濟、生態、社會議題做整體考量，而不是僅考慮經濟。

綠色旅遊是一種在鄉村地區進行的旅遊活動，且從事對環境、自然、當地文化和社區無害的旅遊行為，體驗鄉村地區的自然、人文、生活，與當地居民接觸交流。

綠色旅遊相較於永續觀光、生態旅遊、自然旅遊、環境教育等不同類型且同樣關注環境議題的旅遊類型，對觀光客或遊客而言，有較為容易且具體的實踐方式。

綠色旅遊強調觀光活動必須對環境友善、降低對環境造成的負擔，永續觀光則強調觀光活動的可持續性。前者目標簡單、易實踐；後者則內容廣泛、實踐不易。

多倫多綠色旅遊協會認為，從事綠色旅遊的意義在於生態責任（ecological responsibility）、地方經濟的活力（local economic vitality）、文化的敏感（cultural sensitivity）及體驗的豐富（experiential richness），並將綠色旅遊的概念導入各項活動之中，如交通（步行、人力車、大眾運輸工具等）、住宿（綠色住宿）、飲食（當地食材）、購物（當地產品），以及

提倡3R的概念，減量化（reduce）、回收（recycle）、重複使用（reuse），減少物質、能源的消耗及有害物質的排放。

對於綠色旅遊方式，是現今社會與未來世代負責任的一種旅遊方式，在這種旅遊方式不僅是一個現代地球公民所應負起的責任，也提高了自己精神生活的層面。同時旅遊活動也是一種學習體驗，透過自然環境和旅遊活動的並行關係，讓遊客對大自然能有多一分的敬畏感和在環境意識的基礎上體驗旅遊。

聯合國環境署認為實踐綠色旅遊的主要面向如下：讓企業與遊客參與永續實踐、能源與廢棄物減量、當地環境的改善、成員的參與和其對永續實踐的承諾、增加使用有認證標誌的旅遊企業、對當地社區有助益。

在發展綠色旅遊的原則方面，除了永續性的環境、經濟、社會三項原則外、文化的永續發展也是重要的指標。還能以當代及未來的經濟、生態和社會文化福祉的發展為前提，並與當地整合經濟環境、保護資源且公平分享，以達到綠色旅遊的目標價值和原則。

綠色認證

發展綠色認證是實踐綠色旅遊的關鍵，因可讓觀光產業有所依循，也讓觀光客在旅遊過程中，潛移默化地建立起綠色觀念，待其完成遊程返家後，有機會在日常生活中實踐對環境友善的生活方式。

與環境或生態相關的認證或標誌如綠色行李箱、藍旗（Blue Flag）、綠色鑰匙與GTBS。

綠色旅遊的目標和原則

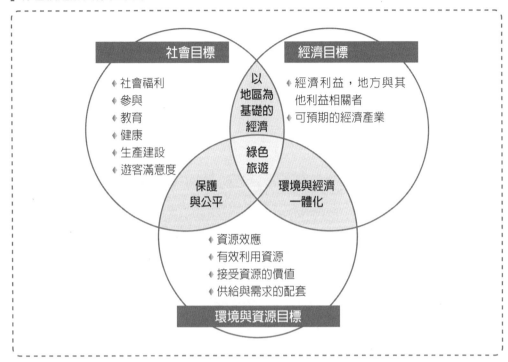

社會目標
- 社會福利
- 參與
- 教育
- 健康
- 生產建設
- 遊客滿意度

經濟目標
- 經濟利益，地方與其他利益相關者
- 可預期的經濟產業

以地區為基礎的經濟

綠色旅遊

保護與公平

環境與經濟一體化

- 資源效應
- 有效利用資源
- 接受資源的價值
- 供給與需求的配套

環境與資源目標

「臺灣綠色旅遊協會」對「綠色旅遊」之定義

綠色旅遊

節能減碳

食	衣	住	行	育	樂	購	公益
在地當季、有機健康	機能舒適、輕便減量	在地環保、綠色建築	低碳環保、公共交通	尊重自然、3R精神	關心環境、體驗生態	當地特產、環保有機	碳補償、碳中和精神

PART 22

臺灣生態狀態

Unit 22-1 臺灣的生態系

臺灣是熱帶與亞熱帶間之海島，正好位於歐亞大陸與太平洋的交接處，而板塊運動也造就全島在極短距離內擁有高山、丘陵、臺地、平原、盆地、谷地溪流與灘地等各種地形變化。

臺灣局部地區直接面對由海上強襲的東北季風，而強冷空氣也讓中高海拔的山區具有溫帶與寒帶的低溫氣候環境。地形與氣候的多元環境正是臺灣能承載多樣植物物種與生態的基礎。

影響臺灣生態系的主要因子是緯度、海拔高度、地形、季風。

臺灣的生態特色

四面環海，氣候顯現溫帶與亞熱帶的特性，氣溫高且雨量充沛。面積狹小（3萬6千平方公里），南北緯度差別少，但海拔高度差異大，造成各種主要氣候類型都看得到，也提供複雜的生物棲息環境。

海洋生態系：包括沙岸、岩岸、礁岸、泥岸等海岸地形，以及大洋地區。

沼澤生態系：包括位於沿岸河口或潟湖附近的草澤（蘆葦）及林澤（紅樹林）等排水不良地區。

1. 湖泊生態系：缺乏大型湖泊，應加強保護高山湖泊。

2. 溪流生態系：山高水急，上游地區河川侵蝕作用明顯，造成中、下地區河川堆積。上游水質清澈且溶氧高，水流湍急，適合生存的生物種類及數量並不很多。中下游河面較寬廣，水流較緩，常見沙洲泥地或礫石。臺灣北部河川水量終年豐沛，但南

部由於雨量集中在夏季，冬天呈現涓涓細流，夏天颱風豪雨時，水量可增加200倍以上。

3. 森林生態系：森林生態系以生態環境區分植被的分布，可區分為：
   (1)高山寒原群落：3,600公尺以上高山地區。
   (2)亞高山針葉林群落：高山寒原下方至海拔3,000公尺處。
   (3)冷溫帶針葉林群落：海拔2,500～3,000公尺處。
   (4)暖溫帶針葉林群落：海拔2,000～1,200公尺間。
   (5)暖溫帶雨林群落：北部700～1,800公尺，南部900～2,100公尺處。
   (6)熱帶雨林群落：海拔700～900公尺間，終年溫暖溼潤。
   (7)海岸林植物群落：紅樹林及海岸林（蘆葦、五節芒等）。
   (8)熱帶疏林群落：矮生植物散布於草原間，如澎湖地區。

4. 農田生態系：水稻、果園、菜園及旱田等農耕地以及魚塭，一般種植單一物作或養殖單一漁產，生物相單純且密度高，耗費大量能量維持。

臺灣與世界其他地區生態系之比較

大部分的地區常僅出現單一的生態環境，但臺灣由於屬於大陸性島嶼、地理位置、氣候及高山等特殊條件，形成了由熱帶雨林到高山寒原的不同生態體系，幾乎涵蓋了整個北半球的主要生態系。

▍影響全球生物分布的近因及生態系等相關概念示意圖

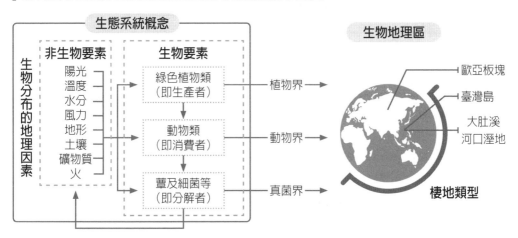

▍臺灣的氣候與植被環境

區域	縣市	說明
北宜地區	東北角、基隆、新北市內及宜蘭縣一部分	背山隔海，丘陵多而平原少，終年多雨，平均年雨量在2,000～3,000mm間。山區甚至可達4,000～5,000mm，溼度大，日照少，蒸發量少。最冷月份均溫在15℃，最熱月份均溫高達28℃，屬亞熱帶型氣候，山麓地帶植被豐富
北部地區（桃竹苗區）	新北市西北部、桃園、新竹、苗栗及臺中一部分	多丘陵地，平原狹小，年雨量在1,500～2,500mm間，夏季雨多，冬季並不乾旱但多風。尤其新竹沿海一帶冬季季風甚強，此區內之防風林非常普遍
西南平原區	西岸之嘉南平原、臺中盆地及高屏平原區	主要農業區，雨量較少，年雨量在1,500mm左右，由山邊向西部遞減到西部沿海雨量僅達約1,250mm，雨量集中夏季，占全年雨量之80%，冬季乾燥，故農田之灌溉水仰賴水庫
恆春半島及蘭嶼區	恆春及蘭嶼	年雨量在1,500～2,500mm，集中於夏季，占全年雨量之90%以上，時有旱災，土地蒸發量大。蘭嶼雨量充沛，最低月份為四月，少於400mm；最多月份是九月，平均溫最冷是20℃，為典型之熱帶氣候
花東海岸區	花蓮及臺東之沿岸平原區是中央山脈及東部縱貫山脈以東狹長之平原區	地勢陡峭，溪流短促，夏天受颱風侵襲最為嚴重，年雨量在1,500～2,000mm間，月平均溫在17～20℃。日照量可能因中央山脈之關係，同緯度的臺東為43%，而臺南為59%；花蓮為38%，而臺中為56%。此區之生態環境與臺灣西南平原區迥異
中央山脈區	全部中央山脈	海拔1,000公尺以上之高峰數百座，3,000公尺以上高山60座，雨量充沛，平均年雨量大約3,000mm，迎風山坡更高達4,000～5,000mm。氣溫呈垂直性遞減。植被亦呈垂直性分布，由山坡至最高3,000公尺以上之植被分別為闊葉樹林、松林、針葉林及高山草原
臺西沿岸及澎湖區	西部之沿岸地及澎湖群島	雨量較低僅達1,000mm左右，且雨量80%集中於夏季，平時多風，東北季風來時，其風速更大，受鹽沫飛沙之侵害，平時農作物之生長受到限制，故防風林至為重要。尤其澎湖地區缺高山，水氣無法降落停滯該地，終年乾旱，農業不彰

Unit 22-2 臺灣的海洋生態

臺灣的海洋環境可大致分為東西兩邊，臺灣東部濱臨太平洋，水深相當深，可達到幾千公尺，西部則面臺灣海峽，水深較淺，約200多公尺。

冬天時，臺灣有東北季風的吹拂，而夏天則有西南季風影響，造成海面擾動混合均勻，在海裡更有終年不斷的海流經過臺灣的海域，帶動海域中整個海水水團的移動，在這樣的交替作用下，波浪、湧浪複雜多變，水中溶氧充足，外海水質佳，近岸海灣內則潮汐海流平緩且穩定。

臺灣海域因緯度的關係，全年陽光照射充足，溫度適中（年均溫20℃），更是許多海洋生物喜愛的棲息地，北方魚群會集體遷移南下渡過寒冷的冬天，南方魚則會北上避暑，魚的種類數量相當高，陸地營養鹽、有機質沖刷旺盛，加上沿海及海底湧升流區營養鹽充足，海洋植物群基礎生產力高，浮游生物密度也相當高，各項營造生態環境因子優良，因此，臺灣海域生物種類數量多、生物量大。

沿岸生態系可區分為三類：岩礁生態系、河口溼地及灘地生態系，以及珊瑚礁生態系。岩礁生態系大多出現在臺灣的東部及東北部，河口溼地及灘地生態系大多為北部、西部沿海或河流出海口一帶，珊瑚礁生態系則以南部或離島居多。

海岸棲地

大致上可分為兩類，一類是硬底質海岸，如岩岸、珊瑚礁等，基質以堅硬的礁石為主；另一類是軟底質海岸，如紅樹林、草澤、海草、河口、泥灘、沙灘，基質以泥或砂為主。其中的珊瑚礁和紅樹林生態系，具有豐富的生物相。

珊瑚礁海域

臺灣的珊瑚礁海域擁有極高的生物多樣性；臺灣的面積約占地球陸域面積的萬分之二，但臺灣海洋生物種類約占全世界的十分之一，更特殊的是臺灣附近還有許多地區性的獨特物種，但許多的珊瑚礁海域已遭受不同程度的破壞，目前僅存澎湖南部海域與綠島的破壞較輕微。

自然營力（海流、波浪、潮汐）

高溫高鹽的臺灣暖洋流從臺灣東部流過，流量達20至40Sv（1Sv即106m³/sec），帶來各種生物，從最小型浮游生物乃至巨型鯨魚皆有，流速可達200cm/sec，寬約100公里，深度達700公尺，在蘇澳外海撞上宜蘭海脊造成湧升現象（即海流緩緩上升現象），會將300～400百公尺次表層水內含豐富營養鹽帶至表層即可見光層，透過浮游藻類經由光合作用使浮游生物大量繁殖，透過食物網而蘊育魚源，形成漁場。

臺灣周圍之海流可分為三個不同之系統，即臺灣暖流、中國沿岸流、西南季風吹送流。臺灣西部潮差受地形影響變化大，南北兩端如高雄、基隆潮差約一公尺，中部地區潮差較大臺中港達4公尺，沿岸潮汐流速一般在20至40cm/sec。

潮流係為潮汐漲落所引發的海水水平運動，在近岸海域，潮流的方向一般隨時間變化而逐漸轉換成一週期迴轉運動，臺灣海峽的潮流一般呈橢圓形迴轉，潮流漲潮時由南北兩端流向中間，退潮時流向相反，流速20至40cm/sec。

臺灣海洋生物的物種多樣性

項目	數量
海藻	500種
珊瑚	＞300種（40%）
貝類	＞2500種
甲殼類	＞600種
棘皮動物	＞120種
魚類	＞2400種（＞10%）
鯨類	28種（40%）

臺灣海洋生態系的特色

項目	說明
生物種類密度高	臺灣現有的海洋生物種類達全世界的十分之一多，在單位面積中生物種類數量繁多，如各種魚類，尤其是蝶魚共有43種，占全球之冠，另外，還有海葵、珊瑚、軟體動物等
周圍皆是高生產力的漁場	臺灣海域溫度適中，水循環旺盛，加上雨水河水沖刷，使得沿岸附近營養鹽豐富，成為最高生產力的優良海域
為許多海洋生物的分布臨界	臺灣竹圍是紅樹林分布的最北界，蘭嶼為海蛇分布的最北界，恆春半島為珊瑚礁分布的北方次極限
海岸類型眾多	臺灣最北端具有岬角海岸，最南端具有珊瑚礁海岸
海流變化多樣	臺灣具有變化多端的沿岸流波浪，以及區域性風吹所產生的海流，使得臺灣有足夠的能量，送來食物，送走廢物
沿岸生產力高	臺灣沿海具有充足的陽光，適度的溫度，藻類在營養物質充分下形成高生產力，進而再吸引其他消費者
海洋生態系類型多	臺灣不僅含有河口灘地、岩礁及珊瑚礁生態系，也擁有大洋及深海生態系，幾乎可在臺灣地區發現各種類型的生態系

大陸棚示意圖

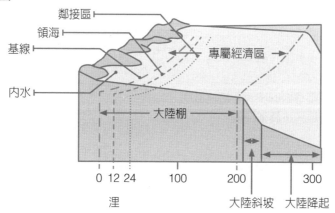

Unit 22-3 臺灣的溪河生態

臺灣地形陡峭，主分水嶺中央山脈位置偏東，主控了臺灣水系顯著的左右不對稱，降水不均，岩性差異，抗蝕力不一，褶曲、斷層、節理等構造複雜，以及地盤不等量上升。以流量大小區分，北部地區稱為河，南部為溪。

臺灣溪河的特性

1. 短小：島型南北狹長，且山脈南北走向，大部分河川以中央山脈為分水嶺呈東西分流。
2. 流急：因溪河短小且源自3,000公尺以上的高山，地勢起伏大固坡陡流急。因此，在溪河中、上游地區多急流、瀑布，水力資源蘊藏豐富。
3. 流量變化大：臺灣的溪河受降水時空分布不均影響，溪河流量變化大，夏季為豐水期，河水滾滾，冬季為枯水期，河床乾枯，只剩涓涓細流。愈往南部溪河洪枯流量變化愈明顯。

河川的物化環境

1. 河道形態：在上游為V字形、中游為U字形或淺凹槽狀、下游平原區則寬平。
2. 流水形式：與水流量和雨量分布、集水區環境（森林）特性有關。中游多水庫或攔水堰。
3. 水質：北、中部多軟水、硫磺水，南、東部多硬水。
4. 汙染狀況：流經都會區的中、下游溪流均呈高汙染，中游地區多農業汙染。

河川的生物相

1. 水生植物：多分布於河川中下游、平原溝渠、池沼和河口。原生植物越來越少。
2. 無脊椎動物：中上游多水生昆蟲、中下游多螺貝蝦蟹類；東部多洄游性種類。外來種充斥。
3. 魚類：中上游多特有種，下游及平原區域外來種充斥。東部多洄游性種類。

溪河水域生態環境

1. 上游：溪流的坡度較陡，河川較窄淺，河道底質多為大小不一的石頭為主，上游水流速度快，常可搬運大石，河水冷，水質清澈沒有汙染，一般而言，各河川上游的環境大多位於海拔較高的高山上，大多為侵蝕的深溝或峽谷的地形，湍流也相當常見。
2. 中游：坡度漸緩，流速也逐漸變慢，河道也較上游來得寬，底質為中等卵石及泥砂，中游地形受到侵蝕及搬運的影響，常會有曲流及深潭的地形，此段為河川生物多樣性最豐富的區域。
3. 下游：大多進入平原地區，坡度平緩，流速緩慢，河道寬，底質多為砂泥淤積，地形多受搬運及沉積運動影響，多為沖積地形。受到人類行為干擾最大，水質因為養殖、工業或家庭廢水排入而受到嚴重汙染。在雨量豐沛的季節，常造成河水水量暴增而造成洪氾。
4. 河口：河水和海水的交界處，流水量和海水的潮汐高低息息相關，河道寬度也受到潮水影響而改變，河道底質以泥和砂為主，地形至此已是相當平緩，大多為沉積地形，水中的鹽度比下游以上的河川來得高，在此生活的動物或植物都是能適應鹹水的物種，在部分河川的河口則會有紅樹林生態系的出現。

世界各國河溪輸砂量比

河溪名稱	國家	年逕流量(10⁹m³)	年輸砂率(kg/m³)
黃河	中國	44.3	25.3
科羅拉多河	美國	20.3	6.67
尼羅河	埃及	70	1.58
萊茵河	荷蘭	68.5	0.007
濁水溪	臺灣	6.095	10.48
二仁溪	臺灣	0.499	26.26
曾文溪	臺灣	2.361	13.13

臺灣河川豐水期與枯水期的水位示意圖

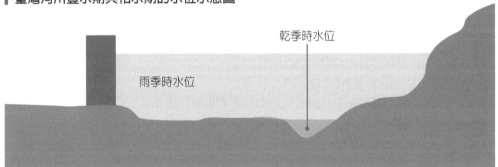

臺灣主要河川分布圖

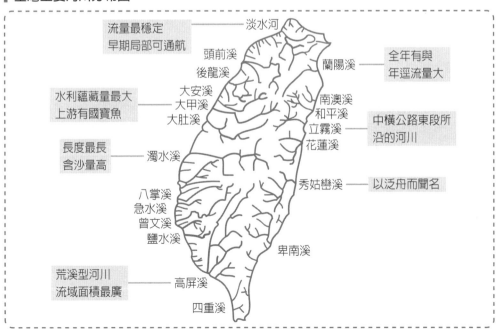

Unit 22-4 臺灣的森林生態

臺灣原生維管束植物3,982種，連同歸化種計4,216種。其中喬木和灌木類有1,014種，特有種1,048種。

森林是臺灣最重要的陸域生態系，約占全島面積的60%，也是本島許多物種的棲息地。臺灣地區森林生態系除隨緯度有所差異外，因有高山的存在，所以也隨高度而分化。

臺灣的生態帶可依海拔高度的不同，區分出上述的每一種生態帶，有高山寒原、冷杉林帶、鐵杉林帶、檜木林帶、暖溫帶闊葉林帶、亞熱帶闊葉林、稀樹草原、熱帶季雨林、東北季風林，以及零散的海岸生態環境，如紅樹林、海岸林等。

北方針葉林帶

海拔3,000～3,500公尺的生態帶是屬於亞寒帶針葉林，森林的組成與亞寒帶的北方針葉林（即俗稱的德國黑森林）相似，也是全世界最南端的黑森林。

鐵杉林帶

海拔2,500～3,000公尺的高山其氣候類似冷溫帶，是以針葉樹種爲主的森林。當地球最後一個冰河期結束時，原本的植群帶隨著氣候變暖和，漸漸地被擠壓至較高海拔，而取代黑森林分布於此區域的就是現在的鐵杉林。全世界除了臺灣，有鐵杉林的地區只有四川。

檜木林帶

海拔1,800～2,500公尺是臺灣的雲霧帶，著名的臺灣檜木皆產自於這個氣候帶。此區屬於涼溫帶針闊葉混合林，保存許多冰河時期遺留下來孑遺植物。

暖溫帶闊葉林帶

海拔500～1,800公尺是屬於暖溫帶闊葉林的生態帶，以樟科、殼斗科樹種爲主的森林。此區域是植物種類最豐富的地方，加上森林層次複雜，提供了多樣的野生動物棲息環境。

亞熱帶森林帶

海拔800公尺以下爲亞熱帶闊葉林，主要的森林組成是以樟和楠木爲主。臺灣北部500公尺以下的地區，主要是樟科的樟樹、楠木。

臺灣的森林資源

1. 北部：包括了亞熱帶闊葉林、暖溫帶闊葉林、涼溫帶針闊葉混合林生態系。因東北季風帶來充沛的雨量與高溼度環境，這些水氣凝結成雲霧，造就了北部森林在不到1,000公尺就可以出現雲霧帶。

2. 西部：臺灣西部的森林具典型臺灣垂直分化之生態帶特色，在極短的距離分化孕育出從赤道到北方極地的各種植群帶。

3. 南部與東南部：自低海拔至高海拔分布了熱帶生態系、亞熱帶闊葉林、涼溫帶針闊葉混合林、冷溫帶針葉林。由於位於熱帶地區且有充足的雨量，因此具多樣性的熱帶生態環境。

4. 東部：以亞熱帶闊葉林、暖溫帶闊葉林爲主。受東北季風影響，溫帶環境下降至低海拔，海岸與溫帶生態系擠壓較低海拔的熱帶與亞熱帶生態系，使得海岸及低海拔生態系的區域變得狹窄。

臺灣森林的特色

特色	說明
北回歸線上少見的森林	季風及海洋調節了北回歸線一帶的乾旱氣候，為臺灣帶來豐沛的雨量，而維持著多層次森林的形態
物種歧異度高	維管束植物種類約4,000多種，和其他地區相較並不算多，但若以單位面積種數（種密度）來看，其數量之高，世界少見
孑遺生物眾多	臺灣高山起伏，往高處遷移的物種，分散到各個山頭生存下來，於是形成不連續分布的現象。位於中海拔的涼溫帶針葉林帶，即檜木林帶、臺灣杉、紅豆杉等，均屬於古老林帶
坡陡多山細膩分化的棲息環境	3,000公尺以上高山眾多，山頭林立，山頭和山頭的生物交流不易，形成一座座的生物棲息島，而山與山之間甚至每一山頭都可形成許多微環境，這些變化多端的因素，提供了不同樣式、細膩的棲息環境，這是臺灣生物非常多樣化的原因之一
北半球生態系的縮影	中央脊樑山脈3,000公尺以上的高山林立，溫度隨海拔上升而遞減，正好提供了暖溫帶至寒原各類生態系之條件。因此造成在臺灣小而局限的土地上，分化孕育出從赤道到北方極地的各種生態環境

臺灣豐富的植物群相是北半球生態系的縮影

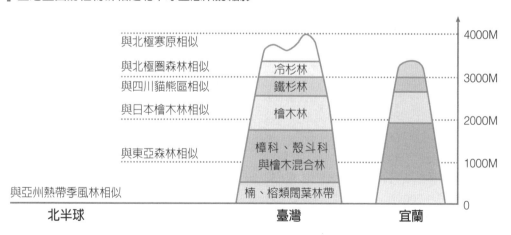

Unit 22-5 臺灣的環境變遷

近10餘年來，臺灣極端降雨事件大幅增加，造成許多生命財產損失，也讓社會各界對於氣候變遷的既成事實印象深刻。氣候變遷對於我們生活的影響是全面性的，無論是自然生態、經濟、社會、政治、文化各方面，衝擊深入且無可逃避。

臺灣因地理與地質因素，地震及颱風發生頻繁，災害（土石流及洪泛）潛勢地區遍及全島，極端天氣將加劇災害發生的頻率及規模。

氣候變遷的主要現象包括：氣溫上升、降雨型態改變、極端天氣事件發生的強度與頻率升高，以及海平面上升可能造成的影響包括：乾旱、熱浪、暴雨、暴潮、土石流、颱風、生態變遷、土地使用與地表覆蓋改變、地層下陷、海水倒灌、空氣惡化、水質改變等。

溫度

臺灣暖化現象十分明顯，不論是100年、50年和30年的年平均溫度變化都有顯著的上升趨勢。依據臺北、臺中、臺南、恆春、臺東、花蓮等6個具100年以上完整觀測紀錄的氣象測站資料計算，臺灣平地年平均溫度在1911～2009年期間上升了1.4℃，增溫速率相當於每10年上升0.14℃，較全球平均值高（每10年上升0.07℃）。臺灣近30年（1980～2009）氣溫的增加明顯加快，每10年的上升幅度為0.29℃，幾乎是臺灣百年趨勢值的兩倍。

高溫日數百年變化呈現增加的趨勢，以臺北增加幅度最大，約爲每10年增加1.4天，近50年與30年的極端高溫日數分別增加爲每10年2天與4天。極端低溫發生頻率顯著下降，1985年之後，寒潮事件明顯偏少，這樣的情況在1985年以前不曾出現過。

降雨

若僅看年度總降雨量，過去100年以來，臺灣年平均雨量並沒有明顯的變化趨勢，但若以數十年爲週期來看，則可觀測到乾季與溼季的降雨變化。值得注意的是，臺灣降雨日數呈現減少的趨勢，以100年來看，趨勢爲每10年減少4天；但若看最近30年，則增至每10年減少6天，顯示降雨日減少趨勢益發明顯。最近一次的2002～2004年乾旱事件則是100年以來降雨日最少的3年；四個季節的降雨日都呈現減少趨勢，其中以夏季的減少幅度最大。

海平面上升

1993～2003年間，臺灣附近平均海平面上升速率爲每年5.7mm，上升速率爲過去50年的2倍，略高於衛星所測得的每年5.3mm，但此數值大於同時期全球平均值上升速率（每年3.1mm）。臺灣周遭海域海平面上升的可能原因，除全球暖化後的平均海平面上升外，部分原因屬於區域性的現象。

根據大多數氣候模式推估，在暖化的氣候情境下，全球颱風個數偏少的機率偏高，但颱風增強的機率與極端降雨的強度可能增加。

臺灣面臨的致災性環境

自然的易致災性	社會變遷的影響	氣候變遷的衝擊
➤ 易受颱風侵襲 ➤ 降雨強度強 ➤ 豐枯水期降雨不均 ➤ 山高水急 ➤ 西南沿海地勢低窪 ➤ 地質脆弱、表土鬆軟	➤ 都市化與人口集中 ➤ 產業超限利用 ➤ 地層下陷 ➤ 高齡化社會 ➤ 災後衝擊與復原 　（921地震、莫拉克）	➤ 溫度上升 ➤ 颱風強度加強 ➤ 劇烈降雨強度增強 ➤ 降雨分布型態改變 ➤ 海水位上升

極端強降雨颱風事件發生機率愈趨頻繁

2000～2009　2000象神、2001納莉、2011桃芝、2002娜克莉、2004敏督利、2005海棠、2007柯羅莎、2008辛樂克、2008薔蜜、2008卡玫基、2009莫拉克

1990～1999　1990楊希、1996賀伯　1998瑞伯

2000年以前發生極端強降雨颱風的頻率約3～4年一次；2000年以後發生極端強降雨颱風的頻率增加為1年至少發生一次
莫拉克颱風為排名第一的極端強降雨颱風

1980～1989　1987琳恩　1989莎拉

1970～1979　1973娜拉、1974貝絲　1978婀拉

年分

0　　0.2　　0.4　　0.6　　0.8　　1　　1.2

發生頻率（次／年）

氣候與環境變遷下的可能衝擊

極端個案常態化

氣候變遷下，極端個案可能常態化，而極端之個案將導致重大災害

複合型災害規模遠超乎預期

大規模坡地崩塌、土石流、水庫淤砂與防洪操作、漂流木、河床淤積、堰塞胡、橋梁安全、道路中斷、堤防沖刷與潰堤、地層下陷區淹水、泥沙淤積、二次災害……等複合型災害規模超乎預期

超過現有防護能力

現有防救災計畫、防護標準與災害防救運作機制無法因應大規模之複合型災害（如莫拉克颱風）

Unit 22-6 臺灣生態保育的現況

臺灣位處熱帶、亞熱帶，面積雖小但生態環境多樣化，全島面積中60.92%為森林所覆蓋，擁有豐富的生物多樣性與高比例的特有種與亞種，是臺灣生物資源的特色。

臺灣物種共有5萬8,995種，目前已記錄之本土種野生動物（包含哺乳類、鳥類、爬蟲類、兩棲類、淡、海水生動物、節肢動物類及軟體動物等）共有3萬8,618種；維管束植物5,852種，其中約26%為特有種；苔蘚類植物約1,661種；藻類植物1,180種；真菌類有6,405種；另尚有原藻界、原生生物界、古菌界、細菌界、病毒等約有5,279種。

生物多樣性保育

因應全球生物多樣性保育趨勢，並配合聯合國《生物多樣性公約》提出的2010～2020年愛知目標。

為達成《生物多樣性公約》所揭櫫之三大精神：保育生物多樣性，重視與鼓勵生物多樣性資源之永續利用，及公平合理分享利用遺傳資源所產生的惠益。保障基因、物種和生態系的多樣性，鑑定確認導致生物多樣性衰退的各種威脅，並協助地方及私部門制定生物資源永續使用的方法、重視及保護原住民在生物多樣性之傳統知識、推動生物技術及生物安全管理等，從而設法降低這些威脅所帶來的衝擊。

保護（留）區的劃定與經營管理

以自然保育為目的所劃設的保護區，分為自然保留區、野生動物保護區、野生動物重要棲息環境、國家公園（包括國家自然公園）、自然保護區等五類型。總計各類型保護區共95處，總面積約為113萬3,489公頃，陸域部分69萬4,503公頃，約占臺灣陸域面積19.19%。就保護區內及其周圍地區之環境進行監測，加強珍稀動植物之調查、研究、保育及復育，維護全國棲地生態體系之完整。

野生動植物保育

落實《野生動物保育法》的執行，農業部除了公告保育類野生動物名錄，涵蓋國內外的物種，由農業部除邀集各專家學者共同研議，依據各物種的族群數量區分保護等級，分為「瀕臨絕種」、「珍貴稀有」及「其他應予保育」等三大類。

已有22個縣（市）政府成立執行保育工作專責單位，六個單位設置保育類野生動物收容中心及急救站。

自然保育教育推廣

於自然保護（留）區鄰近地區設置九處生態教育館作為自然保育教育資訊窗口，提供主題特展、網路平臺、導覽解說、影片欣賞及保護（留）區進入行前教育等服務；辦理暑期營隊、親子活動、志工培訓等活動；實施入校推廣、社區培力、主題研習、生物多樣性宣導講座及生態保育宣導等。

生物資源調查

推動哺乳類、鳥類、兩棲類、魚類及昆蟲等動物及植物資源調查，已建置標準資料85萬筆，涵蓋臺灣全島，成為臺灣最大之生物資源資料庫，並完成網際網路傳輸系統。

▎臺灣的自然保育政策

項目	說明
加強森林生態系經營	一方面調查森林資源，一方面加強造林，推動全民造林運動增加森林面積，擬將森林覆蓋率由目前58.53%，提高為60.24%，屆時我森林覆蓋率，將由占世界各國森林覆蓋率之第8位，提升至排名第5名
落實本土生物基本資料蒐集	加強野生生物種之基本資料蒐集及建立資料庫，並維持其多樣性
維持生物多樣性與生態系統之平衡	穩定之生態環境及生物多樣性，有利於人類之生存及資源之永續利用。人類為了生存及產業發展，必須利用野生動植物資源，只有在永續經營、合理利用之保育原則下，開發使用野生動植物資源
維護特殊自然景觀	除可維持其特殊生態功能外，並可使民眾了解自然之演進及自然資源之可貴性，同時提供最佳之自然教育、研究、觀光、休閒場所
健全各項自然資源經營管理制度	合理開發利用，可保資源生生不息；反之，不當之利用則可導致資源之枯竭

▎臺灣的自然保留區（部分）

編號	自然保留區名稱	主要保護對象	面積（公頃）	公告日期	管理機關
1	淡水河紅樹林自然保留區	水筆仔	76.41	75 / 6 / 27	農業部林業及自然保育署
2	關渡自然保留區	水鳥	55	75 / 6 / 27	臺北市政府建設局
3	坪林臺灣油杉自然保留區	臺灣油杉	34.6	75 / 6 / 27	農業部林業及自然保育署
4	哈盆自然保留區	天然闊葉林、山鳥、淡水魚類	332.7	75 / 6 / 27	農業部林業試驗所
5	插天山自然保留區	櫟林帶、稀有動植物及其生態系	7759.17	81 / 3 / 12	農業部林業及自然保育署

▎臺灣的海岸保護區（部分）

海岸地區	自然保護區	備註
淡水河口保護區	竹圍紅樹林	後依《文化資產保存法》劃為自然保留區
	挖子尾紅樹林	
	關渡草澤	
蘭陽海岸保護區	蘭陽溪口	
蘇花海岸保護區	烏石鼻海岸	後依《文化資產保存法》劃為自然保留區
	觀音海岸	亦為國有林自然保護區
	清水斷崖	
花東沿海保護區	花蓮溪口附近	
	水璉、磯崎間海岸	
	石門、靜埔間海岸及石梯坪附近海域	
	石雨傘海岸	
	三仙台海岸及其附近海域	
彰雲嘉沿海保護區	六腳大排以南，朴子溪口以北之紅樹林	

PART 全球環境變遷 23

Unit 23-1 全球變暖

根據世界氣象組織統計，自1860年有溫度測量紀錄以來，全球十大最熱的年分都落在1995～2005年之間。地球的平均溫度升高是一大浩劫，氣候變遷帶來的極端天氣現象，近10年來愈演愈烈。聯合國跨政府氣候變遷小組推估，若世界各國不能有效阻止大氣中的二氧化碳濃度上升，21世紀末的全球溫度將較1990年代高攝氏1.1度至6.4度、海平面約上升0.6公尺，屆時會有數十億人口因水源枯竭面臨缺水危機，甚至因極端氣候造成的巨大天災，被迫成為無家可歸的環境難民。

氣候變遷是指氣候長時間（幾十年或幾百年，甚至上千年以上）的氣候演變趨勢，造成氣候變遷的因素相當多，過程更是複雜，涵蓋的層面也相當廣泛。

區域氣候變化，特別是溫度的升高，已影響世界上許多地方的自然生態和生物系統，已觀測到的變化，有冰川退縮、永凍土融化、河湖水面結冰時間延遲與河湖冰面提早融化、中高緯度地區生長季延長、動植物範圍向兩極和高海拔地區擴展、某些植物和動物族群數下降、樹木提前開花、昆蟲提前出現、羽族提前孵化。

自然生態系統因其適應能力有限，對氣候變化的韌性特別脆弱，其中有些系統更會遭受重大且無法逆轉的危害，包括冰川、珊瑚礁、紅樹林、寒帶和熱帶森林、極地和高山生態系統、大草原溼地、殘餘的天然草地等。

全球氣溫、降雨、海平面、洋流循環等各方面的改變，都直接或間接地影響到自然生態環境。生態環境本身是一個具有階層性的複雜系統，各個層級間都有錯綜複雜的交互作用關係，氣候變遷對於水資源、農業、林業和生態環境的衝擊，便會藉由這些交互作用在個體、族群、群聚、生態系、景觀等各層級上產生不同的影響。

生態系統調節功能的喪失

許多生態系統的調適彈性，被氣候變遷、相關擾動（如洪災、乾旱、野火、蟲害、海水酸化、海平面上升等）和其他驅動因子（如土地利用變化、汙染、自然系統的分割或破碎化、資源過度開採等）的空前加成作用所影響而喪失功能。

物種的滅絕與消失

氣候變遷會導致生態棲地縮小，影響物種生存，導致物種的滅絕和消失，造成生物多樣性的嚴重下降。據聯合國政府間氣候變遷專門委員會（Intergovernmental Panel on Climate Change）的報告，如果溫度上升攝氏1.5～2.5度，全球20～30%的物種可能面臨滅絕；如果上升超過攝氏3.5度，更會有40～70%的物種面臨滅絕風險。

生物分布、遷徙及物候的改變

動植物隨海拔高度及緯度分布的改變、增加外來物種入侵機會、候鳥或蝴蝶遷徙機制的改變、植物開花結果、昆蟲生活週期或發生期等物候的變化，都會對整體生態系平衡或農業生產造成衝擊。

▌地球暖化與溫室效應的形成

部分太陽輻射熱折返太空

地球表面吸收的熱部分
反射回太空

太陽輻射能通過大氣層
被地表吸收

地球表面吸收的熱部分
被大氣中的溫室氣體吸收

▌地球暖化所帶來的影響

健康

➤ 與氣候因素有關所
導致的死亡
➤ 傳染性疾病
➤ 空氣品質引起的呼
吸性疾病

農業

➤ 作物收成
➤ 灌溉需求

森林

➤ 森林結構
➤ 森林地理視距
➤ 森林健康與生
產力

水資源

➤ 水資源供給
➤ 水資源品質
➤ 水資源競爭

沿海地區

➤ 沙灘侵蝕
➤ 沿岸土地淹沒
➤ 保護沿岸地區
的額外成本

物種與自然

➤ 棲息地與物種
的消失

▌各種溫室氣體的增溫效應比較（以二氧化碳為基準）

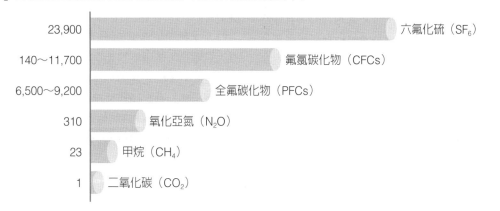

23,900	六氟化硫（SF_6）
140～11,700	氟氯碳化物（CFCs）
6,500～9,200	全氟碳化物（PFCs）
310	氧化亞氮（N_2O）
23	甲烷（CH_4）
1	二氧化碳（CO_2）

Unit 23-2 極端氣候

全球暖化使得熱帶地區的水氣往兩極的輸送增強，中高緯度地區在未來可能有較多的降雨，且強降水事件有增加並增強的趨勢，亞熱帶乾燥區的降雨量則可能減少。也就是說，乾燥區降水會變得更少，潮溼區降水會變得更多，因此，區域之間的差異性變得更大。除了空間上的不一致性外，季節性的降水變化也有相同的趨勢，在溼季的降水越來越多，而乾季的降水越來越少，因此，乾溼季的降水差異性會增加，這使得水資源的分配更不平均。

極高溫（如熱浪）和極低溫的變化也很大。但極端天氣隨氣候的變化很難預測，不確定性極高，尤其是區域性的變化更難預測。

極端氣候定義

極端氣候就是不常見的特別狀況。其一是「當一個氣候數值高於或低於門檻值的事件」；其二是「該氣候數值達特定絕對值，或可定義為該事件發生的可能性或頻率極低」。

人類活動並不是唯一極端氣候的成因，因為地球的氣候系統是非常複雜的，且在空間位置的差異下，很難區分極端氣候是不是全由人類所造成的。但是可以肯定的是二氧化碳大量的排放必定會影響氣候。

水資源失衡

全球平均溫度在過去百年來上升約攝氏0.9度，且1970年代以後，衛星觀測的大氣水氣含量也增加，但全球平均降雨量並未顯著增多。這顯示降雨的變化有很大的時空異質性，如區域性的降水變化，有些地方極端降水強度明顯增加，小雨發生的機率減少。

許多地區因降雨強度和變異性的增加，提高了洪水和乾旱（水太多／水太少）的風險。而氣候變遷導致水量和水質的變化，也會影響糧食供應的穩定。

乾旱

乾旱是相對性的少雨狀態，屬於短暫性偏離多雨常態的一種現象。通常，經過一段乾旱時期後，就會回復到常態。因此，乾旱可能發生在任何的氣候區，且乾旱不一定是每年都會發生。

乾旱會使河川、湖泊等水域環境受到影響，包括水量的減少及水質的惡化，甚至會危害到動植物的棲息環境，使得物種滅絕。另外，因降雨量較少，造成水及空氣品質惡化、河川及湖泊水位降低、景觀惡化等。

洪災

水文循環中降水可能與洪水災害具有最直接的關係，降雨的特性包括降雨總量（或降雨強度）、降雨範圍（面積）、降雨延時與降雨規模（發生頻率）等。不幸的是，降雨的發生是那麼捉摸不定，年與年之間的降雨關係具有明顯隨機變動的特性。

大氣、海洋、陸地間的水循環與交互作用

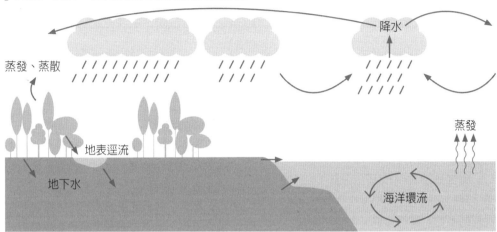

氣候變遷的可能影響

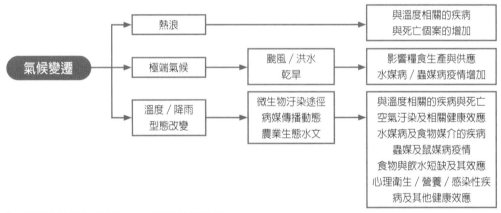

不同階段的乾旱現象及其間的關聯性

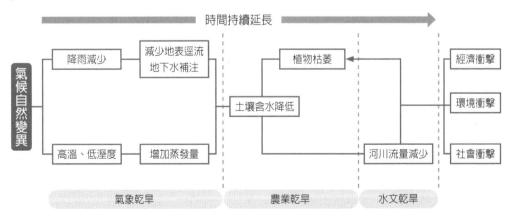

Unit 23-3 海洋汙染

海洋覆蓋地球表面的十分之七，容納約13.5億立方公里的水，占地球總水量的97%以上，海洋是地球能量平衡、氣候調節，以及地球生物、化學循環的重要組成部分，海洋也是一個獨特的生態系統，一個無比巨大的資源寶庫。

依據聯合國《海洋法公約》（1982）第一條的定義，海洋環境的汙染是指人類直接或間接把物質或能量引入海洋環境，其中包括河口灣，以致造成或可能造成損害生物資源和海洋生物，危害人類健康，妨礙包括捕魚和海洋其他正常用途在內的各種海洋活動，損壞海洋使用質量及減損環境優美等有害影響。

海洋汙染主要來自陸源性汙染物排入、海上活動和直接向海洋傾倒廢物。主要海洋汙染物包括生物性汙染物、有毒汙染物、放射性汙染物、塑膠以及其他固體廢棄物。

據估計，輸入海洋的汙染物，有40%是經由河流流入，30%是經由空氣輸入，而海上運輸和傾廢分別為10%左右。

海洋汙染的特點是：汙染源多、持續性強，擴散範圍廣，難以控制。

由於人類活動每年流入海洋的石油為1000萬噸，其中，由陸地和海洋作業排入海洋的石油每年300～600萬噸，運輸排入海洋的石油每年約150萬噸。海洋每年還要接收人類排入2.5萬噸多氯聯苯、25萬噸銅、390萬噸鋅、30多萬噸鉛。留在海洋中的放射性物質約2,000萬居里，全世界每年生產5,600～9,000噸汞，約有5,000噸最終排入海洋。排人海洋的有機營養鹽數量更大，排入地中海的有機物，以生化需氧量（BOD）計，每年大約有330萬噸。

海洋汙染的危害

1. 造成海水嚴重渾濁，影響海洋植物（浮游植物和海藻）的光合作用，從而影響海域的生產力，對魚類也有危害。
2. 重金屬和有毒有機化合物等有毒物質在海域中累積，並經由海洋生物的富集作用，對海洋動物和以此為食的其他動物造成毒害。
3. 石油汙染在海洋表面形成面積廣大的油膜，阻止空氣中的氧氣向海水中溶解，同時石油的分解也消耗水中的溶解氧，造成海水缺氧，對海洋生物產生危害，並禍及海鳥和人類。
4. 好氧有機物汙染引起赤潮（海水富營養化的結果），造成海水缺氧，導致海洋生物死亡。
5. 海洋汙染還會破壞海濱旅遊資源。

海洋對廢物的接受能力

1. 海洋環境中的生物學和地質學過程，能夠從海水中富集各種物質，使它們顯著地進入生物體和非生物體之中。
2. 物質在海洋中停留時間長，引進海洋的物質在河流、風系統中的停留時間只有幾天或幾個月；而溶解態和顆粒態物質在大洋的停留時間卻從幾年到幾億年。因此，現在注入到海洋的物質，經過許多世代後還可以存在著。

海洋汙染性質之分類簡圖

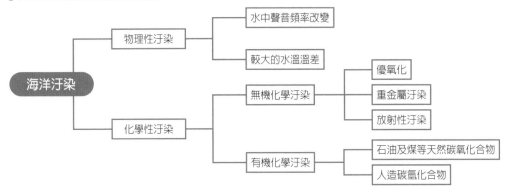

太平洋垃圾帶分布圖

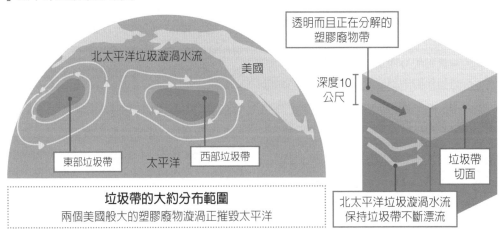

汞的遷移與轉化

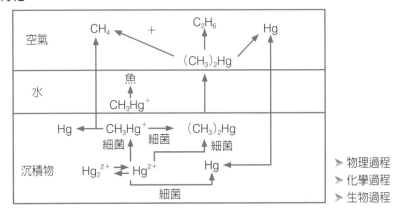

Unit 23-4 酸雨危害

英國化學家R. A. Smith於1872年在《空氣和降雨：化學氣候的開端》一書中首先提出了「酸雨」一語。20世紀1950年代，酸雨已成為全球性的一個汙染源。1972年聯合國在斯德哥爾摩召開的人類環境會議上，第一次把酸雨作為國際性問題提出，尤其是先在歐洲隨後在北美發現這種降水對湖泊、土坡、森林等有嚴重危害，之後酸雨問題受到普遍重視，進而成為世界上繼煤煙汙染和光化學煙霧汙染後眾所矚目的新型汙染問題。

酸雨的正確名稱應為「酸性沉降」，廣義的酸雨指酸性物質以沉降和乾沉降的形式從大氣轉移到地面。溼沉降是指酸性物質以雨、雪形式降落至地面，乾沉降是指酸性顆粒物以重力沉降、微粒碰撞和氣體吸附等形式由大氣轉移至地面。自然大氣中，二氧化碳在常溫時溶解於雨水中並達到氣液相平衡後，雨水之pH值約為5.6，若被大氣中酸性氣體汙染，pH值則<5.6。因此，酸雨就是指pH值<5.6的雨、雪、霧和雹等大氣降水。

酸雨的成因

1. 發生區域有高度的經濟活動水準、廣泛使用礦物燃料，向大氣排放大量硫氧化物和氮氧化物等酸性汙染物，並在局部地區擴散、隨氣流向更遠距離傳輸。
2. 發生區域的土壤、森林和水生態系統缺少中和酸性汙染物的物質或對酸性汙染物的影響比較敏感。

對水生環境的危害

酸雨的沉降可造成水質酸化，其中的氫離子直接參與並加速地殼岩石和地表土的風化，增加重金屬鹽在水中的溶解和累積，並與磷酸鹽形成不溶性化合物從水中析出，從而降低水體磷酸根的濃度，使水體營養鹽貧乏。水質酸化造成魚類和其他水生物群落的喪失，會改變營養物和有毒物的循環。酸雨還直接影響水體中的浮游生物、大型水生植物、附著藻類的生長發育，改變整個水生態環境。

對陸地生態系統的危害

對土壤的危害，包括抑制有機物的分解和氮的固定，淋澆土壤中鈣鎂鉀等營養元素，造成土壤貧瘠化。對植物，酸雨將損害新生的芽葉影響其生長發育，造成葉片中營養離子的大量流失，進而加速根部營養離子的吸收和遷移，重新吸收的營養離子也會從植物體大量析出；酸雨造成土壤中鋁的大量釋放和一些有毒金屬元素的沉降與累積，對樹木形成毒害。酸雨還直接影響和危害土壤表層，干擾微生物正常生化活性。

對建築物的危害

酸雨能侵蝕建築材料、金屬結構、油漆等。特別是許多以大理石和石灰石為材料的歷史建築物和藝術品，耐酸性差，容易受到酸雨的腐蝕和變色。

對人體的危害

透過食物鏈，使汞、鉛等重金屬進入人體，誘發癌症和老年癡呆症；酸霧侵入肺部，誘發肺水腫或導致死亡；長期生活在含酸沉降物的環境中，誘使產生過多的氧化酶，導致動脈硬化，心肌梗塞等疾病概率的增多；酸雨使人的免疫功能下降，使支氣管炎和哮喘等呼吸道疾病的發病率增加。

大氣中各類水相與幾種常見液體之PH值的比較

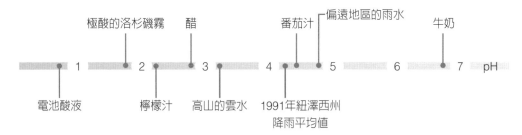

酸雨形成圖

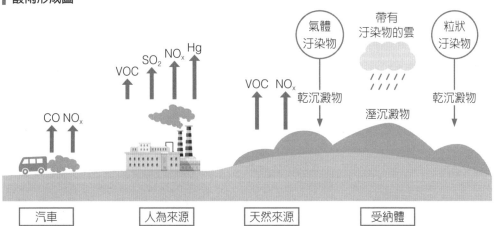

2015～2017年各站雨水pH平均值

		2015	2016	2017
S01	臺北站	5.39	5.45	5.23
S02	宜蘭站	5.32	5.55	5.24
S03	臺中站	5.92	6.17	6.19
S04	嘉義站	6.10	6.16	5.85
S05	高雄站	5.52	5.57	5.07
S21	中壢站	4.83	4.77	4.79
S22	臺南站	6.00	5.98	6.03
S23	成功站	5.56	5.45	5.38
S24	恆春站	5.61	5.89	5.74
S25	新竹站	4.95	4.86	4.73
S26	雲林站	6.20	6.08	6.09
S41	彭佳嶼站	5.63	5.46	5.24
S42	鞍部站	5.20	5.30	5.21
S43	日月潭站	6.00	5.86	5.71

PART 24

生態學研究方法

Unit 24-1 生態學研究的基本方法

原地觀測

指在自然環境中，實地做生物與環境關係的考察。生態現象的直觀第一手資料皆來自原地觀測。因爲，生態學的研究對象，族群和群落均與特定自然棲地不可分割，生態現象涉及因素眾多，關聯形式很多，相互影響又隨時間不斷變化，觀測的角度和尺度不一，迄今尚難以或無法使自然現象全面地在實驗室內再現，原地觀測仍是生態學的基本方法。原地觀測包括野外考察、定位觀測和原地實驗等不同方法。

1. 野外考察：考察特定族群或群落與自然地理環境空間分異的關係。首先有一個劃定棲地邊界的問題，然後在確定的族群或群落生存活動空間範圍內，進行族群行爲或群落結構與棲地各種條件相互作用的觀測記錄。

2. 定位觀測：考察某個族群或群落結構功能與其棲地相互關係的時態變化。定位觀測先要設立一塊可供長期觀測的固定樣地，樣地必須能反映所研究的族群或群落及其棲地的整體特徵。定位觀測時限，決定於研究對象和目的。

3. 原地實驗：在自然或田間條件下，採取某些措施，獲得有關某個因素的變化對族群或群落其他諸因素，或對某種效果所產生的影響。原地或田間的對比實驗，是野外考察和定位觀測的一個重要補充。不僅有助於闡明某些因素的作用和機制，還可作爲設計生態學受控實驗或生態模擬的參考或依據。

受控的生態實驗

模擬自然生態系統的受控生態實驗系統中，研究單項或多項因子相互作用，以及其對族群或群落影響的方法技術。

生態學的綜合方法

指對原地觀測或受控生態實驗的大量資料和資料進行綜合歸納和分析，表達各組變數之間存在的種種相互關係，反映客觀生態規律性的方法技術。

資料的歸納和分析

生態學現象觀測資料，涉及多種學科領域，眾多因素的變數，各組變數（屬性）的類型不同，尺度懸殊，爲了便於歸納分析，首先要進行資料的適當處理。

生態學的數學模型

生物族群或群落系統行爲時態變化的數學概括，統稱爲生態學系統的動態數學模型。數學模型僅僅是現實生態學系統的抽象，每種模型都有其一定的限度和有效範圍。生態學系統建模，並沒有絕對的法則，但必須從確定物件系統過程的眞實性出發，充分把握其內部相互作用的主導因素，提出適合的生態學假設，再採用恰當的數學形式來加以表達或描述。實驗的題目，如流行病害，或害蟲暴發的預測，數學模型更可發揮重要的作用。

▌天山北坡中段草地植物組成（這是野外考察的研究法）

植物類群	科數	屬類	種數
蕨類植物	8	15	26
裸子植物	3	3	12
雙子葉植物	62	382	1033
單子葉植物	11	80	290
總數	84	480	1361
占新疆總科數（%）	77.8	69.9	41.6

▌實時動態相對定位示意圖

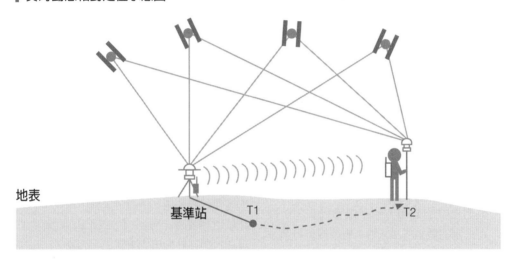

地表

基準站　T1　T2

▌某種生態位模型示意圖

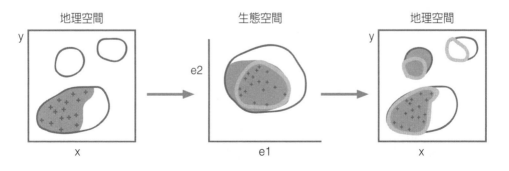

地理空間　　　生態空間　　　地理空間

y　　　e2　　　y

x　　　e1　　　x

＋ 物種分布點　　● 實際分布區　　○ 潛在分布區　　○ 模型構建區

Unit 24-2 生態模型

生態模型是研究生態系統結構、功能及其時空演變規律，以及生物過程對生態系統影響與其回饋機制的重要手段，它是自然生態系統的一種簡化，這種簡化取決於對生態系充分了解的基礎上，凸顯系統的特徵及關注的問題。

最初的生態模型主要是基於嚴密的數學和生物學基礎理論，透過運算式描述一些理想情況下的生物過程。

生態模型分類

從生態模型的描述方法來看，可將其分為概念模型和數學模型。

1. 概念模型：採用定性的圖表或文字等形式來描述模型各組分之間的關係，闡述最符合模型目標的組織層次。
2. 數學模型：根據系統內物質或能量流動特點而建立的數學方程或電腦程式，並採用一定的數值方法求解。數學模型可進一步分為統計模型和機轉模型。統計模型最初是從經驗資料建立起來的，僅僅是描述性的，各變數之間的關係不一定有因果關係。機轉模型包括系統內的因果關係，是基於過程的模型，在理解生態系統運作的基礎上建立，並描述各種物理、化學、生物過程。

生態系統多為具有等級結構的複雜系統。隨著生態學研究的逐步深入，針對複雜生態系統的建模與模擬已成為當前生態學研究關注的重點。

建模與模擬的框架

利用系統科學（包括系統工程）來應對和解決廣義複雜系統問題。霍爾三維結構（Hall three dimensions structure）主要適用於工程系統和社會系統。參考霍爾三維結構，使之成為複雜生態系統建模與模擬過程亦可遵循的框架。知識維是指完成系統工程所需的各種專業知識和管理知識；邏輯維是指運用系統工程方法進行思考、分析和解決問題的程序和步驟；時間維是指按時間序列排列的系統工程的不同階段。

從系統到模型

系統是建模與模擬活動的基本主體，它是相對具體的。

建模與模擬活動是首先面向問題的，即建模與模擬的最終目的是應對和解決現實中的各類具體問題。然而，無論何種問題，均是依附於系統（物件）的，即問題的解決需要透過對系統的研究來完成。因此，可以說具體的建模與模擬活動是面向系統或面向對象的。系統模型是建模與模擬活動的另一主體，它是對系統的抽象和概化。

複雜生態系統建模與模擬一般又可分為兩個步驟：一是自上而下的系統分析，二是自下而上的系統綜合。系統分析是對系統及其屬性的解析，主要任務是弄清系統的組分構成、確定組分的關聯方式和分析系統環境、找出驅動因素等。

系統的測度分析

可從三個方面展開：結構分析、功能分析與過程分析。

複雜生態系統建模與模擬的框架

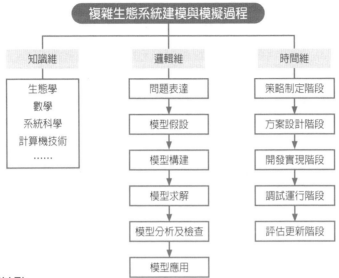

各類模型優缺點

模型類型	優點	缺點
生物地球化學和生物能量動力學模型	①基於因果關係建構；②基於質量守恆原理；③易於理解、解釋和開發；④有現成的軟體，如Stella；⑤便於預測	①無法使用不均勻的數據；②需要相對完備的數據庫；③模型複雜，參數數量多時難以率定；④沒有考慮物種構成的適應性和變化特徵
穩態生物地球化學模型	①比其他模型類型需要較少的數據集；②尤其適用於平均或極值條件；③結果易於校正和驗證	①無法得到動力學過程和隨時間變化的資訊；②無法預測隨時間變化的獨立變量；③僅能得到平均或最不利條件下的結果
族群動力學模型	①能夠遵循族群發展過程；②易於考慮年齡結構和影響因子；③大部分基於因果關係	①有時不採用守恆原理；②應用領域局限於族群動力學過程；③需要相對完備和均勻的資料庫；④某些情況下難以校正
結構動力學模型	①具有較強的適應性；②能夠考慮物種構成的變化；③可用於模擬生物多樣性和生態位；④參數由目標函數確定；⑤相對容易開發和解釋	①需要選擇目標函數或使用人工智能；②計算耗時；③需要知道結構變化用於準確校正和驗證；④沒有可用的軟體，需要撰寫程式
模糊模型	①可以採用模糊數據集；②可以採用半定量化資訊；③適用於半定量化模型開法	①無法用於複雜的模型方程；②無法用於需要數值標示的模型；③沒有可用的軟體
人工神經網絡	①在其他模型不適用的情況下可以採用；②易於應用；③可以應用於均勻數據集	①沒有因果關係；②無法取代基因守恆原理的生物化學模型；③預測精度受限
空間模型	①涉及空間分布；②結果可以用很多方式展現，如GIS	①需要大量數據；②難以校正和驗證；③計算耗時；④描述空間模式需要非常複雜的模型
個體模型	①可以考慮個體特徵；②可以考慮屬性範圍內的適應性；③有可用的軟體；④不考慮空間分布	①當考慮個體的眾多特徵時。模型變得十分複雜；②無法考慮基於守恆原理的質量和能量傳輸；③需要大量數據對模型校正和驗證
生態毒理學模型	①解決生態毒理學問題；②容易使用；③通常包含一個有效的或能夠解釋和量化的影響模組	①有毒物質種類繁多，所需訊息量很大，因此模型結果具有較高的不確定性；②對於生態毒理機理的認識還很有限
隨機模型	①可以考慮強迫函數和過程的隨機性；②模型結果的不確定性易於獲得	①必須知道隨機模型變量的分布；②高度複雜性，需要較長的模擬時間

Unit 24-3 生態抽樣技術

抽樣（sampling）是自母群體中選取部分元素或基本單位爲樣本，且認爲從選取的樣本可得知母群體的特徵。由全體中抽出的部分個體，相對於全體而言，稱之爲全體的樣本。被抽的全體相對於樣本而言，稱之爲樣本的母全體。

全體（或稱母體）爲研究對象的全部。全體的大小視研究者的需要而定。由現實存在事物所構成的全體，稱爲實在全體；由假想事物所構成的全體，稱爲假想全體。

抽樣的種類

1. 簡單隨機抽樣：完全依機遇的方式抽取樣本，如摸彩法（歸還抽樣、不歸還抽樣）、亂數表。適用於母體中個體的同質性高的調查。

2. 系統（間隔）抽樣：從抽樣名單中，有系統地每間隔若干個抽樣單位，就抽取一個樣本，如此一直等間隔抽樣。

 • 分層抽樣：取樣前，根據與研究目的有關已有的某種標準，將群體中之個體分爲若干類，每類稱之爲一層。在各層隨機取出若干個體作爲樣本。層與層間主要變數均數差異最大，層內變異數最小。

3. 判斷抽樣：又稱「立意（purposive）抽樣」，它是依據研究者的主觀認定，選取最能適合其研究目的之樣本。

4. 標識再捕法：標識再捕法（mark-recapture method）又稱「捕捉－再捕捉法」，是野外動物族群調查中常用的方法之一，在捕捉標記再捕捉法的研究中，透過活體陷阱捕捉技術將一個族群取樣兩次或兩次以上，每一次的捕捉中，每一隻被捉到的無標記個體都要被給予適當且獨特的標記，再作估算的方法。所做標記必須牢固而且醒目；標記對族群個體的生命與活動無影響；標記後的個體能充分地混合到族群中；個體被捕獲的可能性不隨個體年齡的變化而變化；族群爲封閉族群。

取樣數量

取樣數量愈多，所得估計值就愈接近自然族群數量。限於人力、物力和時間，取樣點既不能過多，又不能過少。一般取10～20個樣點爲宜。

樣方的形狀

有多種形式，包括樣方、樣圓、樣點、樣線、樣帶等。最常用的是方形樣方。方形的周長和面積的比較小，因而邊際影響的誤差較小；圓形的周長與面積比更小，但是應用圓形必須使用特製的樣圓，在森林和灌叢研究中很困難。

1. 樣點：用於草地的研究中。

2. 樣線：用於灌叢和森林群落中。

3. 樣帶：爲了研究環境變化較大的地方，以長方形作爲樣地面積，而且每個樣地面積固定，寬度固定，幾個樣地按照一定的走向連接起來，就形成了樣帶。在格局分析中，樣帶是最常用的方法，其中的樣帶是由連續的樣方組成。

樣方大小選擇

要考慮研究的群落類型、優勢種的生活型及植被的均匀性等。一般用群落的最小面積作爲樣方的大小。

各種抽樣方法

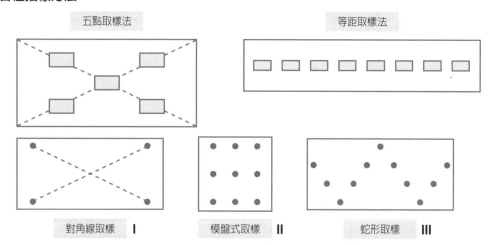

不同群落類型最小面積經驗值

群落類型	群落最小面積
地衣群落	$0.1\sim0.4m^2$
苔蘚群落	$1\sim4m^2$
沙丘草原	$1\sim10m^2$
乾草原	$1\sim25m^2$
草甸	$1\sim50m^2$
高草地	$5\sim50m^2$
灌叢	$10\sim50m^2$
溫帶森林	$200\sim500m^2$
熱帶雨林	$500\sim4000m^2$

族群分布類型

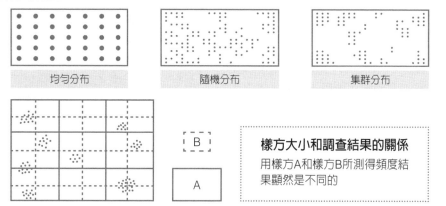

Unit 24-4 生態風險評估

生態風險評估（ecological risk assessment）源於環境風險管理政策，是評估、預測人為活動，或不利事件對生態環境產生危害和不利影響的可能性的過程，以及對該風險可接受程度進行評估的技術方法體系，是制定相關生態品質基準、汙染物環境控制標準的基礎依據。

風險（risk）為對於人類或生物的生命、健康或棲息環境可能發生不利結果的潛勢，通常是為預測及模擬事件發生的結果，是一種機率（probability）且具主觀性，其以統計數據來描述在暴露環境下的傷害、疾病或死亡發生的可能性。

風險評估項目

1. 風險管理：在初期決定評估範圍，並以評估結果配合法規與經濟或政策考量，決定是否管理與管理程度的依據。
2. 風險評估：為提供決策所需科學資訊的發展、組織及呈現的方法。
3. 風險溝通：指決策者與受監管者（又稱利益相關者）的溝通，兩者間的有效溝通亦是評估各階段要關注的項目，使在生態資源管理上能做出更具通知性的決策。

生態風險評估框架模式

1. 美國模式：特別注重生態風險評估結果與環境管理之間關係的研究。研究重點置於生態系統對環境干擾的敏感性，以及人類活動對生態系統的影響上，主要以流域研究為主。評估主要步驟和內容包括三部分：問題制定、分析和風險表徵，是全球應用最廣泛的模式。

2. 澳大利亞模式：內容主要集中於土壤汙染，其評估框架主要內容包括：問題識別、受體識別、暴露評估、毒理評估和風險表徵等五部分。
3. 歐洲模式：主要特點是強調考慮社會意見或需求，以預防為主，並建立風險評估指標，用數值來表示可接受的風險大小。

風險評估流程

生態風險評估程序的主要核心有二：暴露度特性分析及生態反應特性分析。

1. 問題形成：聚焦於定義與界定考量的議題，其含括項目有：評估問題點之發展（確立需要保護的環境價值與具有潛在風險者）、概念模型建置（闡述人類活動、暴露途徑、生態影響與生態評估受體間的交互關係）、分析計畫建置（描述評估包含項目及資料蒐集方法和為何使用於風險估算之理由）。
2. 分析：以「暴露度分析」及「生態反應分析」為主，評估者必須先追蹤及確認暴露途徑，即施壓源由來源至受壓體之路徑。生態反應分析，主要為定量生態影響結果及評價在不同施壓源程度下的相對反應。
3. 風險特性確認：包括風險估計及風險描述，評估者由所發生的暴露程度及既存或預期的不良反應來確切分析施壓源、效應及受壓體（個體、族群、群落或生態系）之間關係，並下達結論。

美國生態風險評價流程

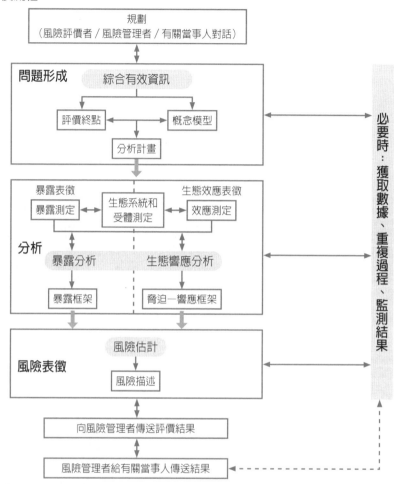

美國生態風險評價框架

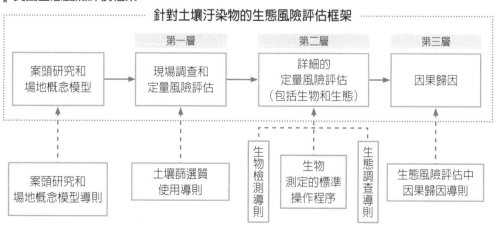

參考資料

1. 生態學研究方法，孫振鈞等，科學出版社，2010。
2. 景觀生態學原理及應用，傅伯杰等，科學出版社，2011。
3. 應用生態學，宗浩，科學出版社，2011。
4. 生態學，林文雄等，科學出版社，2010。
5. 基礎生態學，Smityh and Smith，高立圖書公司，2010。
6. 環境生態學，朱錦忠，新文京公司，2008。
7. 海岸的生態與景觀，李麗雪等，科學發展，2013。
8. 「國家重要濕地保育計畫」（100-105年）核定本，內政部，2010。
9. 台灣濕地環境之永續管理，杜政榮，生活科學學報，2005。
10. 氣候變遷下的生態建築設計模式探討，邱秀婷，2011海峽兩岸氣候變遷與能源永續發展論壇，2011。
11. 零廢棄的循環經濟時代，陳筠淇等，科學發展，2018。
12. 生態城市的綠風水，李彥頤，科學發展，2012。
13. 人類活動與地球熱循環，翁國亮，科學發展，2013。
14. 植物物候變化研究進展，翟佳等，生態學雜誌，2015。
15. 全球變化下植物物候研究的關鍵問題，莫非等，生態學報，2011。
16. 海洋生物響應海洋酸化研究進展，莊淑芳等，海峽科學，2014。
17. 珊瑚礁生態系的一般特點，王麗榮等，生態學雜誌，2001。
18. 墾丁珊瑚礁生態系劣化，林幸助，科學發展，2008。
19. 基於過程的群落生態學理論框架，朱璧如等，生物多樣性，2011。
20. 群落構建的中性理論和生態位理論，牛克昌等，生物多樣性，2009。
21. 生物多樣性名詞與指數使用之釐清，林朝欽等，國家公園學報，2013。
22. 物種多樣性變化格局與時空尺度，周紅章等，生物多樣性，2000。
23. 生態系統穩定性定義剖析，柳新偉等，生態學報，2004。
24. 種子雨研究進展，于順利等，生態學雜誌，2007。
25. 植物種子傳播途徑與基因組值和千粒重的相關性，白成科等，生態學雜誌，2013。
26. 植物生活史對策的進化，班勇，生態學雜誌，1995。
27. 動物生活史進化理論研究進展，聶海燕等，生態學報，2007。
28. 植物防禦策略及其環境驅動機制，王小菲等，生態學雜誌，2015。
29. 饑餓對捕食者魚和獵物魚快速啓動游泳能力及捕食－逃逸行為的影響，覃英蓮等，生態學雜誌，2016。

30. 外源茉莉酸和榮莉酸甲酯誘導植物抗蟲作用及其機理，桂連友等，昆蟲學報，2004。

31. 外來物種入侵後的多物種競爭共存的集合種群模型，時培建等，生態學報，2009。

32. 現代生態學研究的幾大熱點問題透視，章家恩等，地理科學進展，1997。

33. 植物種群研究中的分子標記及其應用，張軍麗等，應用生態學報，2000。

34. 分子生態學的理論與方法研究進展，雷多梅等，生態科學進展，2003。

35. 地球變熱了，蘇芳儀，科學發展，2011。

36. 水文循環與洪水，游保杉，科學發展，2004。

37. 氣候變遷的衝擊與因應，湯曉虞，科學發展，2010。

38. 水與氣候，羅敏輝等，科學發展，2016。

39. 乾旱，蕭政宗，科學發展，2007。

40. 國立海洋生物博物館，https://www.nmmba.gov.tw。

41. 推動氣候變遷調適建構低碳永續台灣，經建會都市及住宅發展處，台灣經濟論衡，2012。

42. 生態恢復評價的研究進展，楊兆平等，生態學雜誌，2013。

43. 退化生態系統恢復與恢復生態學，任海等，生態學報，2004。

44. 物種大滅絕，王紹武，氣候變化研究進展，2011。

45. 自然保護區體系構建方法研究進展，郭子良等，生態學雜誌，2013。

46. 污染生態學研究的回顧與展望，孫鐵珩等，應用生態學報，2002。

47. 生態模型在河口管理中的應用研究綜述，申霞等，水科學進展，2015。

48. 複雜生態系統建模與模擬的策略探討，朱建剛，生態學雜誌，2012。

49. 生態風險評價研究進展，孫洪波等，生態學雜誌，2009。

50. 生態風險評價框架進展研究，龍濤等，生態與農村環境學報，2015。

51. 生態風險評估之內涵、方法及應用，陳宜清，大葉學報，2002。

52. 有機村居民與遊客對於綠色旅遊認知之研究，張志維等，花蓮區農業改良場研究彙報，2017。

53. 綠色旅遊，林孟龍，科學發展，2012。

54. 人口安全概念研究──以宏觀視角之分析，劉燕薇，展望與探索，2013。

55. 從生態足跡談永續發展，李永展，98年度行政人員生物多樣性推動工作研習班，2009。

56. 紅樹林分布的變遷，李建堂，科學發展，2009。

57. 台江鹽田復育的植物生態──紅樹林，楊永年等，科學發展，2016。

國家圖書館出版品預行編目（CIP）資料

圖解生態學/顧祐瑞著. -- 二版. -- 臺北市
：五南圖書出版股份有限公司, 2024.09
　　面；　公分
　ISBN 978-626-393-044-5 (平裝)

1.CST: 生態學

367　　　　　　　　　113001271

5P39

圖解生態學

作　　　者	－顧祐瑞（423.2）
企劃主編	－王俐文
責任編輯	－金明芬
封面設計	－封怡彤
出　版　者	－五南圖書出版股份有限公司
發　行　人	－楊榮川
總　經　理	－楊士清
總　編　輯	－楊秀麗
地　　　址	：106臺北市大安區和平東路二段339號4樓
電　　　話	：(02)2705-5066　傳　　真：(02)2706-6100
網　　　址	：https://www.wunan.com.tw
電子郵件	：wunan@wunan.com.tw
劃撥帳號	：01068953
戶　　　名	：五南圖書出版股份有限公司

法律顧問　林勝安律師

出版日期：2019年4月初版一刷
　　　　　2024年9月二版一刷

定　　　價　新臺幣550元整

經典永恆・名著常在

五十週年的獻禮 —— 經典名著文庫

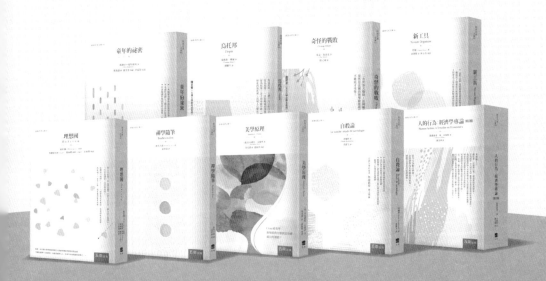

五南，五十年了，半個世紀，人生旅程的一大半，走過來了。

思索著，邁向百年的未來歷程，能為知識界、文化學術界作些什麼？

在速食文化的生態下，有什麼值得讓人雋永品味的？

歷代經典・當今名著，經過時間的洗禮，千錘百鍊，流傳至今，光芒耀人；

不僅使我們能領悟前人的智慧，同時也增深加廣我們思考的深度與視野。

我們決心投入巨資，有計畫的系統梳選，成立「經典名著文庫」，

希望收入古今中外思想性的、充滿睿智與獨見的經典、名著。

這是一項理想性的、永續性的巨大出版工程。

不在意讀者的眾寡，只考慮它的學術價值，力求完整展現先哲思想的軌跡；

為知識界開啟一片智慧之窗，營造一座百花綻放的世界文明公園，

任君遨遊、取菁吸蜜、嘉惠學子！